畜禽养殖饲料配方手册系列

ROUNIU SILIAO
PEIFANG SHOUCE

饲料配方手册

王艳荣　张慧慧　主编

U0272699

化学工业出版社

·北京·

图书在版编目（CIP）数据

肉牛饲料配方手册/王艳荣，张慧慧主编．—北京：
化学工业出版社，2014.9（2023.5重印）
（畜禽养殖饲料配方手册系列）
ISBN 978-7-122-21315-0

Ⅰ．①肉⋯　Ⅱ．①王⋯②张⋯　Ⅲ．①肉牛-饲料-
配方-手册　Ⅳ.①S823.95-62

中国版本图书馆 CIP 数据核字（2014）第 156241 号

责任编辑：邵桂林　　　　　　　文字编辑：焦欣渝
责任校对：宋　玮　　　　　　　装帧设计：孙远博

出版发行：化学工业出版社
　　　　　（北京市东城区青年湖南街 13 号　邮政编码 100011）
印　　刷：北京云浩印刷有限责任公司
装　　订：三河市振勇印装有限公司
850mm×1168mm　1/32　印张 8¼　字数 242 千字
2023 年 5 月北京第 1 版第 15 次印刷

购书咨询：010-64518888
售后服务：010-64518899
网　　址：http://www.cip.com.cn
凡购买本书，如有缺损质量问题，本社销售中心负责调换。

定　　价：25.00 元

编写人员名单

主　　编　王艳荣　张慧慧

副 主 编　余　燕　苗志国　何　云

编著人员　（按姓氏笔画排列）

王艳荣（河南科技学院）

何　云（河南科技学院）

余　燕（河南科技学院）

张慧慧（河南科技学院）

苗志国（河南科技学院）

康永轩（太康县兽医院）

魏刚才（河南科技学院）

前言 FOREWORD

肉牛业的规模化、集约化发展,环境对牛的生产性能和健康影响显得愈加重要,其中饲料营养成为最为关键的因素,只有提供充足平衡的日粮,使肉牛获得全面均衡的营养,才能使其高产潜力得以发挥。饲料配方是保证动物获得充足、全面、均衡营养的关键技术,是提高动物生产性能和维护动物健康的基本保证。饲料配方的设计不是一个简单的计算过程,实际上是设计者所具备的动物生理、动物营养、饲料学、养殖技术、动物环境科学等方面科学知识的集中体现。运用丰富的饲料营养学知识,结合不同动物种类和阶段,才能设计出一个应用于实践既能保证生产性能,又能最大限度降低饲养成本的好配方。为了使广大养殖场(户)技术人员熟悉有关的饲料学、营养学知识,了解饲料原料选择及有关饲料、添加剂及药物使用规定等信息,掌握饲料配方设计技术,使好的配方尽快应用于生产实践,特组织有关人员编写了本书。

本手册从肉牛的消化特性、肉牛的饲料分类及常用饲料原料、肉牛的营养需要与饲养标准、肉牛配合饲料的配制方法、肉牛的饲料配方举例以及配合饲料的质量管理六个方面进行了系统的介绍。编写过程中,力求理论联系实际,体现实用性、科学性和先进性。本书不仅适宜于肉牛场饲养管理人员和广大肉牛养殖户阅读,也可以作为大专院校和农村函授及培训班的辅助教材和参考书。

由于水平有限,我们虽然作出巨大努力,但书中难免会有不当之处,敬请广大读者批评指正。

编 者
2014 年 9 月

目 录 CONTENTS

第三章　肉牛的营养需要与饲养标准

第四章　肉牛配合饲料的配制方法

第五章　肉牛的饲料配方举例

第六章　配合饲料的质量管理

附录

参考文献

第一章 肉牛的消化特性

肉牛采食饲料后，把饲料降解并释放营养成分的过程叫做消化。饲料被消化成小分子营养成分后，经血液吸收并运送到各个组织器官利用。因此，了解肉牛消化系统的主要组成、功能及肉牛的消化特点至关重要。

第一节 肉牛的消化器官

由口腔到肛门之间的一条长的食物通道称为消化道，将消化道以及与消化道有关的附属器官统称为消化系统。肉牛属于反刍动物，它的消化系统主要包括口腔、食道、胃、小肠、大肠、肛门和消化腺（包括唾液腺、胃腺、肠腺和胰腺等）等。

一、口腔

口腔为消化管的起始部位，其主要由唇、齿、舌和唾液腺组成。牛的口腔是吞食、咀嚼、混涎和进行反刍的器官。唇、舌、齿是主要的摄食器官，唾液腺可产生唾液，帮助消化食物。

牛的唇不够灵活，不利于采食草料。只有当采食鲜嫩的青草和颗粒谷物时，唇才能发挥较为重要的采食作用。

牛没有上切齿和犬齿。此外，牛的上颌比下颌宽，因此它只使用一侧的白齿轮换磨碎饲料，而不能两侧同时咀嚼，其牙齿表面凹凸不平，比较粗糙，有利于磨碎纤维性食物。正因为牛的白齿磨面不平整，因此咀嚼效率非常高。

舌是牛的主要采食器官，牛的舌长而灵活，表面粗糙，肌肉发达、结实，适于卷食草料。在采食的时候，依靠上颌的肉质齿床（即牙床）和下颌的切齿与唇及舌伸卷的协同动作将食物摄入口腔。食物卷入口腔后被牙齿切断，然后与口腔分泌的唾液混合，将食物软化，最后经咽部送入食道。

2

牛的唾液腺主要由腮腺、颌下腺和舌下腺组成。唾液腺可以分泌唾液，唾液具有湿润饲料、溶解食物、杀菌和保护口腔的作用。牛的唾液中不含淀粉酶，但含有大量的碳酸氢盐和磷酸盐。此外，牛口腔唾液中还含有较高浓度的黏蛋白、尿素、矿物质（P、Mg、Cl 等），可以为瘤胃微生物连续提供易被吸收的营养源。

二、食道

食道是自咽部通至瘤胃的管道，成年牛长约 1.1 米，全部由横纹肌构成，有很强的逆蠕动功能。草料与唾液在口腔内混合后通过食道进入瘤胃，瘤胃内容物又定期地经过食道反刍回口腔，经咀嚼后再行咽下。

三、胃

牛的胃为复胃，其构造及功能与猪、禽等单胃动物有很大的区别。复胃包括瘤胃、网胃、瓣胃、皱胃四个室。其中前三个室的胃黏膜没有腺体分布，不分泌消化液，相当于单胃的无腺区，总称为前胃。皱胃黏膜内分布有消化腺，机能与单胃相同，所以又称为真胃。

（一）瘤胃

肉牛的瘤胃容量最大，约为 4 个胃总容积的 80%。瘤胃有贮积、加工和发酵饲料的功能，虽然没有消化液分泌，但胃壁强大的肌肉能有力地收缩和松弛，使瘤胃节律性地蠕动，搅拌饲料。在瘤胃黏膜上有许多叶状突起的乳头，有助于对饲料的揉磨和搅拌。瘤胃通过蠕动将内容物向后送入网胃继续消化。瘤胃可看作是一个厌氧性微生物接种和繁殖的活体发酵罐，其中拥有数量庞大的微生物群落，每毫升瘤胃内容物中约有细菌 250 亿～500 亿个、纤毛虫 100 万个，对食物起着独特的消化作用。瘤胃微生物能分泌 α-淀粉酶、蔗糖酶、呋喃果聚糖酶、蛋白酶、胱氨酸酶、半纤维素酶和纤维素酶等，将饲料中 70%～80% 的可消化干物质、50% 以上的粗纤维消化，分解成挥发性脂肪酸、氨和二氧化碳等物质，合成微生物自身需要的蛋白质和 B 族维生素、维生素 K。瘤胃微生物还能利用非蛋白质含氮物（如尿素、铵盐）合成菌体蛋白质，在后段消化道内被牛消化吸收。

3

（二）网胃

网胃内壁上有许多网状小格，状似蜂巢，也称蜂巢胃，其容积占整个胃总容积的5％，无腺体分泌。食物在网胃中短暂停留，能使微生物在这里充分消化。网胃周期性地迅速收缩，磨揉食糜并将其送入瓣胃。

（三）瓣胃

瓣胃呈圆球形，较结实，其内容物含水量少，容积占整个胃容积的7％～8％，胃壁黏膜形成许多大小相同的片状物（肌叶），从断面上看很像一叠"百叶"。肌叶可以将食糜中水分压出，然后将干的食团送入皱胃；其另一个功能是磨碎粗饲料。

（四）皱胃

皱胃是牛的真胃，是唯一含有消化腺的胃室，其功能与单胃动物的胃相同，就是分泌消化液，使食糜变湿。皱胃容积占整个胃容积的7％～8％，呈长梨形，胃壁黏膜光滑柔软，有无数皱褶，能增加其分泌胃液的面积。胃液含有盐酸、胃蛋白酶和凝乳酶，酶的作用能使营养物质分解消化。饲料离开真胃时呈水状，然后到达肠，进一步消化。

四、肠

牛的肠可分为小肠和大肠两部分。小肠是一条蜿蜒折叠的管子，有30～33米，分为十二指肠、空肠和回肠三段。小肠壁有许多指状小突起和绒毛，绒毛表面还具有大量的微绒毛，极大地增加了食物消化吸收表面积。小肠前端是十二指肠，胆囊内的胆汁经胆管、胰腺分泌的胰液经胰腺管排入十二指肠内。胰液和小肠液中含有多种消化酶，对食物进行化学性的消化。肠液的分泌以及大部分的消化反应都在小肠的上段进行，而消化后的尾产物的吸收则在小肠的下段进行。

大肠包括盲肠、结肠和直肠三个部分。牛盲肠不发达，仅0.5～0.7米长，可看作是一个二次发酵室，主要靠细菌和纤毛虫的作用继续进行着纤维素的发酵和蛋白质的分解，并合成B族维生素、维生素K等。但对成年牛而言，盲肠的微生物消化作用没有马、兔等动物重要。结肠是粪便形成的场所，可吸收水分和无机盐。直肠是大肠的最后一段，粪便排出之前在此存贮。一切不能消化的饲料残渣、消

4

化道的排泄物、微生物发酵腐败产物以及大部分有毒物质等，在直肠内形成粪便，经肛门排出体外。

五、肛门

肛门是消化道的最末段。食物内口腔进入，经胃肠消化吸收，其代谢产物由肛门排出体外。

第二节　肉牛的消化特点及生理现象

一、肉牛消化特点

牛胃是由瘤胃、网胃、瓣胃、皱胃4个部分组成，占据了腹腔的绝大多数空间，能容纳151.42～227.12升的饲料。每个部分在饲料的消化过程中都有特殊的功能。瘤胃体积最大，是细菌发酵饲料的主要场所，有"发酵罐"之称，一般为94.6升。瘤胃是由肌肉囊组成，通过蠕动而使食团按规律流动；网胃靠近瘤胃，功能同瘤胃，还能帮助食团逆呃和排出胃内的发酵气体（嗳气），但当饲料混入金属异物时，易在网胃底沉积和刺入心包；瓣胃占整个牛胃容积的7%，其功能是榨干食糜中的水分和吸收少量营养；真胃产生并容纳胃液及胃酸，也是菌体蛋白质和瘤胃蛋白质被消化的部位。食糜经幽门进入小肠，消化后的营养物质通过肠壁吸收入血液。

二、牛的特殊消化生理现象

牛的特殊消化生理现象主要包括反刍、唾液分泌、食道沟反射、瘤胃发酵及嗳气。

（一）反刍

牛采食饲料不经充分咀嚼就匆匆咽入瘤胃，被唾液和瘤胃水分浸润软化后，在休息时又返回到口腔仔细咀嚼，再吞咽入瘤胃，这是牛消化过程中特有的反刍现象（也叫做倒沫或倒嚼）。反刍是牛的重要习性和正常的消化活动之一，也是牛是否健康的标志之一。反刍期间瘤胃内的食团返流回口腔。食团被压挤，其中的水分和小颗粒马上又被重新吞咽，食团内的长颗粒则滞留在口中，再咀嚼50～60秒后才吞咽。反刍是牛正常消化和利用纤维素的重要步骤。一般牛在采食之

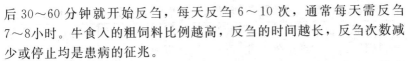
后 30～60 分钟就开始反刍，每天反刍 6～10 次，通常每天需反刍
7～8 小时。牛食入的粗饲料比例越高，反刍的时间越长，反刍次数减
少或停止均是患病的征兆。

反刍不能直接提高饲料消化率，但可以增加牛唾液的产生，使瘤
胃 pH 值稳定在 6.0～7.0 之间。饲料经过反复咀嚼后，颗粒变小，
体积减小，并增加饲料颗粒的密度。反刍有助于将饲料颗粒按大小分
开，使较大的颗粒饲料可在瘤胃中停留足够的时间得以完全消化，而
小颗粒物质即刻被排入网胃；反刍增加饲料颗粒与微生物的接触面
积，使营养物质更好地被消化吸收，因此能提高采食量。

（二）瘤胃发酵

肉牛在消化上与猪和禽等单胃动物的主要不同点是，牛的瘤胃内
有数以亿计的厌氧微生物——细菌、真菌和原虫。一方面肉牛的瘤胃
内环境为微生物的生长提供了适宜的生存和繁殖条件，另一方面这些
微生物的存在又使得牛能够消化猪、鸡等非反刍动物不能消化的纤维
素类碳水化合物和非蛋白氮化合物。这些微生物依靠牛采食的饲料生
长，同时它们发酵释放的营养物质和死后的细胞又为牛提供了大量营
养物质。因此，牛得到的许多用于生产的营养成分并不是直接来自饲
料，而是瘤胃微生物发酵的产物。

瘤胃发酵主要依靠瘤胃中与牛共生的微生物。细菌和原生动物种
类很多，摄入的饲料种类决定哪一类细菌为瘤胃内主要群系，而细菌
的类群又决定了挥发性脂肪酸的生成量和比例。大约 85% 的饲草料
中的营养物质在瘤胃中被消化或被改造。50% 以上的纤维素、半纤维
素与果胶类物质等是由瘤胃微生物分泌的纤维水解酶所酶解，最终产
物为以乙酸为主的挥发性有机酸，作为牛的营养来源被吸收；90% 以
上的淀粉类也是在瘤胃中被瘤胃微生物降解，终产物也是挥发性脂肪
酸，不过淀粉所生成的有机酸中丙酸比例增大，而乙酸比例减少。

瘤胃的环境最适合微生物生长，瘤胃内的 pH 值为 5.5～7.0，
温度为 39～40℃。这是许多酶活性的最佳条件。氧对生活在瘤胃内
的细菌是有害的，瘤胃内是无氧的。瘤胃内有丰富的食物，这些食物
大致呈连续性供给。发酵的终产物如挥发性脂肪酸和氨通过瘤胃壁被
吸收。

瘤胃中的细菌主要是无芽孢的厌氧菌。瘤胃微生物依靠饲料中所

6

提供的可消化糖和淀粉作为能量，并吸收饲料中的蛋白前体物、限制性氨基酸以及必需的微量元素和维生素而进行生长和繁殖；然后细菌再利用饲料中的纤维素、非蛋白含氮物生成挥发性脂肪酸、各种气体以及细菌的菌体蛋白质，以供牛体利用。瘤胃微生物的主要机能是：①发酵碳水化合物饲料；②利用低品质的蛋白质饲料和尿素等非蛋白氮化合物合成动物机体需要的高品质菌体蛋白质；③能够合成 B 族维生素和维生素 K；④瘤胃微生物对脂肪有加氢、同分异构和合成作用。

（三）唾液分泌

为适应消化粗饲料的需要，肉牛唾液腺分泌唾液的数量很大。据统计，1 头肉牛每天分泌的唾液量为 100～200L。唾液的作用首先是提供水分，有助于饲料的咀嚼和吞咽，促进形成食糜；其次是唾液内含有大量的盐类，特别是碳酸氢钠和磷酸氢钠，这些盐类作为一种缓冲剂，能维持瘤胃内环境，使瘤胃 pH 值稳定在 6.0～7.0，对保持氮素循环也有着重要意义。

（四）食道沟反射

食道沟是牛网胃壁上自贲门向下延伸到皱胃的肌肉皱褶。在犊牛期，当牛受到与吃奶有关的刺激时，食道沟闭合，将奶绕过瘤胃和网胃，直接进入瓣胃进行消化，此过程称为食道沟反射。乳汁直接进入瓣胃和真胃，可避免进入瘤胃、网胃而引起细菌发酵及消化道疾病。

（五）嗳气

瘤胃和网胃中寄住的大量微生物对进入瘤胃和网胃的各种营养物质进行强烈的发酵，产生大量的挥发性脂肪酸、二氧化碳、甲烷、硫化氢、氨、一氧化碳等气体。随着瘤胃内气体的增多，气体被驱入食管，从口腔逸出的过程就是嗳气。牛每昼夜可产生气体 600～1200升，每分钟嗳气 1～3 次，采食后 0.5～3 小时频率较快，每次嗳气时气体排出量为 0.5～1.7 升。

正常情况下嗳气是自由地由口腔排出的，少部分是瘤胃吸收后从肺部排出。肉牛被殴打、惊吓、运输应激、过度劳役等，均会抑制嗳气进行。牛常因在初春放牧季节没有过渡期即啃食大量幼嫩青草，或在夏秋季早晨采食大量带有露水的豆科牧草，或猛然喂大量豆腐渣、甜菜渣、根、茎、瓜、果类等易发酵的饲草料及含可溶黏性蛋白质多

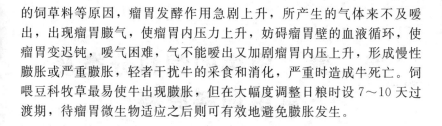

7

的饲草料等原因，瘤胃发酵作用急剧上升，所产生的气体来不及嗳出，出现瘤胃臌气，使瘤胃内压力上升，妨碍瘤胃壁的血液循环，使瘤胃变迟钝，嗳气困难，气不能嗳出又加剧瘤胃内压上升，形成慢性臌胀或严重臌胀，轻者干扰牛的采食和消化，严重时造成牛死亡。饲喂豆科牧草最易使牛出现臌胀，但在大幅度调整日粮时设 7～10 天过渡期，待瘤胃微生物适应之后则可有效地避免臌胀发生。

第二章 肉牛的饲料分类及常用饲料原料

肉牛为了维持正常的生理活动，满足生长、繁殖和生产等需要，必须不断地从饲料中获得营养物质。所以，凡是能够满足肉牛维持生命和生产产品需要，在一定条件下无毒副作用的物质都可作为肉牛的饲料。

第一节 饲料的分类

一、饲料的概念

一切能被动物采食、消化、利用，并对动物无毒无害的物质，都可以用作动物的饲料。饲料是指在合理饲喂条件下能对动物提供营养物质，调控生理机能，改善动物产品品质，且不产生有毒、有害作用的物质。广义上讲，能强化饲养效果的某些非营养物质（如添加剂），也应属于饲料。

二、饲料的分类

（一）传统的饲料分类方法

传统的饲料分类方法实际上是对饲料进行初步归类（见表 2-1）。

表 2-1　我国传统的饲料分类

方　法	类　　型
按饲料来源分类	植物性饲料、动物性饲料、矿物质饲料、维生素饲料和添加剂饲料
按饲喂习惯分类	精饲料、粗饲料和多汁饲料
按饲料营养成分分类	能量饲料、蛋白质饲料、维生素饲料、矿物质饲料和添加剂饲料
按中国饲料分类法分类	青绿多汁饲料、树叶类饲料、青贮饲料、块根块茎类和瓜果类饲料、干菜类饲料、蒿秕类饲料、谷实类饲料、糠麸类饲料、豆类饲料、饼(粕)类饲料、槽渣类饲料、草籽、动物性饲料、矿物质饲料、维生素饲料、油脂类饲料、添加剂饲料

（二）国际饲料分类法

目前为世界上多数学者所认同的是美国学者 L. E. Harris 的饲料分类原则和编码体系，现已发展成为当今饲料分类编码体系的基本模式，被称为国际饲料分类法。

国际饲料分类法根据饲料的营养特性将饲料分为粗饲料、青绿饲料、青贮饲料、能量饲料、蛋白质饲料、矿物质饲料、维生素饲料、饲料添加剂 8 大类，并对每类饲料冠以 6 位数的国际饲料编码，编码的模式为△-△△-△△△，8 大类饲料分别用 1~8 代表，放于第 1 节 1 位数空当中。至于第 2 节 2 个位数的空当和第 3 节 3 个位数的空当，共计五位数，依次为万、千、百、十与个位数，用以填写每一种饲料标准的号数。例如，苜蓿干草的编码为 1-00-092，表示其属于粗饲料类；位于饲料标准总号中饲料标样的 92 号。国际饲料分类法见表 2-2。

表 2-2 国际饲料分类法

分类	编码	特 点
粗饲料	1-00-000	天然水分含量在 60% 以下，干物质中粗纤维≥18%，包括稻壳、干草类、农作物秸秆等。特点是体积大，较难消化，有效能量浓度低，可利用养分少
青绿饲料	2-00-000	天然含水量≥60% 的饲料，如牧草、蔬菜。青绿鲜嫩，柔软多汁，富含叶绿素，自然含水量高的植物性饲料
青贮饲料	3-00-000	用新鲜的植物性饲料青贮而成。优点是可解决冬春季青绿饲料的不足，充分保存青绿饲料中的养分，扩大饲料来源，提高饲料品质，同时消灭害虫及有毒物质（厌氧发酵）
能量饲料	4-00-000	干物质中粗纤维<18%、粗蛋白<20% 的饲料，包括谷实类、糠麸类、块根块茎类、液体能量饲料。营养特点是无氮浸出物高，可达 70% 以上，有效能值高，粗蛋白低，氨基酸不平衡，钙少磷多，但磷一般以植酸磷的形式存在
蛋白质饲料	5-00-000	干物质中粗纤维含量低于 18%、粗蛋白含量等于或高于 20% 的饲料。包括豆类、饼（粕）类、动物性饲料
矿物质饲料	6-00-000	包括天然和工业合成的含矿物质丰富的饲料，如食盐、石粉、硫酸铜等
维生素饲料	7-00-000	工业合成或提纯的单一或复合的维生素，不包括某种维生素含量较多的天然饲料，如胡萝卜

10

分类	编码	特　点
饲料 添加剂	8-00-000	保证或改善饲料品质,促进饲养动物生产,保障饲养动物健康,提高饲料利用率而掺入饲料的少量和微量物质。促生长剂(为促进饲养动物生长而掺入饲料的添加剂)、驱虫保健剂(用于控制饲养动物体内和体外寄生虫的添加剂)、抗氧化剂(为防止饲料中某些活性成分被氧化变质而掺入饲料的添加剂)、防霉保鲜剂(为延缓或防止饲料发酵、腐败而掺入饲料中的添加剂)、调味剂(用于改善饲料适口性,增进饲养动物食欲的添加剂)、着色剂(为改善动物产品或饲料色泽而掺入饲料的添加剂)、黏结剂(为提高粉状饲料成型以及颗粒饲料抗形态破坏能力而掺入饲料的添加剂)等

（三）中国饲料分类法

20 世纪 80 年代初,在张子仪研究员主持下,将我国传统的饲料分类方法与国际饲料分类原则相结合,建立了我国饲料数据库管理系统及饲料分类方法。首先根据国际饲料分类原则将饲料分成 8 大类,然后结合中国传统饲料分类习惯划分为 16 亚类,两者结合,划分后可能出现的类别有 37 类,对每类饲料冠以相应的中国饲料编码（CFN）,共 7 位数,首位为国际饲料分类法代码（IFN）,第 2、3 位为中国饲料编码亚类编号,第 4～7 位为顺序号。编码分 3 节,表示为△-△△-△△△△。中国饲料分类法见表 2-3。

表 2-3　中国饲料分类法

序号	分类	编码(CFN)	特点
1	青绿多汁类饲料	2-01-0000	凡天然水分含量大于或等于 45% 的新鲜牧草、草地牧草、野菜、鲜嫩的藤蔓和部分未完全成熟的谷物植株等皆属此类
2	树叶类饲料	2-02-0000	采摘的树叶鲜喂,饲用时的天然水分含量在 45% 以上属青绿饲料
		1-02-0000	采摘的树叶风干后饲喂,干物质中粗纤维含量大于或等于 18%,如槐叶、松针叶等,属粗饲料

序号	分类	编码（CFN）	特点
3	青贮饲料	3-03-0000	一是由新鲜的植物性饲料调制成的青贮饲料，一般含水量在65%～75%的常规青贮；二是低水分青贮饲料，亦称半干青贮饲料，用天然水分含量为45%～55%的半干青绿植物调制成的青贮饲料
		4-03-0000	谷物湿贮，以新鲜玉米、麦类籽实为主要原料，不经干燥即贮于密闭的青贮设备内，经乳酸发酵，其水分含量约为28%～35%。根据营养成分含量，属能量饲料，但从调制方法上分析又属青贮饲料
4	块根、块茎、瓜果类饲料	2-04-0000	天然水分含量大于或等于45%的块根、块茎、瓜果类，如胡萝卜、芜菁、饲用甜菜等，鲜喂
		4-04-0000	天然水分含量大于或等于45%的块根、块茎、瓜果类，如胡萝卜、芜菁、饲用甜菜等脱水后的干物质中粗纤维和粗蛋白质含量都较低，干燥后属能量饲料，如甘薯干、木薯干等，干喂
5	干草类饲料（包括人工栽培或野生牧草的脱水或风干物，其水分含量在15%以下。水分含量在15%～25%的干草压块亦属此类）	1-05-0000	干物质中的粗纤维含量大于或等于18%者，都属粗饲料
		4-05-0000	干物质中粗纤维含量小于18%，而粗蛋白质含量也小于20%者，属能量饲料，如优质草粉
		5-05-0000	一些优质豆科干草，干物质中的粗蛋白含量大于或等于20%，而粗纤维含量又低于18%者，如苜蓿或紫云英的干草粉，属蛋白质饲料
6	农副产品类饲料	1-06-0000	干物质中粗纤维含量大于或等于18%者，如秸、荚、壳等，都属于粗饲料
		4-06-0000	干物质中粗纤维含量小于18%，粗蛋白质含量也小于20%者，属能量饲料（罕见）
		5-06-0000	干物质中粗纤维含量小于18%，粗蛋白质含量大于或等于20%者，属于蛋白质饲料
7	谷实类饲料	4-07-0000	干物质中一般粗纤维含量小于18%，粗蛋白质含量小于20%，如玉米、稻谷等，属能量饲料

12

序号	分类	编码(CFN)	特点
8	糠麸类饲料	4-08-0000	饲料干物质中粗纤维含量小于18%,粗蛋白质含量小于20%的各种粮食碾米、制粉得到的副产品,如小麦麸、米糠等,属能量饲料
		1-08-0000	粮食加工后的低档副产品,如统糠、生谷机糠等,其干物质中的粗纤维含量多大于18%,属于粗饲料
9	豆类饲料	5-09-0000	豆类籽实干物质中粗蛋白质含量大于或等于20%,而粗纤维含量又低于18%者,属蛋白质饲料,如大豆等
		4-09-0000	个别豆类籽实的干物质中粗蛋白质含量在20%以下,如江苏的爬豆,属于能量饲料
10	饼(粕)类饲料	5-10-0000	干物质中粗蛋白质含量大于或等于20%,粗纤维含量小于18%,大部分饼(粕)属于此类,为蛋白质饲料
		1-10-0000	干物质中的粗纤维含量大于或等于18%的饼(粕)类,即使其干物质中粗蛋白质含量大于或等于20%,仍属于粗饲料,如有些多壳的向日葵籽饼及棉籽饼
		4-08-0000	一些饼(粕)类饲料,干物质中粗蛋白质含量小于20%,粗纤维含量小于18%,如米糠饼、玉米胚芽饼等,则属于能量饲料
11	糟渣类饲料	1-11-0000	干物质中粗纤维含量大于或等于18%者,属于粗饲料
		4-11-0000	干物质中粗蛋白质含量低于20%,且粗纤维含量也低于18%者,属于能量饲料,如优质粉渣、醋糟、甜菜渣等
		5-11-0000	干物质中粗蛋白质含量大于或等于20%,而粗纤维含量小于18%者,属蛋白质饲料,如含蛋白质较多的啤酒糟、豆腐渣等
12	草籽树实类饲料	1-12-0000	干物质中粗纤维含量大于或等于18%者,属于粗饲料,如灰菜籽等
		4-12-0000	干物质中粗纤维含量在18%以下,而粗蛋白质含量小于20%者,属能量饲料,如干沙枣等
		5-12-0000	干物质中粗纤维含量在18%以下,而粗蛋白质含量大于或等于20%者,属蛋白质饲料,但较罕见

续表

序号	分类	编码(CFN)	特点
13	动物性饲料(均来源于渔业、畜牧业的动物性产品及其加工副产品)	5-13-0000	干物质中粗蛋白质含量≥20%者属蛋白质饲料,如鱼粉、动物血、蚕蛹等
		4-13-0000	干物质中粗蛋白质含量<20%,粗灰分含量也较低的动物油脂属能量饲料,如牛脂等
		6-13-0000	干物质中粗蛋白质含量<20%,粗脂肪含量也较低,以补充钙、磷为目的者,属矿物质饲料,如骨粉、贝壳粉等
14	矿物质饲料	6-14-0000	可供饲用的天然矿物质,如石灰、石粉等;化工合成的无机盐类,如硫酸铜等及有机配位体与金属离子的螯合物,如蛋氨酸锌等
		6-13-0000	来源于动物性饲料的矿物质也属此类,如骨粉、贝壳粉等
15	维生素饲料	7-15-0000	由工业合成或提取的单一型或复合型维生素制剂,如维生素 B_1、维生素 B_2、胆碱、维生素 A、维生素 D、维生素 E 等,但不包括富含维生素的天然青绿多汁饲料
16	饲料添加剂及其他	8-16-0000	其目的是为了补充营养物质,保证或改善饲料品质,提高饲料利用率,促进动物生长和繁殖,保障动物健康而掺入饲料中的少量或微量营养性及非营养性物质。如添加饲料防腐剂、饲料黏合剂、驱虫保健剂等非营养性物质
		5-16-0000	饲料中用于补充氨基酸为目的的工业合成赖氨酸、蛋氨酸等
			随着饲料资源的开发和饲料科研水平的不断提高,凡出现不符合上述1~15亚类的分类原则者,皆暂归入此类

第二节　肉牛常用饲料原料

　　饲料原料又称单一饲料,是指以一种动物、植物、微生物或矿物质为来源的饲料。单一饲料原料所含养分的数量及比例都不符合牛的营养需要。配方师要掌握各种饲料原料的营养特点,在设计饲料配方时,根据这些特点,合理利用饲料资源。肉牛饲料由粗饲料、青绿饲料、青贮饲料、能量饲料、蛋白质饲料、矿物质饲料、维生素饲料和

饲料添加剂等部分组成。

一、粗饲料

粗饲料是指天然水分含量小于 45%，干物质中粗纤维含量大于或等于 18%，并以风干物质为饲喂形式的饲料。包括干草与农副产品秸秆、秕壳及藤蔓、荚壳、树叶、糟渣类等。粗饲料的特点是粗纤维含量高，可达 25%～45%，可消化营养成分含量较低，有机物消化率在 70% 以下，质地较粗硬，适口性差。不同类型的粗饲料，粗纤维的组成不一，但大多数是由纤维素、半纤维素、木质素、果胶、多糖醛和硅酸盐等组成，其组成比例又常因植物生长阶段变化而不同。

粗饲料是肉牛主要的饲料来源。虽然粗饲料消化率低，但它具有来源广、数量大、成本低的优越性，在肉牛日粮中占有较大比重。它们不仅提供养分，而且可以促进肌肉生长，满足肉牛反刍及正常消化等生理功能的需求，还具有填充胃肠道、使肉牛有饱感的作用。因此，是肉牛饲粮中不可缺少的部分，对肉牛极为重要。

粗饲料主要来源是农作物秸秆秕壳，总量是粮食产量的 1～4 倍之多。据不完全统计，目前全世界每年农作物秸秆产量达 20 多亿吨，我国每年产 5.7 亿吨。野生的禾本科草本植物量更大。

（一）秸秆饲料

秸秆通常指农作物在籽实成熟并收获后剩余的植株。由茎秆和枯叶组成，包括禾本科秸秆和豆科秸秆两大类。这类饲料最大的营养特点是质地坚硬，适口性差，不易消化，采食量低；粗纤维含量高，一般都在 30% 以上，其中木质素的比例大；粗蛋白质含量很低，仅3%～8%；粗灰分含量高，含有大量的硅酸盐，除豆科、薯秧外大多数钙、磷含量低；维生素中，除维生素 D 外，其余均较缺乏；有机物的消化率一般不超过 60%，但有机物总量高达 80% 以上，总能值大抵与玉米、淀粉相当。

我国秸秆饲料主要有稻草、玉米秸、麦秸、豆秸和谷草等。不同农作物秸秆、同一作物不同生长阶段、同一种秸秆的不同部位，其营养成分和消化率均有一定差异，甚至差别很大，见表 2-4、表 2-5。

表 2-4　黑麦不同发育阶段秸秆中多种碳水化合物含量

单位：%

发育阶段	可溶性碳水化合物	半纤维素	纤维素	木质素	果胶物质
拔节期	26.4	14.1	28.0	16.8	2.9
开花期	12.6	16.8	37.0	21.3	13
乳熟期	15.0	16.4	32.6	19.8	2.0
完熟期	微量	20.1	39.3	25.8	0.5

表 2-5　玉米秸、小麦秸不同部位的消化率　单位：%

玉米秸的部位	消化率	小麦秸的部位	消化率
茎	53.8	茎	40
叶	56.7	叶	70
芯	55.8	芯	53
苞叶	66.5	麦壳	42
全株	56.6	全株	14.1~51.2

1. 稻草

稻草是水稻收获后剩下的茎叶，是我国南方农区的主要粗饲料，其营养价值很低，但数量非常大。据统计，我国稻草产量为 1.88 亿吨，因此应引起注意。研究表明，牛、羊对其消化率为 50% 左右，猪一般在 20% 以下。

稻草的粗蛋白质含量为 3%~5%，粗脂肪为 1% 左右，粗纤维为 35%；粗灰分含量较高，约为 17%，但硅酸盐所占比例大；钙、磷含量低，分别为 0.29% 和 0.07%，远低于家畜的生长和繁殖需要。据测定，稻草的产奶净能为 3.39~4.43 兆焦/千克，增重净能0.21~7.32 兆焦/千克，消化能为 8.33 兆焦/千克。为了提高稻草的饲用价值，除了添加矿物质和能量饲料外，还应对稻草作氨化、碱化处理。经氨化处理后，稻草的含氮量可增加 1 倍，且其中氮的消化率可提高20%~40%。

为了提高稻草的饲用价值，除了添加矿物质和能量饲料外，还应对稻草做氨化、碱化处理。

2. 玉米秸

玉米秸具有光滑外皮，质地坚硬，一般作为反刍家畜的饲料。肉牛对玉米秸粗纤维的消化率在 65% 左右，对无氮浸出物的消化率在 60% 左右。玉米秸青绿时，胡萝卜素含量较高，约 3～7 毫克/千克。

生长期短的夏播玉米秸，比生长期长的春播玉米秸粗纤维少，易消化。同一株玉米秸，上部比下部的营养价值高，叶片又比茎秆的营养价值高，肉牛较为喜食。玉米秸的营养价值优于玉米芯，而和玉米苞叶的营养价值相似。

玉米秸的饲用价值低于稻草。为了提高玉米秸的饲用价值，一方面，在果穗收获前，在植株的果穗上方留下一片叶后，削取上梢饲用，或制成干草、青贮饲料。因为割取青梢改善了通风和光照条件，所以并不影响籽实产量。另一方面，收获后立即将全株分成上半株或上 2/3 株切碎直接饲喂或调制成青贮饲料。

3. 麦秸

麦秸的营养价值因品种、生长期的不同而有所不同。常用作肉牛饲料的有小麦秸、大麦秸和燕麦秸。

小麦秸粗纤维含量高，并含有硅酸盐和蜡质，适口性差，营养价值低。但经氨化或碱化处理后效果较好。

大麦秸的产量比小麦秸要低得多，但适口性和粗蛋白质含量均高于小麦秸。在麦类秸秆中，燕麦秸是饲用价值最好的一种，其对肉牛的消化率达 9.17 兆焦/千克。

4. 豆秸

豆秸有大豆秸、豌豆秸和蚕豆秸等种类。由于豆科作物成熟后叶子大部分凋落，因此豆秸主要以茎秆为主，茎已木质化，质地坚硬，维生素与蛋白质也减少，但与禾本科秸秆相比较，其粗蛋白质含量和消化率都较高。

大豆秸适于喂肉牛，风干大豆茎含有的消化能为 6.82 兆焦/千克。在各类豆秸中，豌豆秸的营养价值最高，但是新豌豆秸水分较多，容易腐败变黑，使部分蛋白质分解，营养价值降低，因此刈割后要及时晾晒，干燥后贮存。在利用豆秸类饲料时，要很好地加工调制，搭配其他精粗饲料混合饲喂。

5. 谷草

谷草即粟的秸秆，其质地柔软厚实，适口性好，营养价值高。在各类禾本科秸秆中，以谷草的品质最好，可铡碎与野干草混喂，效果更好。

（二）秕壳饲料

农作物收获脱粒时，除分离出秸秆外还分离出许多包被籽实的颖壳、荚皮与外皮等，这些物质统称为秕壳。由于脱粒时常沾染很多尘土异物，也混入一部分瘪的籽实和碎茎叶，这样使它们的成分与营养价值往往有很大的变异。总的看来，除稻壳、花生壳外，一般秕壳的营养价值略高于同一作物的秸秆。

1. 豆荚类

如大豆荚、豌豆荚、蚕豆荚等。无氮浸出物含量为 $42\%\sim50\%$，粗纤维为 $33\%\sim40\%$，粗蛋白为 $5\%\sim10\%$，牛和绵羊的消化能分别为 $7.0\sim11.0$ 兆焦/千克、$7.0\sim7.7$ 兆焦/千克，饲用价值较好，尤其适于反刍家畜利用。

2. 谷类皮壳

有稻壳、小麦壳、大麦壳、荞麦壳和高粱壳等。这类饲料的营养价值仅次于豆荚，但数量大，来源广，值得重视。其中稻壳的营养价值很差，对牛的消化能低，适口性也差，仅能勉强用作反刍家畜的饲料。稻壳经过适当的处理，如氨化、碱化、高压蒸煮或膨化，可提高其营养价值。另外，大麦秕壳带有芒刺，易损伤口腔黏膜引起口腔炎，应当注意。

3. 其他秕壳

一些经济作物副产品如花生壳、油菜壳、棉籽壳、玉米芯和玉米苞叶等也常用作饲料。这类饲料营养价值很低，须经粉碎与精料、青绿多汁饲料搭配使用，主要用于饲喂牛、羊等反刍家畜。棉籽壳含少量棉酚（约 0.068%），饲喂时要小心，以防引起中毒。

（三）干草

干草，又称青干草，是将牧草及禾谷类作物在尚未成熟之前刈割，经自然或人工干燥调制成长期保存的饲草。因仍保留有一定的青绿色，故称"青干草"。

青干草可常年供家畜饲用。优质的青干草，颜色青绿，气味芳香，质地柔软，适口性好，叶片不脱落或脱落很少，绝大部分的蛋白质和脂肪、矿物质、维生素被保存下来，是肉牛冬季和早春必备的优质粗饲料，是秸秆等不可替代的饲料种类。

我国的牧草资源比较丰富，特别是南方的草山草坡有很大的开发潜力，为制作青干草提供了充足的原料。据统计，我国南方有 0.45 亿公顷可利用草山草坡，平均每公顷产干草 3750～5250 千克，现已利用约 0.2 亿公顷。农区约有 0.13 亿公顷"四边"草地，平均每公顷产干草 1800 千克。此外，有人工草地 240 万公顷，平均每公顷产干草 7500～15000 千克；可利用的海滩涂地 22.8 万公顷，平均每公顷产干草 7500～11250 千克。

1. 青干草的营养价值

青干草的营养价值与原料种类、生长阶段、调制方法有关。多数青干草每千克消化能值在 8～10 兆焦，少数优质干草消化能值可达到 12.5 兆焦/千克。还有部分干草消化能值低于 8 兆焦/千克。干草粗蛋白含量变化较大，平均在 7%～17%，个别豆科牧草可以高达 20% 以上。粗纤维含量高，大约在 20%～35%，但其中纤维的消化率较高。此外，干草中矿物质元素含量丰富，一些豆科牧草中的钙含量超过 1%，足以满足一般家畜需要，禾本科牧草中的钙也比谷类籽实高。维生素 D 含量可达到每千克 16～150 毫克，胡萝卜素含量每千克为 5～40 毫克。营养价值高低还与干草的利用有关，干草利用好坏，涉及到干草营养物质的利用效率和利用干草的经济效益，利用不好，可使损失超过 15%。

干草饲喂前要加工调制，常用加工方法有铡短、粉碎、压块和制粒。铡短是较常用的方法，对优质干草，更应该铡短后饲喂，这样可以避免挑食和浪费。有条件的情况下，干草制成颗粒饲用，可明显提高干草利用率。干草可以单喂，饲喂时最好将高低质量干草搭配饲喂，用饲槽让其随意采食。干草也可以与精料混合喂，混合饲喂的好处是避免牛挑食和剩料，增加干草的适口性和采食量。粗蛋白含量低的干草可配合尿素使用，有利于补充肉牛粗蛋白摄入不足。

2. 青干草的优缺点

（1）青干草的优点　青干草是牧草长期贮藏的最好方式，可以保证饲料的均衡供应，是某些维生素和矿物质的来源。用干草饲喂肉牛

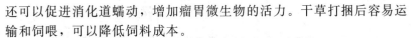
还可以促进消化道蠕动，增加瘤胃微生物的活力。干草打捆后容易运输和饲喂，可以降低饲料成本。

（2）青干草的缺点　收割时需要大量劳力和昂贵的机器设备，收割过程中营养损失大，尤其是叶的损失多。由于来源不同、收割时间不同、利用方法不同及天气的影响，使干草的营养价值和适口性差别很大。如果干草晒制的时间不够，水分含量高，在贮存过程中容易产热，发生自燃。干草不能满足高产肉牛的营养需要。

（四）树叶和其他饲用林产品

林业副产品主要包括树叶、树籽、嫩枝和木材加工下脚料。新采摘的槐树叶、榆树叶、松树针等蛋白质含量一般占干物质的25％～29％，是很好的蛋白质补充料；同时，还含有大量的维生素和生物激素。树叶可直接饲喂畜禽，而嫩枝、木材加工下脚料可通过青贮、发酵、糖化、膨化、水解等处理方式加以利用。

利用针、阔叶林嫩枝叶作为畜禽饲料，在国外已有30多年的历史，俄罗斯、罗马尼亚、加拿大等国早已工厂化生产，且用叶粉代替草粉在全价配合饲料中应用，质优价廉，很受市场欢迎。日本曾利用刺槐叶粉代替苜蓿草粉养鸡，效果很好。我国现有森林面积1.3亿多公顷，树叶产量占全树生物量的5％。每年各类乔木的嫩枝叶约有5亿多吨，薪炭林及灌木林的嫩枝叶数量也相当巨大，如果能合理利用这一宝贵资源，对我国饲养业的发展将会起到重要作用。

研究表明，大多数树叶（包括青叶和秋后落叶）及其嫩枝和果实，可用作肉牛饲料。有些优质青树叶还是肉牛很好的蛋白质和维生素饲料来源，如紫穗槐、洋槐和银合欢等树叶。树叶虽硬，但养分丰富（表2-6）。青嫩鲜叶很容易消化，不仅可作肉牛的维持饲料，而且可以用来生产配合饲料。树叶虽是粗饲料，但营养价值远优于秸秕类。

树叶的营养成分随产地、品种、季节、部位和调制方法不同而异，一般鲜叶嫩叶营养价值最高，其次为青干叶粉，青落叶、枯黄干叶营养价值最差。树叶中维生素含量也很丰富。据分析，柳、桦、赤杨等青树叶中胡萝卜素含量为110～130毫克/千克，紫穗槐青干叶中胡萝卜素含量可达到270毫克/千克。核桃树叶中含有丰富的维生素C，松柏叶中也含有大量胡萝卜素和维生素C、维生素E、维生素D、

维生素 B_{12} 和维生素 K 等，并含有铁、钴、锰等多种微量元素。

表 2-6　几种树叶的营养成分（干物质基础）　单位：%

类　别	粗蛋白质	粗脂肪	粗纤维	无氮浸出物	粗灰分	钙	磷
槐树叶	22.4	2.5	17.3	48.5	7.6	0.97	0.17
榆树叶	23.2	6.2	9.8	44.8	16.0	2.49	0.23
柳树叶	15.6	6.0	12.9	55.5	9.6	—	0.21
白杨叶	17.5	5.2	19.0	52.2	5.8	1.32	0.25
紫穗槐叶	21.5	10.1	12.7	48.9	6.6	0.18	0.94
洋槐叶	29.9	5.6	8.6	48.9	7.8	1.25	0.12
松针	8.0	11.0	27.1	50.7	3.0	1.10	0.19
枣树叶	14.4	5.6	10.9	57.0	12.1	—	—
桑叶	14.1	13.0	22.9	32.8	16.9	2.29	3.00

除树叶以外，许多树木的籽实，如橡子、槐豆等，果园的残果、落果，也是肉牛的良好多汁饲料。

有些树叶中含有单宁，有涩味，肉牛不喜采食，必须加工调制（发酵或青贮）再喂。有的树木有剧毒，如夹竹桃等，要严禁饲喂。

二、青绿饲料

青绿饲料是指天然水分含量等于或大于 60% 的青绿多汁饲料。主要包括天然牧草、人工栽培牧草、田间杂草、青饲作物、叶菜类、非淀粉质根茎瓜类、水生植物及树叶类等。

这类饲料种类多、来源广、产量高、营养丰富，具有良好的适口性，能促进肉牛消化液分泌，增进食欲，是维生素的良好来源，以抽穗或开花前的营养价值较高，被人们誉为"绿色能源"。

青绿饲料是一类营养相对平衡的饲料，是肉牛不可缺少的优良饲料，但其干物质少，能量相对较低。在肉牛生长期可用优良青绿饲料作为唯一的饲料来源，但若要在育肥后期加快育肥，则需要补充谷物、饼（粕）等能量饲料和蛋白质饲料。

（一）青绿饲料的营养特性

1. 水分含量高

陆生植物的水分含量约为 60%～90%，而水生植物可高达 90%～95%。因此青绿饲料中干物质含量一般较低，能值较低。陆生植物每千克鲜重的消化能在 1.20～2.50 兆焦之间。

2. 粗蛋白质含量丰富、消化率高、品质优良、生物学价值高

一般禾本科牧草和叶菜类饲料的粗蛋白质含量在 1.5%～3.0% 之间，豆科牧草在 3.2%～4.4% 之间。若按干物质计算，前者粗蛋白质含量达 13%～15%，后者可高达 18%～24%。叶片中含量较茎秆中多，豆科比禾本科多。青绿饲料的粗蛋白质品质较好，必需氨基酸全面，尤其以赖氨酸、色氨酸含量较高，故消化率高，蛋白质生物学价值较高，一般可达 70% 以上。

3. 粗纤维含量较低

幼嫩的青绿饲料含粗纤维较少，木质素低，无氮浸出物较高。若以干物质为基础，则其中粗纤维为 15%～30%，无氮浸出物为 40%～50%。粗纤维的含量随着植物生长期的延长而增加，木质素的含量也显著增加。一般来说，植物开花或抽穗之前，粗纤维含量较低。

4. 钙、磷比例适宜

各种青绿饲料的钙、磷含量差异较大，按干物质计，钙含量约为 0.25%～0.5%，磷为 0.20%～0.35%，比例较为适宜，特别是豆科牧草钙的含量较高。青绿饲料中矿物质含量因植物种类、土壤与施肥情况而异。青饲料中钙、磷多集中在叶片内，它们占干物质的百分比随着植物逐渐成熟而下降。此外，青绿饲料尚含有丰富的铁、锰、锌、铜等微量矿物质元素。但牧草中钠和氯一般含量不足，所以放牧肉牛需要补给食盐。

5. 维生素含量丰富

青绿饲料是供应家畜维生素营养的良好来源，特别是含有大量的胡萝卜素，每千克饲料含 50～80 毫克之多，高于任何其他饲料；在正常采食情况下，放牧肉牛所摄入的胡萝卜素要超过其本身需要量的 100 倍。此外，青绿饲料中 B 族维生素、维生素 E、维生素 C 和维生素 K 的含量也较丰富，如青苜蓿中含维生素 B_1 为 1.5 毫克/千克、

维生素 B_2 4.6 毫克/千克、烟酸 18 毫克/千克。但缺乏维生素 D，维生素 B_6（吡哆醇）的含量也很低。豆科青草中的胡萝卜素、B 族维生素等含量高于禾本科，春草的维生素含量高于秋草。

另外，青绿饲料幼嫩、柔软和多汁，适口性好，还含有各种酶、激素和有机酸，易于消化。肉牛对青绿饲料中有机物质的消化率为 75％～85％。

（二）我国主要的青绿饲料

1. 牧草

（1）牧草的分类　见表 2-7。

表 2-7　牧草的分类

分类方式	种　　类
按来源分	天然牧草
	人工栽培牧草
按牧草生育期的长短分	一年生牧草。播种当年能完成整个发育过程,在开花结实后死亡的牧草,常用的牧草有苏丹草、紫云英等
	二年生牧草。播种当年不开花,在第二年开花结实,并且枯死的牧草,有黄花草木樨、白花草木樨等
	多年生牧草。分为:短寿牧草,平均繁育 3～4 年,如多年生黑麦草、燕麦、披碱草、红三叶等,一般在第三年产量开始下降,当年补播可以保持平稳的产量;中寿牧草,平均繁育 5～6 年,如猫尾草、苇状羊茅、鸭茅、沙打旺、白三叶等,产量在第 4 年开始下降;长寿牧草,平均寿命 10 年以上,有无芒雀麦、紫羊茅、草地早熟禾、小糠草和山野豌豆等

（2）**天然牧草**　我国天然草地上生长的牧草种类繁多，主要有禾本科、豆科、菊科和莎草科 4 大类。这 4 类牧草干物质中无氮浸出物含量均在 40％～50％之间；粗蛋白质含量稍有差异，豆科牧草的蛋白质含量偏高，约 15％～20％，莎草科为 13％～20％，菊科与禾本科多在 10％～15％之间，少数可达 20％；粗纤维含量以禾本科牧草较高，约为 30％，其他 3 类牧草约为 25％左右，个别低于 20％；粗脂肪含量以菊科含量最高，平均达 5％左右，其他类在 2％～4％之间；矿物质中一般都是钙高于磷，比例恰当。

总的来说，豆科牧草的营养价值较高。虽然禾本科牧草的粗纤维

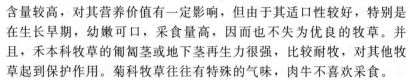

含量较高，对其营养价值有一定影响，但由于其适口性较好，特别是在生长早期，幼嫩可口，采食量高，因而也不失为优良的牧草。并且，禾本科牧草的葡匐茎或地下茎再生力很强，比较耐牧，对其他牧草起到保护作用。菊科牧草往往有特殊的气味，肉牛不喜欢采食。

（3）栽培牧草　是指人工播种栽培的各种牧草，其种类很多，但以产量高、营养好的豆科（如紫花苜蓿、草木樨、如紫云英、苕子等）和禾本科牧草（如黑麦草、无芒雀麦、羊草、苏丹草、鸭茅、象草等）占主要地位。栽培牧草是解决青绿饲料来源的重要途径，可为肉牛常年提供丰富而均衡的青绿饲料。

① 紫花苜蓿　也叫紫苜蓿、苜蓿，为我国最古老、最重要的栽培牧草之一，广泛分布于西北、华北、东北地区，江淮流域也有种植。其特点是产量高、品质好、适应性强，是最经济的栽培牧草，被冠以"牧草之王"。紫花苜蓿的营养价值很高，在初花期刈割的干物质中粗蛋白质为 $20\%\sim22\%$，而且必需氨基酸组成较为合理，赖氨酸可高达 1.34%，钙 3.0%，此外还含有丰富的维生素与微量元素，如胡萝卜素含量可达 161.7 毫克/千克。紫花苜蓿的营养价值与刈割时期关系很大（表 2-8），幼嫩时含水多，粗纤维少。刈割过迟，茎的比重增加而叶的比重下降，饲用价值降低。

表 2-8　不同生长阶段苜蓿营养成分的变化 （DM）　单位：%

生长阶段	粗蛋白质	粗脂肪	粗纤维	无氮浸出物	灰分
营养生长期	26.1	4.5	17.2	42.2	10.0
花前期	22.1	3.5	23.6	41.2	9.6
初花期	20.5	3.1	25.8	41.3	9.3
1/2 盛花期	18.2	3.6	28.5	41.5	8.2
花后期	12.3	2.4	40.6	37.2	7.5

一般认为紫花苜蓿最适刈割期是在第 1 朵花出现至 1/10 开花，根茎上又长出大量新芽的阶段，此时，营养物质含量高，根部养分蓄积多，再生良好。蕾前或现蕾时刈割，蛋白质含量高，饲用价值大，但产量较低，且根部养分蓄积少，影响再生能力。刈割时期还要视饲喂要求来定，青饲宜早，调制干草可在初花期刈割。苜蓿为多年生牧

草，管理良好时可利用 5 年以上，以第 2～4 年产草量最高。

苜蓿的利用方式有多种，可青饲、放牧、调制干草或青贮。

紫花苜蓿茎叶中含有皂角素，有抑制酶的作用，肉牛大量采食鲜嫩苜蓿后，可在瘤胃内形成大量泡沫样物质，引起臌胀病，甚至死亡，故饲喂鲜草时应控制喂量，放牧地最好采取豆科牧草和禾本科牧草混播。

② 三叶草　三叶草属共有 300 多种，大多数为野生种，少数为重要牧草，目前栽培较多的为红三叶和白三叶。

红三叶又名红车轴草、红菽草、红荷兰翘摇等，是江淮流域和灌溉条件良好的地区重要的豆科牧草之一。新鲜的红三叶含干物质 13.9％，粗蛋白质 2.2％。以干物质计，其所含可消化粗蛋白质低于苜蓿，但其所含的净能值则较苜蓿略高。红三叶草质柔软，适口性好。既可以放牧，也可以制成干草，青贮利用，放牧时发生臌胀病的机会也较苜蓿为少，但仍应注意预防。

白三叶也叫白车轴草、荷兰翘摇，是华南、华北地区的优良草种。由于草丛低矮、耐践踏、再生性好，最适于放牧利用。白三叶适口性好，营养价值高，鲜草中粗蛋白质含量较红三叶高（表 2-9），而粗纤维含量较红三叶低。

表 2-9　红三叶、白三叶和杂三叶营养成分比较（鲜样）

单位：％

类别	干物质	可消化粗蛋白质	粗蛋白质	粗脂肪	粗纤维	无氮浸出物	粗灰分	钙	磷
红三叶	27.5	3.0	4.1	1.1	8.2	12.1	2.0	0.46	0.07
白三叶	17.8	3.8	5.1	0.6	2.8	7.2	2.1	0.25	0.09
杂三叶	22.2	2.7	3.8	0.6	5.8	9.7	2.3	0.29	0.06

③ 苕子　苕子是一年生或越年生豆科植物，在我国栽培的主要有普通苕子和毛苕子两种。普通苕子又称春苕子、普通野豌豆、普通舌豌豆等，其营养价值较高，茎枝柔嫩，生长茂盛，叶多，适口性好，是肉牛喜食的优质牧草。既可青饲，又可青贮、放牧或调制干草。

毛苕子又名冬苕子、毛野豌豆等，是水田或棉田的重要绿肥作

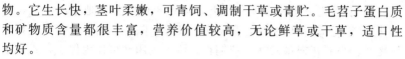

物。它生长快，茎叶柔嫩，可青饲、调制干草或青贮。毛苕子蛋白质和矿物质含量都很丰富，营养价值较高，无论鲜草或干草，适口性均好。

普通苕子或毛苕子的籽实中粗蛋白质高达30%，较蚕豆和豌豆稍高，可作精饲料用，但因其中含有生物碱和氰苷，氰苷经水解酶分解后会释放出氢氰酸，饲用前须浸泡、淘洗、磨碎、蒸煮，同时要避免大量、长期、连续使用，以免中毒。

④ 草木樨 草木樨属植物约有20种，最重要的是二年生白花草木樨、黄花草木樨和无味草木樨3种。草木樨既是一种优良的豆科牧草，也是重要的保土植物和蜜源植物。草木樨可青饲、调制干草、放牧或青贮，具有较高的营养价值，与苜蓿相似。以干物质计，草木樨含粗蛋白质19.0%，粗脂肪1.8%，粗纤维31.6%，无氮浸出物31.9%，钙2.74%，磷0.02%。

草木樨含有香豆素，有不良气味，故适口性差，饲喂时应由少到多，使肉牛逐步适应。无味草木樨的最大特点是香豆素含量低，只有0.01%~0.03%，仅为前2种的1%~2%，因而适口性较佳。当草木樨保存不当而发霉腐败时，在霉菌作用下，香豆素会变为双香豆素，其结构式与维生素K相似，二者具有拮抗作用。肉牛采食了霉烂草木樨后，遇到内外创伤或手术，血液不易凝固，有时会因出血过多而死亡。减喂、混喂、轮换喂可防止出血症的发生。

⑤ 紫云英 紫云英又称红花草，我国长江流域及以南各地均广泛栽培，属于绿肥、饲料兼用作物，产量较高，鲜嫩多计，适口性好。在现蕾期营养价值最高，以干物质计，粗蛋白质含量31.76%，粗脂肪4.14%，粗纤维11.82%，无氮浸出物44.46%，灰分7.82%。由于现蕾期产量仅为盛花期的53%，就营养物质总量而言，则以盛花期刈割为佳。

⑥ 沙打旺 又名直立黄芪、苦草，在我国北方各省均有分布。沙打旺适应性强，产量高，是饲料、绿肥、固沙保土等方面的优良牧草。沙打旺的茎叶鲜嫩，营养丰富，以干物质计，沙打旺含粗蛋白质23.5%，粗脂肪3.4%，粗纤维15.4%，无氮浸出物44.3%，钙1.34%，磷0.34%。沙打旺为黄芪属牧草，含有硝基化合物，有苦味，饲喂时应与其他牧草搭配使用。

⑦ 小冠花 也称多变小冠花，原产于南欧和东地中海地区，我国从 20 世纪 70 年代引进，在南京、北京、陕西、山西、辽宁等地生长良好。小冠花根系发达，花期长，既可饲用又可作为保土、蜜源植物。小冠花茎叶繁茂柔软，叶量丰富，以干物质计，含粗蛋白质 20.0%，粗脂肪 3.0%，粗纤维 21.0%，无氮浸出物 46.0%，钙 1.55%，磷 0.30%。

⑧ 红豆草 也叫驴食豆、驴喜豆，原产于欧洲，在山西、甘肃、内蒙古、陕西、青海等地种植较多。红豆草花色粉红艳丽，气味芳香，适口性极好，饲用价值可与紫花苜蓿相媲美，被称为"牧草皇后"。开花期干物质中含粗蛋白质 15.1%，粗脂肪 2.0%，粗纤维 31.5%，无氮浸出物 43.0%，钙 2.09%，磷 0.24%。

⑨ 黑麦草 本属有 20 多种，其中最有饲用价值的是多年生黑麦草和一年生黑麦草，我国南北方都有种植。黑麦草生长快，分蘖多，一年可多次收割，产量高，茎叶柔嫩光滑，适口性好，以开花前期的营养价值最高，可青饲、放牧或调制干草。新鲜黑麦草干物质含量约 17%，粗蛋白质 2.0%。

黑麦草干物质的营养组成随其刈割时期及生长阶段不同而不同。由表 2-10 可见，随生长期的延长，黑麦草的粗蛋白质、粗脂肪、灰分含量逐渐减少，粗纤维明显增加，尤其不能消化的木质素增加显著，故刈割时期要适宜。

表 2-10   不同刈割期黑麦草的营养成分 （DM）   单位：%

刈割期	粗蛋白质	粗脂肪	灰分	无氮浸出物	粗纤维	粗纤维中木质素含量
叶丛期	18.6	3.8	8.1	48.3	21.1	3.6
花前期	15.3	3.1	8.5	48.3	24.8	4.6
开花期	13.8	3.0	7.8	49.6	25.8	5.5
结实期	9.7	2.5	5.7	50.9	31.2	7.5

黑麦草制成干草或干草粉再与精料配合，作肉牛育肥饲料效果很好。试验证明，周岁阉牛在黑麦草地上放牧，日增重为 700 克；喂黑麦草颗粒料（占饲粮 40%、60%、80%），日增重分别为 994 克、1000 克、908 克，而且肉质较细。

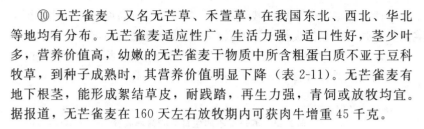

⑩ 无芒雀麦 又名无芒草、禾萱草，在我国东北、西北、华北等地均有分布。无芒雀麦适应性广，生活力强，适口性好，茎少叶多，营养价值高，幼嫩的无芒雀麦干物质中所含粗蛋白质不亚于豆科牧草，到种子成熟时，其营养价值明显下降（表 2-11）。无芒雀麦有地下根茎，能形成絮结草皮，耐践踏，再生力强，青饲或放牧均宜。据报道，无芒雀麦在 160 天左右放牧期内可获肉牛增重 45 千克。

表 2-11 不同生长期无芒雀麦的营养成分 单位：%

生育期	干物质	占干物质比例				
		粗蛋白质	粗脂肪	粗纤维	无氮浸出物	粗灰分
营养生长期	25.0	20.4	4.0	23.2	42.8	9.6
抽穗期	30.0	16.0	6.3	30.0	44.7	7.0
种子成熟期	53.0	5.3	2.3	36.4	49.2	6.8

⑪ 羊草 又名碱草，是广泛分布的禾草，在东北、华北、西北等地都有大面积的分布。羊草为多年生禾本科牧草，叶量丰富，适口性好。羊草鲜草干物质含量 28.64%，粗蛋白质 3.49%，粗脂肪 0.82%，粗纤维 8.23%，无氮浸出物 14.66%，灰分 1.44%。

羊草营养生长期长，有较高的营养价值，种子成熟后茎叶仍可保持绿色，可放牧、割草。羊草干草产量高，营养丰富，但刈割时间要适当，过早或过迟都会影响其质量（表 2-12）。抽穗期刈割调制成干草，颜色浓绿，气味芳香，是各种家畜的上等青干草，也是我国出口的主要草产品之一。

表 2-12 不同刈割期羊草的营养成分（DM） 单位：%

生长期	粗蛋白质	粗脂肪	粗纤维	无氮浸出物	灰分	磷	钙
分蘖期	20.35	4.04	35.62	32.95	7.03	0.43	1.12
拔节期	17.99	3.07	47.9	25.19	6.74	0.45	0.42
抽穗期	14.82	2.86	34.92	41.63	5.76	0.48	0.38
结实期	4.97	2.96	33.56	52.05	6.46	0.62	0.16

⑫ 苏丹草 也称为野高粱，原产于非洲苏丹，现遍布全国各地，

尤以西北和华北干旱地区栽培最多。苏丹草具有高度的适应性，抗旱能力特强，在夏季炎热干旱地区，一般牧草都枯萎而苏丹草却能旺盛生长。苏丹草的营养价值取决于其刈割日期，由表 2-13 可以看出，抽穗期刈割要比开花期和结实期刈割营养价值高，适口性也好，肉牛均喜采食。

表 2-13　苏丹草不同生育期的营养成分　　　　　单位：%

生育期	干物质	占干物质比例				
		粗蛋白质	粗脂肪	粗纤维	无氮浸出物	水分
抽穗期	21.6	15.3	2.8	25.9	47.2	8.8
开花期	23.4	8.1	1.7	35.9	44.0	10.3
结实期	28.5	6.0	1.6	33.7	51.2	7.5

苏丹草的茎叶比玉米、高粱柔软，容易晒制干草。喂肉牛的效果和喂苜蓿、高粱干草差别不大。利用时第一茬适于刈割鲜喂或晒制干草，第二茬以后可用于肉牛放牧。由于幼嫩茎叶含少量氢氰酸，为防止发生中毒，要等到株高达 50～60 厘米以后才可以放牧。

⑬ 高丹草　高丹草是由饲用高粱和苏丹草自然杂交形成的一年生禾本科牧草，由第三届全国牧草品种审定委员会第二次会议于 1998 年 12 月 10 日审定通过，高丹草综合了高粱茎粗、叶宽和苏丹草分蘖力、再生力强的优点，能耐受频繁的刈割，并能多次再生。其特点是产量高，抗倒伏和再生能力出色，抗病抗旱性好，茎秆更为柔软纤细，可消化的纤维素和半纤维素含量高而难以消化的木质素低，消化率高，适口性好，营养价值高。经测定，高丹草在拔节期的营养成分为水分 83%、粗蛋白 3%、粗脂肪 0.8%、无氮浸出物 7.6%、粗纤维 3.2%、粗灰分 1.7%，是肉牛的一种优良青饲料。

高丹草的主要利用方式是调制干草和青贮，也可直接用于放牧。干草生产适宜刈割期是抽穗至初花期，即播种 6～8 周后，植株高度达到 1～1.5 米，此时的干物质中蛋白质含量较高，粗纤维含量较低，可开始第 1 次刈割，留茬高度应不低于 15 厘米，过低的刈割会影响再生，再次刈割的时间以 3～5 周以后为宜，间隔过短会引起产量降低。高丹草青贮前应将含水量由 80%～85% 降到 70% 左右。适宜放

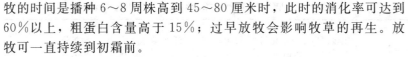

牧的时间是播种 6～8 周株高到 45～80 厘米时，此时的消化率可达到 60％以上，粗蛋白含量高于 15％；过早放牧会影响牧草的再生。放牧可一直持续到初霜前。

⑭ 鸭茅　又叫鸡脚草、果园草，原产于欧洲西部，我国、湖北、湖南、四川、江苏等省有较大面积栽培。鸭茅草质柔嫩，叶量多，营养丰富，适口性好，是肉牛的优良牧草。抽穗期茎叶干物质中含粗蛋白质 12.7％，粗脂肪 4.7％，粗纤维 29.5％，无氮浸出物 45.1％，粗灰分 8％。鸭茅适宜青饲、调制干草或青贮，也适于放牧。青饲宜在抽穗前或抽穗期进行；晒制干草时收获期不迟于抽穗盛期；放牧时间以拔节中后期至孕穗期为好。

⑮ 象草　又称紫狼尾草，原产于热带非洲，在我国南方各省区有大面积栽培。象草具有产量高、管理粗放、利用期长等特点，已成为南方青绿饲料的重要来源。象草营养价值较高，茎叶干物质中含粗蛋白质 10.58％，粗脂肪 1.97％，粗纤维 33.14％，无氮浸出物 44.70％，粗灰分 9.61％。象草主要用于青割和青贮，也可以调制成干草备用。适时刈割，柔软多汁，适口性好，利用率高，是肉牛的好饲草。

2. 高产青饲作物

青饲作物是指农田栽培的农作物或饲料作物，在结实前或结实期收割作为青绿饲料用。常见的青饲作物有青刈玉米、青刈大麦、青刈燕麦、大豆苗、豌豆苗、蚕豆苗等。高产青饲作物突破每亩土地常规牧草生产的生物总收获量，单位能量和蛋白质产量大幅度增加，一般青割作物用于直接饲喂，也可以调制成青干草或作青贮，这是解决青绿饲料供应的一个重要途径。目前以饲用玉米、甜高粱、籽粒苋等最有价值。

（1）青刈玉米　玉米是重要的粮食和饲料兼用作物，其植株高大，生长迅速，产量高，茎中糖分含量高，胡萝卜素及其他维生素丰富，饲用价值高。青刈玉米用作肉牛饲料时可从吐丝到蜡熟期分批刈割，取代玉米先收籽粒再全部利用风干秸秆，在营养成分、产量上表现出巨大的优势。青刈玉米味甜多汁，适口性好，消化率高，营养价值远远高于收获籽实后剩余的秸秆（表 2-14），是肉牛的良好青绿饲料。

表 2-14　青刈玉米的营养成分比较（干物质基础）

种类	粗蛋白质/%	可消化粗蛋白质/%	粗脂肪/%	粗纤维/%	无氮浸出物/%	粗灰分/%	产奶净能/（兆焦/千克）
玉米青割	8.5	5.1	2.3	33.0	50.0	6.3	5.51
玉米秸秆	6.5	2.0	0.9	68.9	17.0	6.8	4.22

　　将玉米在乳蜡熟期收割，作肉牛的青饲料，其总收获量以绝对风干物质折算，当亩（1 亩＝666.7 米²）产鲜草 4500 千克时，其粗蛋白质产量达 87.8 千克，比收籽粒加秸秆的粗蛋白质总产量高出 15.9 千克，即高出 42%，比单独收获籽粒高出 195%。玉米适期青割，比收获籽粒加枯黄秸秆或者比单纯地收获籽实的蛋白质总产量高 2～3 倍，可消化蛋白质也同样增产。青饲玉米的能量比玉米成熟后分别收籽粒和秸秆的总能量要高。将饲用玉米留作青贮，是养牛的良好青饲料，宜大力推广。

　　近年来，我国育成了一些饲料专用玉米新品种，如"龙牧 3 号""新多 2 号"等，均适合于青饲或青贮，属于多茎多穗型，即使果实成熟后茎叶仍保持鲜绿，草质优良，每公顷鲜草产量可达 45～135 吨。

　　（2）青刈大麦　大麦也是重要的粮饲兼用作物之一，有冬大麦和春大麦之分。大麦有较强的再生性，分蘖能力强，及时刈割后可收到再生草，因此是一种很好的青饲作物。青割大麦可在拔节至开花时，分期刈割，随割随喂。延迟收获则品质迅速下降（表 2-15）。早期收获的青刈大麦质地鲜嫩，适口性好，可以直接作为肉牛的饲料，也可调制成青干草或青贮饲料利用。

　　（3）青刈高粱　饲用高粱可分为籽粒型高粱和饲草专用型高粱。籽粒型高粱主要用作配合饲料。饲草专用型高粱又包括两种类型：一种是甜高粱；另一种是高粱-苏丹草杂交种（即前面讲过的高丹草），如晋草 1 号、皖草 2 号、菱草、哥伦布草、约翰逊草等。甜高粱主要有饲用和粮饲兼用两种方式，饲用时主要以青贮为主。高粱-苏丹草杂交种主要以饲用为主，可进行青饲、干饲和青贮，是一种高产优质的饲用高粱类型。

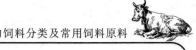

表 2-15　青刈大麦不同生育阶段的营养成分（DM）

单位：%

生长时间	粗蛋白质	粗脂肪	无氮浸出物	粗纤维	灰分
170 天	27.4	5.3	42.6	16.8	7.9
190 天	19.6	4.9	45.6	24.0	5.9
210 天	14.7	2.8	43.0	35.1	4.4
230 天	11.0	2.1	44.3	37.8	4.8
250 天	7.5	1.8	34.5	50.5	5.7

甜高粱通常是普通高粱与甜高粱杂交的 F1 代。其茎秆中汁多、含糖量高、植株高大、生物产量高，一般籽粒产量 5250～6000 千克/公顷，茎叶鲜重 7.5 万千克/公顷，茎秆中含糖分 50%～70%。生产中可在籽粒接近成熟时收割，将高粱籽粒、茎叶一起青饲或青贮以后喂饲。甜高粱营养成分含量很高（表 2-16）。

表 2-16　甜高粱干物质中营养成分含量　　单位：%

生育期	粗蛋白质	粗脂肪	粗纤维	无氮浸出物	粗灰分	钙	磷
抽穗前	8.2	0.5	3.0	8.9	10.8	0.79	0.25
籽实中	8.2	2.6	3.6	72.7	3.9	0.07	0.24

（4）青刈燕麦　燕麦叶多茎少，叶片宽长，柔嫩多汁，适口性强，是一种极好的青刈饲料。青刈燕麦可在抽穗后，产量高时刈割饲喂肉牛。青割燕麦营养丰富，干物质中粗蛋白质含量 14.7%，粗脂肪 4.6%，粗纤维 27.4%，无氮浸出物 45.7%，粗灰分 7.6%，钙 0.56%，磷 0.36%，产奶净能为 6.40 兆焦/千克。饲喂青割燕麦可为肉牛提供早春的维生素、蛋白质，可节约精料，降低成本，提高经济效益。

（5）青刈豆苗　包括青刈大豆、青刈秣食豆、青刈豌豆、青刈蚕豆等，也是很好的一类青饲作物。与青饲禾本科作物相比，蛋白质含量高，且品质好，营养丰富，肉牛喜食，但大量饲喂肉牛时易发生膨胀病。刈割时间因饲喂目的不同而异，早期急需青绿饲料，可在现蕾至开花初期株高 40～60 厘米时刈割，刈割越早品质越好，但产量低。

通常在开花至荚果形成时期刈割，此时茎叶生长繁茂，干物质产量最高，品质也好。

适时刈割的豆苗茎叶鲜嫩柔软，适口性好，富含蛋白质和各种氨基酸（表2-17），胡萝卜素、维生素 B_1、维生素 B_2、维生素 C 和各种矿物质含量也高，是肉牛的优质青绿饲料。饲喂时，可整喂或切短饲喂，但多量采食易患膨胀病，应与其他饲料搭配饲喂为宜。除供青饲外，在开花结荚时期刈割的豆苗，还可供调制干草用。秋季调制的干草，颜色深，品质佳，是肉牛优良越冬饲料。也可制成草粉，作为畜禽配合饲料的原料。

表 2-17　　几种青刈豆苗的营养成分（DM）　　单位：%

种类	粗蛋白质	粗脂肪	粗纤维	无氮浸出物	粗灰分	钙	磷
青刈大豆	21.6	2.9	22.0	42.0	11.6	0.44	0.12
青刈秣食豆	17.37	4.24	26.69	41.53	10.17	—	—
青刈豌豆	6.73	2.40	27.9	55.77	7.21	0.20	0.04
青刈蚕豆	23.94	3.23	21.26	40.31	11.26	—	—

（6）籽粒苋　　是一年生草本植物中的一种粮饲兼用作物，以高产、优质、抗逆性强、生长速度快等特性著称。籽粒苋的叶片柔软，茎秆脆嫩，适口性好，具有很高的营养价值。

籽粒苋的蛋白质和赖氨酸含量也高于其他谷物，特别是赖氨酸含量高（约1%），是任何作物所不及的；粗脂肪含量高，不饱和脂肪酸达70%～80%；粗纤维含量低；茎、叶还含有丰富的有机盐、维生素和多种微量元素，钙、铁含量高于其他饲料作物。籽粒苋籽的营养成分也相当高，苋籽粗蛋白含量比玉米高1倍，矿物质含量也高，特别是钾、镁、钙、铁等元素的含量是一般作物的几倍甚至几十倍，苋籽中的磷比玉米高近3倍，钙高10倍以上。籽粒苋结实后老茎秆的蛋白质含量虽下降至8%～9%，但仍然接近玉米籽粒（9%～10%），并高于红薯干粉的营养水平。

籽粒苋青饲料产量高，全年可刈割3～5次，青刈产量比其他饲料作物高，一般亩产青绿茎叶都在1.0万千克以上，最高可达2.0万千克，而且刈割后再生能力很强。

（7）小黑麦 小黑麦适宜于不宜种植小麦的地区，是粮饲兼用作物，有春性和冬性两种。小黑麦地上部分生长旺盛，叶片肥厚，营养成分好。小黑麦的鲜草产量，在播种较早时，每公顷产量达 60～125 吨；播种较迟时每公顷产量可达 45～60 吨。小黑麦营养成分含量很高（表 2-18）。

表 2-18 小黑麦干物质中营养成分含量 单位：%

营养成分	粗蛋白质	粗脂肪	粗纤维	无氮浸出物	粗灰分	钙	磷
抽穗前	23.2	5.3	4.3	39.4	10.8	0.29	0.15
籽实中	20	1.6	3.4	72.1	2.9	0.08	0.64

3. 叶菜类

叶菜类饲料种类很多，除了作为饲料栽培的苦荬菜、聚合草、甘蓝、牛皮菜、猪苋菜、串叶松香草、菊苣、杂交酸模等以外，还有食用蔬菜、根茎瓜类的茎叶及野草、野菜等，都是良好的青绿饲料来源。

（1）苦荬菜 又叫苦麻菜或山莴苣等。苦荬菜生长快，再生力强，南方一年可刈割 5～8 次，北方 3～5 次，一般每公顷产鲜草75～112.5 吨。苦荬菜鲜嫩可口，粗蛋白质含量较高，粗纤维含量较少，营养价值较高。

（2）聚合草 又称饲用紫草、爱国草等。聚合草产量高，营养丰富，利用期长，适应性广，全国各地均可栽培，是优质青绿多汁饲料。聚合草为多年生草本植物，再生性很强，南方一年可刈割 5～6 次，北方为 3～4 次，第一年每公顷产 75～90 吨，第二年以后每公顷产 112.5～150 吨。聚合草营养价值较高，其干草的粗蛋白质含量与苜蓿接近，高的可达 24%，而粗纤维则比苜蓿低。风干聚合草茎叶的营养成分为：粗蛋白质 21.09%，粗脂肪 4.46%，粗纤维 7.85%，无氮浸出物 36.55%，粗灰分 15.69%，钙 1.21%，磷 0.65%，胡萝卜素 200.0 毫克/千克，维生素 B_2 13.80 毫克/千克。

聚合草有粗硬刚毛，肉牛不喜食，可在饲喂前先经粉碎或打浆，则具有黄瓜香味，或与粉状精料拌和，则适口性提高，饲喂效果较好。聚合草也可调制成青贮或干草。如晒制干草，须选择晴天刈割，就地摊成薄层晾晒，宜快干，以免日久颜色变黑，品质下降。

（3）牛皮菜 又称莙荙菜，国内各地均有栽培。牛皮菜产量高，易于种植，叶柔嫩多汁，适口性好，营养价值也较高。喂时宜生喂，忌熟喂，煮熟放置时，易产生亚硝酸盐而致中毒。

（4）杂交酸模 也叫酸模菠菜、高秆菠菜、鲁梅克斯等。该品种是1974～1982年前苏联乌克兰国家科学院中央植物园以巴天酸模为母本、天山酸模为父本远缘杂交育成。我国于1995年开始引进，并在新疆、黑龙江、山东、江西等地推广利用。

杂交酸模为蓼科酸模属多年生草本植物，抗寒、耐盐碱、耐旱涝、喜水肥，但易感白粉病，也易发生虫害。在水肥条件较好的情况下，每公顷产量可达150～225吨，折合干草为15～22.5吨。

杂交酸模蛋白质含量高，干物质中粗蛋白质含量在叶簇期达30％～34％，并且还含有较高的胡萝卜素、维生素C等维生素，可整株喂牛。青贮时可加20％～30％的禾本科干草粉或秸秆，效果很好。因其水含量很高，干物质含量低，故不适宜调制青干草。该草抗热性差，夏季产量很低，且因单宁含量高，适口性差。

（5）菊苣 菊苣原产于欧洲，1988年山西农业科学院畜牧兽医研究所从新西兰引入普那（puna）菊苣，现已在山西、陕西、浙江、河南等地推广种植。菊苣为菊科多年生草本植物，喜温暖湿润气候，抗旱、耐寒、耐盐碱、喜水肥，一年可刈割3～4次，每公顷产鲜草120～150吨。

菊苣莲座期干物质中分别含粗蛋白质21.4％，粗脂肪3.2％，粗纤维22.9％，无氮浸出物37.0％，粗灰分15.5％；开花期干物质中分别含粗蛋白质17.1％，粗脂肪2.4％，粗纤维42.2％，无氮浸出物28.9％，粗灰分9.4％。动物必需的氨基酸含量高而且齐全，茎叶柔嫩，适口性良好，牛极喜食。一般多用于青饲，还可与无芒雀麦、紫花苜蓿等混合青贮，以备冬、春饲喂牛。

（6）菜叶、藤蔓（秧）和蔬菜类 菜叶是指菜用瓜果（如萝卜叶、甜菜叶、南瓜叶、甘蓝边叶等）、豆类的叶子及一般蔬菜副产品，人们通常不食用而作废料遗弃。这些菜叶种类多、来源广、数量大，是值得重视的一类青绿饲料。以干物质计，其能量较高，易消化，畜禽都能利用。尤其是豆类叶子营养价值很高，能量大，蛋白质含量也较丰富。蔓秧是指作物的藤蔓和幼苗，如南瓜藤、丝瓜藤、甘薯藤、马铃薯藤、各种豆秧、花生秧以及玉米、小麦、棉花的幼苗等，肉牛也可以利用。白菜、甘蓝、胡萝卜、菠菜等食用蔬菜，也可用作饲料。在蔬菜旺季，大量剩余的蔬菜、次菜及菜帮等均可饲喂肉牛。为了均衡全年的青绿饲料供应，还可适时栽种些蔬菜。

4. 非淀粉质根茎瓜类饲料

非淀粉质根茎瓜类饲料包括胡萝卜、芜菁甘蓝、甜菜及南瓜等。这类饲料天然水分含量很高，可达 70%～90%，粗纤维较低，而无氮浸出物较高，且多为易消化的淀粉或糖分，是肉牛冬季的主要青绿多汁饲料。至于马铃薯、甘薯、木薯等块根块茎类，因其富含淀粉，生产上多被干制成粉后用作饲料原料，因此放在能量饲料部分介绍。

（1）胡萝卜　胡萝卜为伞形花科植物，属二年生草本作物，是最常见的一种蔬菜。目前，胡萝卜在世界各地广泛栽培，已被世界许多国家公认为营养丰富的上等蔬菜。胡萝卜不仅具有营养价值，还具有保健价值，是菜药兼用、清甜适口的好饲料。胡萝卜产量高、易栽培、耐贮藏、营养丰富，是肉牛冬、春季重要的多汁饲料。胡萝卜的营养价值很高，大部分营养物质是无氮浸出物，含有蔗糖和果糖，故具甜味。胡萝卜素含量尤其丰富，为一般牧草饲料所不及。胡萝卜还含有大量的钾盐、磷盐和铁盐等。一般来说，颜色愈深，胡萝卜素或铁盐含量愈高，红色的比黄色的高，黄色的又比白色的高。

① 胡萝卜的营养特点　含水分高达 80%～90%，干物质中含有丰富的糖类、蛋白质、脂肪、纤维素、多种维生素、各种无机盐、微量元素及十几种酶、双歧因子、核酸物质、芥子油、伞形花内酯、咖啡酸、氯原酸、没食子酸等成分，胡萝卜细胞壁中含有丰富的果胶酸酯。现代营养学分析表明：胡萝卜每 100 克可食部分含热量 37 千卡、蛋白质 1.0 克、脂肪 0.2 克、碳水化合物 8.8 克、纤维素 1.1 克、钙 32.0 毫克、磷 27.0 毫克、钠 71.4 毫克、镁 14.0 毫克、铁 1.0 毫克、锌 0.23 毫克、硒 0.63 毫克、铜 0.08 毫克、锰 0.24 毫克、钾 190.0 毫克、烟酸 0.6 毫克、维生素 C 13.0 毫克、维生素 B_2 0.03 毫克、维生素 B_1 0.04 毫克、维生素 E 0.36 毫克、叶酸 14 微克、维生素 A 688 微克。

胡萝卜的最主要营养成分是类胡萝卜素，包括 β-胡萝卜素、α-胡萝卜素、黄体素等多种，其中含量最高的是 β-胡萝卜素，占胡萝卜素的 80%。每 100 克生胡萝卜含 β-胡萝卜素 4130 微克，比白萝卜及其他各种蔬菜高出 30～40 倍。

② 胡萝卜的饲用价值　肉牛生产中并不依赖胡萝卜提供能量，而主要靠其补充维生素（胡萝卜素），尤其在冬、春季节。冬季由于青绿饲料缺乏，多用秸秆、干草喂牛，容易造成胡萝卜素缺乏，导致牛的生产性能下降：幼牛生长发育停滞，严重时出现夜盲症甚至失明；种畜生殖功能减退，精液品质下降；母牛不易受孕或流产，胎儿发育不正常等。贮存一定量的胡萝卜在冬季补饲，对幼牛、种公牛、母牛（特别对妊娠母牛）具有良好的作用。

胡萝卜以生喂为宜，以保全其所含营养，但喂前要清洗干净。胡萝卜熟喂，其所含的胡萝卜素、维生素 C 及维生素 E 会遭到破坏，因此最好生喂。也可将胡萝卜切碎，加入麦麸、草粉、干甜菜丝等饲喂。发霉、腐烂者不能饲喂。胡萝卜参考日喂量：3 月龄以上犊牛 2 千克，6 月龄以上幼牛或架子牛 4 千克，种公牛 5～8 千克，妊娠母牛 5～7 千克，也可根据饲粮组成酌情增减。

在青绿饲料缺乏季节，向干草或秸秆比重较大的饲粮中添加一些胡萝卜，可改善饲粮口味，调节消化机能。对于种畜，饲喂胡萝卜供给丰富的胡萝卜素，对于公畜精子的正常生成及母畜的正常发情、排卵、受孕与怀胎，都有良好作用。

（2）芜菁甘蓝　芜菁在我国较少用作饲料，但芜菁甘蓝（也称灰萝卜）在我国已有近百年栽培历史。这两种块根饲料性质基本相似，水分含量都很高（约 90%）。干物质中无氮浸出物含量相当高，大约为 70%，因而能量较高，每千克消化能可达 14.02 兆焦左右，鲜样由于水分含量高只有 1.34 兆焦/千克。

这 2 种块根不仅能量价值高，而且其块根在地里存留时间可以延长，即使抽薹也不空心，因而可以解决块根类饲料在部分地区夏初难以贮藏的问题。

（3）南瓜　南瓜既是蔬菜，又是优质高产的饲料作物。南瓜营养丰富，耐贮藏，运输方便，是肉牛的良好饲料。其营养成分见表 2-19。

表 2-19 南瓜的营养成分　　　单位：%

类别	水分	占干物质						
		粗蛋白质	粗脂肪	粗纤维	无氮浸出物	粗灰分	钙	磷
南瓜	90.70	12.90	6.45	11.83	62.37	6.45	0.32	0.11
南瓜藤	82.50	8.57	5.14	32.00	44.00	10.29	0.40	0.23
饲料南瓜	93.50	13.85	1.54	10.77	67.69	6.15	—	—

南瓜中无氮浸出物含量高，且其中多为淀粉和可溶性糖类。中国南瓜含多量淀粉，而饲料南瓜含果糖和葡萄糖较多。南瓜中还含有很多的胡萝卜素和维生素 B_2。南瓜含水分 90% 左右，不宜单喂。

5. 水生饲料

水生饲料大部分原为野生植物，经过长期驯化选育已成为青绿饲料和绿肥作物。主要有水浮莲、水葫芦、水花生、绿萍、水芹菜和水竹叶等。这类饲料具有生长快、产量高、不占耕地和利用时间长等优点。在南方水资源丰富地区，因地制宜发展水生饲料，并加以合理利用，是扩大青绿饲料来源的一个重要途径。

水生饲料茎叶柔软，细嫩多汁，施肥充足者长势茂盛，营养价值较高，缺肥者叶少根多，营养价值也较低。这类饲料水分含量特别高，可达 90%～95%，干物质含量很低，故营养价值也降低（表 2-20），因此，水生饲料应与其他饲料搭配使用，以满足肉牛的营养需要。

表 2-20 水生饲料成分及营养价值　　　单位：%

种类	干物质	粗蛋白质	粗纤维	钙	磷
水浮莲	7.0	1.1	1.2	0.13	0.07
水葫芦	5.1	0.9	1.2	0.04	0.02
水花生	6.0	1.1	1.1	0.08	0.02
绿萍	6.0	1.6	0.9	0.06	0.02
水芹菜	10.0	1.3	1.5	0.09	0.02
水竹叶	6.0	1.0	1.0		

此外，水生饲料最易带来寄生虫病如猪蛔虫、姜片虫、肝片吸虫

38

等，利用不当往往得不偿失。解决的办法除了注意水塘的消毒、灭螺工作外，最好将水生饲料青贮发酵后饲喂，有的也可制成干草粉。

6. 鲜嫩树叶类

我国有丰富的树木资源，除少数不能饲用外，大多数树木的叶子、嫩枝及果实含有丰富的蛋白质、胡萝卜素和粗脂肪，有增强肉牛食欲的作用，都可用作的肉牛饲料。供作饲料的树叶较多，有苹果叶、杏树叶、桃树叶、桑叶、梨树叶、榆树叶、柳树叶、紫穗槐叶、刺槐叶、泡桐叶、橘树叶及松针叶等。

（1）紫穗槐叶、刺槐叶　紫穗槐又名紫花槐，是很有价值的饲用灌木类。刺槐又名洋槐，为豆科乔木。两者叶中蛋白质含量很高，以干物质计可达 20% 以上，且粗纤维含量较低，因此鲜叶制成的青干叶粉又属于蛋白质饲料。槐叶中的氨基酸也十分丰富，如刺槐叶中赖氨酸含量为 1.29%～1.68%，苏氨酸为 0.56%～0.93%，精氨酸为 1.27%～1.48% 等。此外，维生素（尤以胡萝卜素和 B 族维生素含量高）和矿物质含量丰富，如紫穗槐青干叶中胡萝卜素含量可达 270 毫克/千克，与优质苜蓿相当。按营养特性，两者除具相同的共性外，刺槐叶尚有口味香甜、适口性好等特点。

采集季节不同，槐叶质量不同。一般春季质量较好，夏季次之，秋季较差。但过早采集影响林木生长，因此，科学采集时间宜在不影响林木生长的前提下尽量提前。北方可在 7 月底至 8 月初开采，最迟不超过 9 月上旬。采集过迟，绿叶变黄，营养价值大幅度下降。采集部位一般为叶柄和叶片。槐叶叶片薄、易晒，一般 2 天水分可降至 10% 左右，即可粉碎贮藏。暂不加工的，可装入麻袋或化纤袋内，置于通风、阴凉、干燥处保存。鲜槐叶可直接青饲，叶粉可作配合饲料原料。

（2）泡桐叶　泡桐又名白花泡桐、大果泡桐。为玄参科泡桐属落叶乔木，分布于我国中部及南部各省，在河南、山东、河北、陕西等地都生长良好。泡桐生长快，管理得当时 5～6 年即可成材，故有“3 年成檩，5 年成梁”之说。据测定，一株 10 年轮伐期的泡桐，年产鲜叶 100 千克，折干叶 28 千克左右；一株生长期泡桐，年可得干叶 10 千克左右。按此计算，全国泡桐叶若能充分利用，其量亦十分可观。

用泡桐叶、花、果作饲料均可作为动物的饲料。鲜泡桐叶肉牛不喜食，干制可改善适口性。泡桐叶干物质中含粗蛋白 19.3%，粗纤维 11.1%，粗脂肪 5.82%，无氮浸出物 54.8%，钙 1.93%，磷 0.21%。

（3）桑叶 桑也称桑树，原产于中国，已有 3000 多年的栽培历史，除高寒地区外，全国都有种植。桑叶的产量高，生长季节可采 4～6 次。桑叶不仅是蚕的基本饲料，也可作动物的饲料。鲜桑叶含粗蛋白 4%，粗纤维 6.5%，钙 0.65%，磷 0.85%，还含有丰富的维生素 E、维生素 B_2、维生素 C 及各种矿物质。桑树枝、叶营养价值接近，均为肉牛的优质饲料。桑叶、枝采集可结合整枝进行，宜鲜用，否则营养价值下降。枝叶量大时，可阴干贮藏供冬季饲用。

（4）苹果叶、橘树叶 苹果枝叶来源广、价值高。据分析，一般含粗蛋白 9.8%，粗脂肪 7%，粗纤维 8%，无氮浸出物 59.8%，钙 0.29%，磷 0.13%。

橘树叶粗蛋白质含量较高，其量比稻草高 3 倍。每千克橘树叶含维生素 C 约 151 毫克，并含单糖、双糖、淀粉和挥发油，故该叶具舒肝、通气、化痰、消肿解毒等药效。《日本农业新闻》报道，将整枝剪下的橘树枝叶加工成 2～3 厘米的碎条青贮 1 个月后喂肉牛，牛生长速度加快，健康。橘叶采集宜结合秋末冬初修剪整枝时进行。

（5）松叶 松叶主要是指马尾松、黄山松、油松以及桧、云杉等树的针叶。据分析，马尾松针叶干物质为 53.1%～53.4%，总能 9.66～10.37 兆焦/千克，粗蛋白质 6.5%～9.6%，粗纤维 14.6%～17.6%，钙 0.45%～0.62%，磷 0.02%～0.04%。富含维生素、微量元素、氨基酸、激素和抗生素等，对肉牛具抗病、促生长之效。针叶一般以每年 11 月至翌年 3 月采集较好，其他时间因针叶含脂肪和挥发性物质较多，易对肉牛胃肠和泌尿器官产生不良影响。采集时应选嫩绿肥壮松针，采集后避免阳光曝晒，采集到加工要求不应超过 3 天。

三、青贮饲料

青贮饲料是指将新鲜的青饲料（青绿玉米秸、高粱秸、牧草等）

40

切短装入密封容器里，经过微生物发酵作用，制成一种具有特殊芳香气味、营养丰富的多汁饲料。它能够长期保存青绿多汁饲料的特性，扩大饲料资源，保证家畜均衡供应青绿多汁饲料。青贮饲料具有气味酸香、柔软多汁、颜色黄绿、适口性好等优点。

（一）青贮饲料的特点

1. 青贮饲料能够保存青绿饲料的营养特性

青绿饲料在密封厌氧条件下保藏，由于不受日晒、雨淋的影响，也不受机械损失影响；贮藏过程中，氧化分解作用微弱，养分损失少，一般不超过 10%。据试验，青绿饲料在晒制成干草的过程中，养分损失一般达 20%～40%。每千克青贮甘薯藤干物质中含有胡萝卜素可达 94.7 毫克，而在自然晒制的干藤中，每千克干物质只含 2.5 毫克。据测定，在相同单位面积耕地上，所产的全株玉米青贮饲料的营养价值比所产的玉米籽粒加干玉米秸秆的营养价值高出30%～50%。

2. 可以四季供给家畜青绿多汁饲料

由于青饲料生长期短，老化快，受季节影响较大，很难做到一年四季均衡供应。调制良好的青贮饲料，管理得当，可贮藏多年，因此可以保证家畜一年四季都能吃到优良的多汁料，调剂青饲料供应的不平衡。青贮饲料仍保持青绿饲料的水分、维生素含量高、颜色青绿等优点。我国西北、东北、华北地区，气候寒冷，生长期短，青绿饲料生产受限制，整个冬春季节都缺乏青绿饲料，调制青贮饲料把夏、秋多余的青绿饲料保存起来，供冬春利用，解决了冬春肉牛缺乏青绿饲料的问题。

3. 饲喂价值高，消化性强，适口性好

整株植物都可以用作青贮，比单纯收获籽实的饲喂价值高30%～50%。与晒成的干草相比，养分损失少，在较好的条件下晒制的干草养分也损失 20%～40%，而青贮方法只损失 10%，比干草的营养价值高，蛋白质、维生素保存较多。青贮饲料经过乳酸菌发酵，产生大量乳酸和芳香族化合物，具酸香味，柔软多汁，适口性好。青贮饲料对提高肉牛日粮内其他饲料的消化也有良好的作用。用同类青草制成的青贮饲料和干草，青贮饲料的消化率有所提高（表 2-21）。

表 2-21 青贮饲料与干草消化率比较 单位：%

种类	干物质	粗蛋白	脂肪	无氮浸出物	粗纤维
干草	65	62	53	71	65
青贮饲料	69	63	68	75	72

4. 青贮饲料单位容积内贮量大

青贮饲料贮藏空间比干草小，可节约存放场地。1 米³ 青贮饲料重量为 450~700 千克，其中含干物质为 150 千克，而 1 米³ 干草重量仅 70 千克，约含干物质 60 千克。1 吨青贮苜蓿占体积 1.25 米³，而 1 吨苜蓿干草则占体积 13.3~13.5 米³。在贮藏过程中，青贮饲料不受风吹、日晒、雨淋的影响，也不会发生火灾等事故。

5. 青贮饲料调制方便，可以扩大饲料资源

青贮饲料的调制方法简单，易于掌握。修建青贮窖或备制塑料袋的费用较少，一次调制可长久利用。调制过程受天气条件的限制较小，在阴雨季节或天气不好时，晒制干草困难，对青贮的进行则影响较小。调制青贮饲料可以扩大饲料资源，一些植物和菊科类及马铃薯茎叶在青饲时，具有异味，对家畜适口性差，饲料利用率低。但经青贮后，气味改善，柔软多汁，提高了适口性，成为家畜喜食的优质青绿多汁饲料。有些农副产品如甘薯藤、萝卜叶、甜菜叶等收获期很集中，收获量很大，短时间内用不完，又不能直接存放，或因天气条件限制不易晒干，若及时调制成青贮饲料，则可充分发挥此类饲料的作用。

6. 消灭害虫及杂草

很多危害农作物的害虫多寄生在收割后的秸秆上越冬，如果把秸秆铡碎青贮，青贮饲料经发酵后，青贮窖里缺乏氧气，并且酸度较高，就可使其所含的害虫虫卵和杂草种子失去活力，减少对肉牛生长发育的危害。如玉米螟的幼虫常钻入玉米秸秆越冬，翌年便孵化为成虫继续繁殖为害。秸秆青贮是防治玉米螟的最有效措施之一。此外，许多杂草的种子经过青贮后可丧失发芽的机会和能力。如将杂草及时青贮，不仅给家畜贮备了饲草，也减少了杂草的滋生。

7. 受天气因素影响较少

在阴雨季节要调制干草较为困难，而制作青贮饲料从收割到贮存

42

的时间要比调制干草的干燥时间短，不受天气变化和气候的影响。

（二）青贮过程中营养物质的变化

1. 碳水化合物

在青贮发酵过程中，由于各种微生物和植物本身酶体系的作用，使青贮原料发生一系列生物化学变化，引起营养物质的变化和损失。在青贮的饲料中，只要有氧存在，且 pH 值不发生急剧变化，植物呼吸酶就有活性，青贮作物中的水溶性碳水化合物就会被氧化为二氧化碳和水。在正常青贮时，原料中水溶性碳水化合物，如葡萄糖和果糖，发酵成为乳酸和其他产物。另外，部分多糖也能被微生物发酵作用转化有机酸，但纤维素仍然保持不变，半纤维素有少部分水解，生成的戊糖可发酵生成乳酸。

2. 蛋白质

正在生长的饲料作物，总氮中大约有 75%～90% 的氮以蛋白氮的形式存在。收获后，植物蛋白酶会迅速将蛋白质水解为氨基酸，在12～24 小时内，总氮中有 20%～25% 被转化为非蛋白氮。青贮饲料中蛋白质的变化，与 pH 值的高低有密切关系，当 pH 值小于 4.2时，蛋白质因植物细胞酶的作用，部分蛋白质分解为氨基酸，且较稳定，并不造成损失。但当 pH 值大于 4.2 时，由于腐败菌的活动，氨基酸便分解成氨、胺等非蛋白氮，使蛋白质受到损失。

3. 色素和维生素

青贮期间最明显的变化是饲料的颜色。由于有机酸对叶绿素的作用，使其成为脱镁叶绿素，从而导致青贮饲料变为黄绿色。青贮饲料颜色的变化，通常在装贮后 3～7 天内发生。窖壁和表面青贮饲料常呈黑褐色。青贮温度过高时，青贮饲料也呈黑色，不能利用。

维生素 A 前体物 β-胡萝卜素的破坏与温度和氧化的程度有关。二者值均高时，β-胡萝卜素损失较多。但贮存较好的青贮饲料，胡萝卜素的损失一般低于 30%。

（三）青贮饲料的营养价值

由于青贮饲料在青贮过程中化学变化复杂，它的化学成分与营养价值与原料相比，有许多方面是有区别的。

1. 化学成分

青贮饲料干物质中各种化学成分与原料有很大差别。从表 2-22

可以看出，从常规分析成分看，黑麦草青草与其青贮饲料没有明显差别，但从其组成的化学成分看，青贮饲料与其原料相比，则差别很大。青贮饲料中粗蛋白质主要由非蛋白氮组成。而无氮浸出物中，青贮饲料中糖分极少，乳酸与醋酸则相当多。虽然这些非蛋白氮（主要是游离氨基酸）与脂肪酸使青贮饲料在饲喂性质上比青饲料发生了改变，但对动物而言营养价值还是比较高的。

表 2-22　黑麦草青草与其青贮饲料的化学成分比较（以干物质为基础）

名　称	黑麦草青草		黑麦草青贮	
	含量/%	消化率/%	含量/%	消化率/%
有机物质	89.8	77	88.3	75
粗蛋白质	18.7	78	18.7	76
粗脂肪	3.5	64	4.8	72
粗纤维	23.6	78	25.7	78
无氮浸出物	44.1	78	39.1	72
蛋白氮	2.66	—	0.91	—
非蛋白氮	0.34	—	2.08	—
挥发氮	0	—	0.21	—
糖类	9.5	—	2.0	—
聚果糖类	5.6	—	0.1	—
半纤维素	15.9	—	13.7	—
纤维素	24.9	—	26.8	—
木质素	8.3	—	6.2	—
乳酸	0	—	8.7	—
醋酸	0	—	1.8	—
pH 值	6.3	—	3.9	—

2. 营养物质的消化利用

从常规分析成分的消化率看，各种有机物质的消化率在原料和青贮饲料之间非常相近，两者无明显差别，因此它们的能量价值也是近似的。据测定，青草与其青贮饲料的代谢能分别为 10.46 兆焦/千克和 10.42 兆焦/千克，两者非常相近。由此可见，我们可以根据青贮原料当时的营养价值来考虑青贮饲料。多年生黑麦草青贮前后营养价值见表 2-23。

表 2-23　多年生黑麦草青贮前后营养价值的比较

项　　目	黑麦草	乳酸青贮	半干青贮
pH	6.1	3.9	4.2
干物质/（克/千克）	175	186	316
乳酸/（克/千克干物质）	—	102	59
水溶性糖/（克/千克干物质）	140	10	47
DM 消化率/％	78.4	79.4	75.2
GE/（兆焦/千克干物质）	18.5	—	18.7
ME/（兆焦/千克干物质）	11.6	—	11.4

　　青贮饲料同其原料相比，蛋白质的消化率相近，但是它们被用于增加动物体内氮素的沉积效率则往往低于原料。其主要原因是由大量青贮饲料组成的饲粮，在肉牛瘤胃中往往产生相当大量的氨，这些氨被吸收后，相当一部分以尿素形式从尿中排出。因此，为了提高青贮饲料对氮素的作用，可以按照反刍动物应用尿素等非蛋白氮的办法，在饲粮中增加玉米等谷实类富含碳水化合物的比例，可获得较好的效果。如果由半干青贮或甲醛保存的青贮饲料来组成饲粮，则可见氮素沉积的水平提高。

　　3. 肉牛对青贮饲料的随意采食量

　　许多试验指出，肉牛对青贮饲料的随意采食量干物质比其原料和同源干草都要低些。其原因可能受如下一些因素影响：

　　（1）青贮酸度　青贮饲料中的游离酸的浓度过高会抑制肉牛对青贮饲料的随意采食量。用碳酸氢钠部分中和后，可能提高青贮饲料的采食量。游离酸对采食量的影响可能有 2 个原因：一是在瘤胃中酸度增加；二是体液酸碱平衡所致。

　　（2）酪酸菌发酵　有试验证明，动物对青贮饲料的采食量与其中含有的醋酸、总挥发性脂肪酸含量与氨的浓度呈显著负相关，而这些往往与酪酸发酵相联系。对不良的青贮，肉牛采食往往较少。

（3）青贮饲料中干物质含量　一般青贮饲料品质良好，而且含干物质较多者肉牛的随意采食量较多，可以接近采食干草的干物质量。因此，青贮良好的半干青贮饲料效果良好。半干青贮饲料发酵程度低，酪酸发酵也少，故适口性增加。

四、能量饲料

能量饲料是指干物质中粗纤维含量低于18%，同时粗蛋白含量低于20%的饲料。这类饲料常用来补充肉牛饲料中能量的不足，包括谷实类、糠麸类、脱水块根、块茎及其加工副产品、动植物油脂、糖蜜以及乳清粉等。能量饲料在肉牛饲粮中所占比例最大，一般为50%～70%。

能量饲料主要包括谷实类、糠麸类和动植物油脂等。其特点是：能值高，粗蛋白和必需氨基酸含量以及粗纤维、粗灰分含量低，缺乏维生素A和维生素D，但富含B族维生素和维生素E。

（一）谷实类饲料

谷实类饲料是指禾本科作物的籽实。我国常用的有玉米、大麦、燕麦、黑麦、小麦、稻谷和高粱等。

谷实类饲料富含无氮浸出物，一般都在70%以上；粗纤维含量少，多在5%以内，仅带颖壳的大麦、燕麦、水稻和粟可达10%左右；粗蛋白含量一般不及10%，但也有一些谷实如大麦、小麦等达到甚至超过12%；谷实蛋白质的品质较差，赖氨酸、蛋氨酸、色氨酸等含量较少；脂肪的含量低，一般2%～5%，大部分在胚中和种皮内，主要是不饱和脂肪酸；灰分中，钙少磷多，但磷多以植酸盐形式存在；谷实中维生素E、维生素B_1较丰富，但维生素C、维生素D贫乏，除黄玉米外，均缺乏胡萝卜素。谷实的适口性好，消化率高，有效能值高，易保存。正是由于上述营养特点，谷实是肉牛的最主要的能量饲料。

1. 玉米

玉米又名玉蜀黍、苞谷、苞米等，为禾本科玉米属一年生草本植物。玉米的亩产量大，有效能值高，所含的可利用物质高于任何谷实类饲料，是在肉牛饲养中使用的比例最大的一种能量饲料，故有"饲料之王"的美称。

在我国，玉米主要分布在东北、华北、西北、西南、华东等地，其栽培面积和产量仅次于水稻和小麦，约占第三位。我国玉米产区可分为北方春玉米区、黄淮海套种复种玉米区、西北灌溉玉米区、西南山地套种玉米区和南方丘陵玉米区等。

（1）玉米的分类

① 根据籽粒性状特点和成分，可将玉米分为：a. 马齿玉米，芯长，粒多，呈马齿状；b. 硬质玉米，芯细长，粒硬；c. 甜玉米，葡萄糖多，味甜，呈半透明质；d. 蜡质玉米，胚乳呈蜡状组织；e. 粉质玉米，粒软；f. 爆粒玉米，粒硬，脂质，蛋白质较马齿玉米多；g. 有稃玉米，玉米的原种，近椭圆形；h. 高赖氨酸玉米，如 Opaque-2、Flour-2 等属于高赖氨酸玉米；i. 高油玉米，其含油量、总能水平、粗蛋白质含量均高于普通玉米，还含有较多的维生素 E、胡萝卜素，而其单产已达到普通玉米的水平。此外，高油玉米籽实成熟时，茎、叶仍碧绿多汁，含较多的蛋白质和其他养分，是草食动物的良好饲料。以"高油玉米 115"为代表的高油玉米杂交种，其含油量均在 8% 以上。

② 根据籽粒颜色，可将玉米分为黄玉米、白玉米、混合色玉米（含黄白色）。

（2）玉米的营养特点　玉米中碳水化合物在 70% 以上，多存在于胚乳中。主要是淀粉，单糖和二糖较少，粗纤维含量也较少。粗蛋白质含量一般为 7%～9%。其品质较差，赖氨酸、蛋氨酸、色氨酸等必需氨基酸含量相对贫乏。粗脂肪含量为 3%～4%，是小麦和大麦的 2 倍，高油玉米中粗脂肪含量可达 8% 以上，主要存在于胚芽中；玉米中亚油酸的含量达 2%，是谷实中含量最高者。玉米为高能量饲料，肉牛对其的消化能为 14.73 兆焦/千克。粗灰分较少，仅 1% 左右，其中钙少磷多，但磷多以植酸盐形式存在。玉米中其他矿物元素尤其是微量元素很少。维生素含量较少，但维生素 E 含量较多，为 20～30 毫克/千克。黄玉米胚乳中含有较多的色素，主要是胡萝卜素、叶黄素和玉米黄素等。

玉米含抗烟酸因子，即烟酸原或烟酸结合物，在高产牛饲料中大量使用玉米时，应注意补充烟酸。由于玉米中不饱和脂肪酸含量高，粉碎后容易酸败变质，不宜长期保存，否则发热变质，导致胡萝卜素损失，因此牛场以贮存整粒玉米为最佳。此外，带芯玉米饲喂肉牛效果也很好。

玉米品质不仅受贮藏期和贮藏条件的影响，而且还受产地和季节的影响，应注意褐变玉米的黄曲霉毒素含量高。另外，应注意玉米水分含量，以防发热和霉变，一般控制在14%以下。

（3）玉米的质量标准　我国《饲料用玉米》（GB/T 17890—2008）国家标准规定（表2-24）：以粗蛋白质、容重、不完善粒总量、水分、杂质、色泽、气味为质量控制指标，分为三级。其中，粗蛋白质以干物质为基础；容重指每升中的质量（克）；不完善粒包括虫蚀粒、病斑粒、破损粒、生芽粒、生霉粒、热损伤粒；杂质指能通过直径3.0毫米圆孔筛的物质、无饲用价值的玉米、玉米以外的物质。

表2-24　我国饲料用玉米质量标准（GB/T 17890—2008）

等级	容重/（克/升）	粗蛋白质（干基）/%	不完善粒/%		水分/%	杂质/%	色泽、气味
			总量	其中生霉粒			
1	≥710	≥8.0	≤5.0				
2	≥685	≥9.0	≤6.5	≤2.0	≤14.0	≤1.0	正常
3	≥660	≥8.0	≤8.0				

（4）玉米的饲用价值　玉米适口性好，能量高，是肉牛的良好能量补充饲料。此外，黄玉米中的色素为肉牛奶油和体脂色素的重要来源，可大量用于牛的精料补充料中，但最好与其他体积大的糠麸类并用，以防积食和引起膨胀。饲喂玉米时，必须与豆科籽实搭配使用，来补充钙、维生素等。用整粒玉米喂牛，因为牛不能嚼得很碎，有18%～33%未经消化而排出体外，所以以饲喂碎玉米效果较好。宜粗粉碎，颗粒大小2.5毫米，不能粉碎太细，以免影响适口性和粗饲料的消化率。玉米在瘤胃中的降解率低于其他谷类，可以部分通过瘤胃到达小肠，减少在瘤胃中的降解，从而提高其应用价值。玉米压片（蒸汽压扁）后喂牛，在饲料效率及生产方面都优于整粒、细碎或粗碎的玉米。

2. 大麦

大麦为禾本科大麦属一年生草本植物。我国大麦年产量较少，仅一些局部地区用大麦作为动物的饲料。

（1）大麦的分类　按有无麦稃，可将大麦分为有稃大麦（皮大麦）和裸大麦。裸大麦又称裸麦或元麦或青稞。按栽培季节，可将大麦分为春大麦、冬大麦。欧洲、北美和亚洲西部地区较广泛地种植春大麦。我国长江流域各省、河南等地主要种植冬大麦；东北、内蒙古、青藏高原、山西和新疆北部地区种植春大麦。另外，青藏高原、云贵以及江浙一带尚种有裸大麦。

（2）大麦的营养特点　大麦的粗蛋白质含量一般为 $9\%\sim13\%$，且蛋白质质量稍优于玉米，氨基酸中除亮氨酸及蛋氨酸外均比玉米多，但利用率比玉米差，赖氨酸含量（0.40%）接近玉米的2倍。无氮浸出物含量（ $67\%\sim68\%$ ）低于玉米，其组成中主要是淀粉，其中，支链淀粉占 $74\%\sim78\%$，直链淀粉占 $22\%\sim25\%$。大麦籽实包有一层质地坚硬的颖壳，故粗纤维含量（6%）高，为玉米的2倍左右，因此，有效能值较低，产奶净能（6.70兆焦/千克）约为玉米的82%，综合净能为7.19兆焦/千克。大麦脂肪含量较少，约2%，为玉米的1/2，饱和脂肪酸含量比玉米高，其主要组分是甘油三酯，约为 $73.3\%\sim79.1\%$，亚油酸含量只有0.78%。大麦所含的矿物质主要是钾和磷，其次为镁、钙及少量的铁、铜、锰、锌等。大麦富含B族维生素，包括维生素 B_1、维生素 B_2、维生素 B_6 和泛酸，烟酸含量较高，但利用率较低，只有10%。脂溶性的维生素A、维生素D、维生素K含量低，少量的维生素E存在于大麦的胚芽中。

另外，大麦中非淀粉多糖（NSP）含量较高，达10%以上，其中主要由 β-葡聚糖（33克/千克干物质）和阿拉伯木聚糖（76克/千克干物质）组成。大麦中还含有抗胰蛋白酶和抗胰凝乳酶，前者含量低，后者可被胃蛋白酶分解，故一般对肉牛影响不大。

（3）大麦的饲用价值　大麦是肉牛的良好能量饲料，是肉牛饲养上产生肉块和脂肪的原料。大麦质地疏松，生产高档牛肉时，被认为是最好的精料。牛对大麦中所含 β-1,3-葡聚糖有较高的利用率，供肉牛育肥时与玉米营养价值相当。大麦粉碎太细易引起瘤胃肠胀，宜粗粉碎，或用水浸泡数小时或压片后调喂可起到预防作用。此外，大麦进行压片、蒸汽处理可改善适口性及和育肥效果，微波以及碱处理可提高消化率。

（4）饲料用大麦的质量标准　中国农业行业标准《饲料用皮大麦》（NY/T 118—1989）、《饲料用裸大麦》（NY/T 210—1992）以粗蛋白质、粗纤维、粗灰分为质量控制指标，按含量分为三级，各项成分含量均以87％干物质为基础计算，参见表2-25、表2-26。

表 2-25　饲料用皮大麦的质量标准（NY/T 118—1989）

质量标准	一级	二级	三级
粗蛋白质/％	≥11.0	≥10.0	≥9.0
粗纤维/％	<5.0	<5.5	<6.0
粗灰分/％	<3.0	<3.0	<3.0

表 2-26　饲料用裸大麦的质量标准（NY/T 210—1992）

质量标准	一级	二级	三级
粗蛋白质/％	≥13.0	≥11.0	≥9.0
粗纤维/％	<2.0	<2.5	<3.0
粗灰分/％	<2.0	<2.5	<3.5

3. 高粱

高粱为禾本科高粱属一年生草本植物。我国高粱总产量约居世界第三位，而在国内各类谷物产量中居第五位。在中国，高粱产量主要产于吉林、辽宁、黑龙江等省。

（1）高粱的分类　按用途可将高粱分为粒用高粱、糖用高粱（供生产糖浆和酒精用）、帚用高粱（常供制作扫帚）、饲用高粱；按籽粒颜色可将高粱分为褐高粱、白高粱、黄高粱（红高粱）和混合型高粱。

（2）高粱的营养特点　高粱的营养价值稍低于玉米。除壳高粱籽实的主要成分为淀粉，多达70％。粗蛋白质含量略高于玉米，一般为8％～9％，但品质较差，且不易消化，必需氨基酸中赖氨酸、蛋氨酸等含量少。脂肪含量稍低于玉米，脂肪中必需脂肪酸低于玉米，但饱和脂肪酸的比例高于玉米。有效能值较高，产奶净能为6.61兆焦/千克，综合净能为7.08兆焦/千克。所含灰分中钙少磷多，所含磷70％为植酸磷。含有较多的烟酸，达48毫克/千克，但所含烟酸多为结合型，不易被动物利用。高粱中含有毒物质单宁，影响其适口性和营养物质消化率。高粱中还含有鞣酸，所以适口性不如玉米，且易引起牛便秘。

（3）饲料用高粱的质量标准　中国农业行业标准《饲料用高粱》（NY/T 115—1989）规定以粗蛋白质、粗纤维、粗灰分为质量控制指标，按含量分为三级，各项指标均以 86％干物质为基础计算，详见表 2-27。

表 2-27　饲料用高粱质量标准（NY/T 115—1989）

质量标准	一级	二级	三级
粗蛋白质/％	≥9.0	≥7.0	≥6.0
粗纤维/％	<2.0	<2.0	<3.0
粗灰分/％	<2.0	<2.0	<3.0

（4）高粱的饲用价值　高粱是牛的良好能量饲料。一般情况下，可取代大多数其他谷实类饲料。高粱籽实中的单宁为缩合单宁，一般含单宁 1％以上者为高单宁高粱。低于 0.4％的为低单宁高粱，单宁含量与籽粒颜色有关，色深者单宁含量高。单宁的抗营养作用主要是苦涩味重，影响适口性，当饲粮中高粱比例很大时，首先影响动物的食欲，降低采食量。单宁在消化道中与蛋白质结合形成不溶性化合物，与消化酶类结合，影响酶的活性和功能，也可与多种矿物质离子发生沉淀作用，干扰消化过程，影响蛋白质及其他养分的利用率。高单宁高粱在日粮中可用到 10％，而低单宁的饲用高粱可用到 70％。高粱整粒饲喂时，约有 1/2 不消化而排出体外，所以须粉碎或压扁。很多加工处理，如压片、水浸、蒸煮及膨化等，均可改善肉牛对高粱的利用效率。

4. 小麦

小麦为禾本科小麦属一年生或越年生草本植物，起源于亚洲西部。我国小麦产量占粮食总产量的 1/4，仅次于水稻而位居第 2。按栽培制度，我国小麦产区可分为春麦区、冬麦区和冬春麦区。春麦区主要有东北、西北；冬麦区包括黄淮、长江中下游、西南、华南等；新疆、青海等归入冬春麦区。

（1）小麦的分类　按栽培季节，可将小麦分为春小麦和冬小麦。按籽粒硬度，可将小麦分为硬质小麦、软质小麦。硬质小麦其截面呈

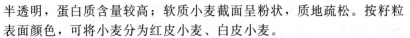

半透明，蛋白质含量较高；软质小麦截面呈粉状，质地疏松。按籽粒表面颜色，可将小麦分为红皮小麦、白皮小麦。

（2）小麦的营养特点 小麦粗蛋白质含量居谷实类饲料之首位，一般达12％以上，但必需氨基酸尤其是赖氨酸不足，因而小麦蛋白质品质较差。无氮浸出物多，在其干物质中可达75％以上。粗脂肪含量低（约1.7％），这是小麦能值低于玉米的主要原因。矿物质含量一般都高于其他谷实类饲料，磷、钾等含量较多，但半数以上的磷为植酸磷。小麦中非淀粉多糖（NSP）含量较多，可达小麦干重6％以上。小麦非淀粉多糖主要是阿拉伯木聚糖，这种多糖不能被动物消化酶消化，而且有黏性，在一定程度上影响小麦的消化率。

（3）饲料用小麦与饲料用次粉的质量标准 我国农业行业标准《饲料用小麦》（NY/T 117—1989）与《饲料用次粉》（NY/T 211—1992）规定，两者均以粗蛋白质、粗纤维、粗灰分为质量控制指标，各项指标均以87％干物质为计算，按含量分为三级。详见表2-28、表2-29。

表 2-28 饲料用小麦的质量标准（NY/T 117—1989）

质量标准	一级	二级	三级
粗蛋白质/％	≥14.0	≥12.0	≥10.0
粗纤维/％	<2.0	<3.0	<3.5
粗灰分/％	<2.0	<2.0	<3.0

表 2-29 饲料用次粉的质量标准（NY/T 211—1992）

质量标准	一级	二级	三级
粗蛋白质/％	≥14.0	≥12.0	≥10.0
粗纤维/％	<3.5	<5.5	<7.5
粗灰分/％	<2.0	<3.0	<4.0

（4）小麦的饲用价值 小麦是牛的良好能量饲料，饲用前应破碎或压扁，在饲粮中用量不能过多（控制在50％以下），否则易引起瘤胃酸中毒。

5. 稻谷

稻谷为禾本科稻属一年生草本植物。世界上稻谷有2个栽培种，即亚洲栽培稻和非洲栽培稻,前者被广泛栽种。我国水稻产区主要有湖南、四川、江苏、湖北、广西、安徽、浙江、广东等地区。

(1) 稻谷的分类　按粒形和粒质,可将我国稻谷分为籼稻、粳稻和糯稻三类。按栽培季节,可将其分为早稻和晚稻,早粳稻和晚粳稻等。稻谷脱壳后,大部分果种皮仍残留在米粒上,称为糙米。

(2) 稻谷、糙米与碎米的营养特点　稻谷中所含无氮浸出物在60%以上,但因含有坚实的外壳,粗纤维达8%以上,粗纤维主要集中于稻壳中,且半数以上为木质素等。因此,稻壳是稻谷饲用价值的限制成分。稻谷的可利用能值低,综合净能为6.98兆焦/千克。稻谷中粗蛋白质含量约为7%～8%,粗蛋白质中必需氨基酸如赖氨酸、蛋氨酸、色氨酸等较少。矿物质中含硅酸盐较高,微量元素含量明显较其他谷实类偏低,钙、锌、铜和硒等元素更低。

糙米中无氮浸出物多,主要是淀粉,其有效能与玉米相近。糙米中蛋白质含量(8%～9%)及其氨基酸组成与玉米相似,但色氨酸(0.12%)比玉米(0.08%)高50%,亮氨酸(0.61%)较玉米(1.03%)低40%。糙米中脂质含量约2%,其中不饱和性脂肪酸比例较高。糙米中灰分含量(约1.3%)较少,其中钙少磷多,磷多以植酸磷形式存在。

碎米是糙米去米核制作大米时的碎粒。其中养分含量变异很大,如粗蛋白质含量变动范围为5%～11%,无氮浸出物含量变动范围为61%～82%,而粗纤维含量最低仅0.2%,最高可达2.7%以上。因此,用碎米作饲料时,要对其养分进行实测。

(3) 饲用稻谷与饲用碎米的质量标准　我国农业行业标准《饲料用稻谷》(NY/T 116—1989)、《饲料用碎米》(NY/T 212—1992)均以粗蛋白质、粗纤维、粗灰分为质量控制指标,按含量分为三级,详见表2-30、表2-31。

表 2-30　饲料用稻谷的质量标准　(NY/T 116—1989)

质量标准	一级	二级	三级
粗蛋白质/%	≥8.0	≥6.0	≥5.0
粗纤维/%	<9.0	<10.0	<12.0
粗灰分/%	<5.0	<6.0	<8.0

表 2-31　**饲料用碎米的质量标准**（NY/T 212—1992）

质量标准	一级	二级	三级
粗蛋白质/%	≥7.0	≥6.0	≥5.0
粗纤维/%	<1.0	<12.0	<3.0
粗灰分/%	<1.5	<2.5	<3.5

（4）稻谷、糙米、碎米、陈米的饲用价值　稻谷被坚硬外壳包被，稻壳量约占稻谷重 20%～25%。稻壳含 40% 以上的粗纤维，且半数为木质素。稻谷由于适口性差，饲用价值不高，仅为玉米的 80%～85%，用稻谷作为牛的饲料，应粉碎后饲用，并且注意与优质的饼（粕）类饲料配合使用，以补充蛋白质的不足。糙米、碎米、陈米也是牛的良好能量饲料，可完全取代玉米，但仍以粉碎使用为宜。

6. 燕麦

燕麦为禾本科燕麦属一年生草本植物。在我国内蒙古、山西、陕西、甘肃、青海等地栽培燕麦较多，在其他地区如云南、四川、贵州等也有种植。

（1）燕麦的分类　燕麦按照籽实颜色可分为白、灰、红、黑及混合色 5 种，按栽培季节分为春燕麦和冬燕麦，按有无稃壳分为皮燕麦和裸燕麦。皮燕麦就是通常所说的燕麦，裸燕麦又称为莜麦。

（2）燕麦的营养特点　燕麦所含稃壳的比例大，占整个籽实的 1/5～1/3，因而其粗纤维含量较高，在 10% 以上。燕麦中淀粉含量不足，占 60%。燕麦蛋白质含量在 10% 左右，其品质较差，氨基酸组成不平衡，赖氨酸含量低。裸燕麦蛋白质含量较高，为 14%～20%。粗脂肪含量在 4.5% 以上，且不饱和脂肪酸含量高，其中，亚油酸占 40%～47%，油酸占 34%～39%，棕榈酸占 10%～18%。由于不饱和性脂肪酸比例较大，所以燕麦不宜久存。由于燕麦含稃壳多，粗纤维高，故其有效能明显低于玉米等谷实，综合净能为 6.95 兆焦/千克。燕麦富含 B 族维生素和胆碱，但烟酸含量不足。燕麦脂溶性维生素和矿物质含量低。

（3）燕麦的饲用价值　燕麦是肉牛的良好能量饲料，其适口性好，饲用价值较高。但因含壳多，育肥效果比玉米差，在精料中可用到 50%，饲喂效果为玉米的 85%。饲用前可磨碎或粗粉碎，甚至可整粒饲喂。

（4）质量标准　以美国燕麦质量标准为例，见表 2-32。

表 2-32　美国燕麦质量标准

质量标准	一级	二级	三级
容重/（克/升）	463	425	386
正常粒/%	97	94	90
含杂/%	<2.0	<3.0	<4.0

7. 其他谷实

（1）粟　粟为禾本科狗尾草属一年生草本植物，脱壳前称为"谷子"，脱壳后称为"小米"。粟原产于我国，现今在全国各地均有栽培，其中山东、山西、河北、湖北、河南与东北各省种粟较多。

粟既是粮食作物，又为饲料作物。按籽粒黏性分为粳粟、糯粟和混合粟。粟的有效能值高，增重净能为 4.90 兆焦/千克，粗蛋白质 9.7%，粗脂肪 2.3%，粗纤维 6.8%（表 2-33）。粟中叶黄素、胡萝卜素和维生素 B_1 较高。粟对牛的饲用价值相当于玉米的 75%～90%。整粒粟粗纤维含量高，不易消化，最好磨碎或粗粉碎后使用。

表 2-33　饲料用粟（谷子）的质量标准（NY/T 213—1992）

质量指标	含　量
粗蛋白质/%	≥8.0
粗纤维/%	<8.5
粗灰分/%	<3.5

（2）荞麦　荞麦为蓼科荞麦属一年生草本植物，有甜荞麦、苦荞麦等栽培种。甜荞麦俗称"花荞"、苦荞麦又称"苦荞"。我国华北、东北、西北地区种植荞麦较多，其他地区也有栽培。

荞麦外壳粗糙坚硬，约占全粒的 60%，因此，粗纤维含量较高。脱壳后营养价值较高，甜荞麦和苦荞麦的粗蛋白质含量分别为 13.9% 和 11.6%。富含赖氨酸（0.67%～1.17%）、精氨酸、色氨酸和组氨酸，可与其他谷实类互补。苦荞麦脂肪含量较高（2.1%～2.8%），其中油酸和亚油酸占 80% 左右。苦荞麦矿物质含量丰富，钙、镁、钾、铁、铜、锌和铬等含量均高于其他谷实类饲料。苦荞麦

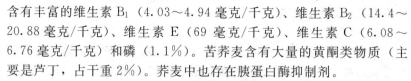

含有丰富的维生素 B_1（4.03~4.94 毫克/千克）、维生素 B_2（14.4~20.88 毫克/千克）、维生素 E（69 毫克/千克）、维生素 C（6.08~6.76 毫克/千克）和磷（1.1%）。苦荞麦含有大量的黄酮类物质（主要是芦丁，占干重 2%）。荞麦中也存在胰蛋白酶抑制剂。

荞麦的适口性不好，应与其他谷实类搭配使用，用量 30% 以下为宜，应磨碎或粗粉碎后饲喂。荞麦的饲用价值较燕麦低 5%~10%。另外，荞麦（尤其是其茎叶）中含有光敏物质，长期使用该饲料，能引起动物皮肤瘙痒、疹块甚至溃疡，被毛白色的动物比被毛深色的动物对其更为敏感。

（3）黑麦　黑麦为禾本科一年生或越年生草本植物。分为冬黑麦和春黑麦。世界年产黑麦约 2900 万吨，其中我国年产几十万吨。

黑麦粗蛋白质含量（11%）与皮大麦近似。有效能值与小麦近似。常规成分及钙磷含量与一般麦类近似，含量不高且质量较差，铁、锰含量高，铜、锌含量低。黑麦中含缩合单宁和可溶性非淀粉多糖（10% 以上，主要是阿拉伯木聚糖）等抗营养因子。

（二）糠麸类饲料

糠麸类饲料是谷实经加工后形成的一些副产品，主要由果种皮、外胚乳、糊粉层、胚芽、颖秤纤维残渣等组成。全国年产量在 2200 万吨以上，有 85% 可用于饲料。包括米糠、小麦麸、大麦麸、高粱糠、玉米糠、小米糠等其他杂糠等。其中以小麦麸产量较高，其次为米糠。

糠麸成分不仅受原粮种类影响，而且还受原粮加工方法和精度影响。

（1）糠麸类饲料的优点　糠麸中除无氮浸出物外，其他成分都比原粮多。蛋白质含量为 15% 左右，比谷实类饲料（平均蛋白质含量10%）高 3%~5%；B 族维生素含量丰富，尤其含维生素 B_1、烟酸、胆碱和吡哆醇较多，维生素 E 含量也较多。糠麸物理结构疏松、体积大、容重小、吸水膨胀性强，含有适量的粗纤维和硫酸盐类，有利于胃肠蠕动，易消化，有轻泻作用，可作为载体、稀释剂和吸附剂，故属于一类有效能值较低的饲料。

（2）糠麸类饲料的缺点　有效能值较低，仅为谷实类饲料的一半，但价格却比谷实类饲料的一半高很多；含钙量低，含磷量很高，磷多以植酸磷形式存在。

1. 小麦麸

小麦麸俗称麸皮，是以小麦籽实为原料加工面粉后的副产品。小麦籽实由种皮、胚乳和胚芽三部分组成。其中种皮占 14.5％，胚乳占 83％，胚芽占 2.5％。小麦麸主要由籽实的种皮、胚芽部分组成，并混有不同比例的胚乳、糊粉层成分。小麦麸的成分变异较大，主要受小麦品种、制粉工艺、面粉加工精度等因素影响。如生产的面粉质量要求高，麸皮中来自胚乳、糊粉层成分的比例就高，麸皮的质量也相应较高，反之则麸皮的质量较低。

(1) 小麦麸的分类　我国对小麦麸的分类方法较多。按面粉加工精度，可将小麦麸分为精粉（70 粉）麸、特粉（75 粉）麸和标粉（85 粉）麸；按小麦品种，可将小麦麸分为红粉麸和白粉麸；按制粉工艺产出麸的形态、成分等，可将其分为大麸皮、小麸皮、次粉和粉头等。大、小麸皮是麦麸的主体。大麸皮是指 60％通过 0.42 毫米筛、2％以上通过 0.25 毫米筛的麸皮，呈片状，容重在 180～260 克/升；小麸皮是指 70％通过 0.42 毫米筛、20％以上通过 0.25 毫米筛的麸皮，形状较细，容重在 210～350 克/升。据有关资料统计，我国每年用作饲料的小麦麸约为 1000 万吨。

(2) 小麦麸的营养特点　粗蛋白质含量高于原粮，一般为12％～17％，氨基酸组成较佳，赖氨酸含量约 0.5％～0.7％，但蛋氨酸含量较低，只有 0.11％左右。与原粮相比，小麦麸中无氮浸出物（60％左右）较少，但粗纤维含量高得多，多达 10％，甚至更高。正是这个原因，小麦麸中有效能较低。灰分较多，所含灰分中钙少（0.1％～0.2％）磷多（0.9％～1.4％），Ca、P 比例（约1：8）极不平衡，但其中磷多为（约75％）植酸磷。另外，小麦麸中铁、锰、锌较多。由于麦粒中 B 族维生素多集中在糊粉层与胚中，故小麦麸中 B 族维生素含量很高。如含维生素 B_2 3.5 毫克/千克，维生素 B_1 8.9 毫克/千克。

(3) 饲料用小麦麸的质量标准　中国农业行业标准《饲料用小麦麸》（NY/T 119—1989）以粗蛋白质、粗纤维、粗灰分为质量控制指标，各项指标均以 87％干物质计算，按含量分为三级，详见表 2-34。

表 2-34　饲料用小麦麸的质量标准（NY/T 119—1989）

质量标准	一级	二级	三级
粗蛋白质/%	≥15.0	≥13.0	≥11.0
粗纤维/%	<9.0	<10.0	<11.0
粗灰分/%	<6.0	<6.0	<6.0

（4）小麦麸的饲用价值　小麦麸适口性好，是肉牛的良好饲料。小麦麸具有轻泻性，可通便润肠，是母畜饲粮的良好原料。在饲粮配制时，应与其他饲料或优质矿物质饲料配合使用，以调整钙、磷比例。另外，因小麦麸含能量低，在肉牛育肥期宜与谷实类搭配使用，肉牛精料中可用到 20%。

2. 米糠

水稻加工大米的副产品，称为稻糠。稻糠包括砻糠、米糠和统糠。砻糠是稻谷的外壳或其粉碎品。稻壳中仅含 3% 的粗蛋白质，但粗纤维含量在 40% 以上，且粗纤维中半数以上为木质素，故砻糠对肉牛的饲用价值很低。米糠是精制糙米时加工的副产品。统糠是砻糠和米糠的混合物。例如，通常所说的三七统糠，意为其中含三份米糠、七份砻糠；二八统糠，意为其中含二份米糠、八份砻糠。统糠营养价值视其中米糠比例不同而异，米糠所占比例越高，统糠的营养价值越高。

米糠是糙米精制时产生的果皮、种皮、外胚乳和糊粉层等的混合物。米糠的品质与成分，因糙米精制程度不同而异，精制的程度越高，米糠的饲用价值越大。

（1）米糠的营养特点　米糠中蛋白质含量较高，约为 13%，氨基酸的含量与一般谷物相似或稍高于谷物，但其赖氨酸含量高达0.55%。脂肪含量高达 10%～17%，比同类饲料高得多，约为麦麸、玉米糠的 3 倍多，脂肪酸组成中多为不饱和脂肪酸，油酸和亚油酸占79.2%。粗纤维含量较多，质地疏松，容重较小。但米糠中无氮浸出物含量不高，一般在 50% 以下。米糠中有效能较高，能值位于糠麸类饲料之首，干物质中综合净能为 8.00 兆焦/千克。矿物质中钙（0.07%）少磷（1.43%）多，钙、磷比例极不平衡（1∶20），但80% 以上的磷为植酸磷，锰、钾、镁较多。B 族维生素和维生素 E 丰

58

富，如维生素 B_1、维生素 B_5、泛酸含量分别为 19.6 毫克/千克、303.0 毫克/千克、25.8 毫克/千克。但缺乏维生素 A、维生素 D、维生素 C。

米糠中也含有较多种类的抗营养因子。植酸含量高，约为 $9.5\% \sim 14.5\%$；含胰蛋白酶抑制因子；含阿拉伯木聚糖、果胶、葡聚糖等非淀粉多糖；含有生长抑制因子。

由于米糠所含脂肪多，易氧化酸败，不能久存，所以常对其进行脱脂。脱脂米糠指米糠经过脱脂后的饼（粕），用压榨法取油后的产物为米糠饼；用有机溶剂取油后的产物为米糠粕。与米糠相比，脱脂米糠的脂肪含量较少，尤其是米糠粕脂肪含量仅为 2%，粗蛋白质、粗纤维、氨基酸和微量元素含量有所提高，有效能值降低。

（2）饲料用米糠、米糠饼、米糠粕的质量标准　中国农业行业标准《饲料用米糠》（NY/T 122—1989）、《饲料用米糠饼》（NY/T 123—1989）、《饲料用米糠粕》（NY/T 124—1989）规定以粗蛋白质、粗纤维、粗灰分含量为质量控制指标，按其含量分为三级，详见表 2-35、表 2-36。

表 2-35　饲料用米糠质量标准（NY/T 122—1989）

质量标准	一级	二级	三级
粗蛋白质/%	≥13.0	≥12.0	≥11.0
粗纤维/%	<6.0	<7.0	<8.0
粗灰分/%	<8.0	<9.0	<10.0

表 2-36　饲料用米糠饼（粕）质量标准
（NY/T 123—1989、NY/T 124—1989）

质量标准	一级	二级	三级
粗蛋白质/%	≥14.0(15.0)	≥13.0(14.0)	≥12.0(13.0)
粗纤维/%	<8.0(8.0)	<10.0(10.0)	<12.0(12.0)
粗灰分/%	<9.0(9.0)	<10.0(10.0)	<12.0(12.0)

注：括号内为米糠粕的数据。

（3）米糠的饲用价值　米糠是能值最高的糠麸类饲料，新鲜米糠适口性好，饲用价值相当于玉米的 $80\% \sim 90\%$。米糠中含胰蛋白酶抑制因子，生长抑制因子，但它们均不耐热，加热可破坏这些抗营养因子，故米糠宜熟喂或制成脱脂米糠后饲喂。米糠中脂肪多，其中的不饱和脂肪酸易氧化酸败，不仅影响米糠的适口性，降低其营养价值，而且还产生有害物质。因此，全脂米糠不能久存，要使用新鲜的米糠，酸败变质的米糠不能饲用。脱脂米糠（米糠饼、米糠粕）贮存期可适当延长，但仍不能久存，因其中还含有相当量的脂肪，所以对脱脂米糠也应及时使用。米糠适于作肉牛的饲料，用量可达20%～30%。但米糠中钙、磷比例严重失衡，因此在大量使用米糠时，应注意补充含钙饲料。

3. 其他糠麸

（1）大麦麸　大麦麸是大麦加工的副产品，分为粗麸、细麸及混合麸。粗麸多为碎大麦壳，因而粗纤维含量高；细麸的能量、蛋白质及粗纤维含量皆优于小麦麸；混合麸是粗细麸混合物，营养价值也居于两者之间。可用于肉牛，在不影响热能需要时可尽量使用，对改善肉质有益，但生长期肉牛仅可使用10%～20%，太多会影响生长。

（2）高粱糠　高粱糠是高粱加工的副产品，一般出糠量为20%。高粱糠的有效能值较高，粗蛋白质11%～15%，粗脂肪4%～10%。但因其中含较多的单宁，适口性差，易引起便秘，故应控制用量。在高粱糠中，若添加5%的豆饼，再与青饲料搭配喂牛，则其饲用价值将得到明显提高。

（3）玉米糠　玉米糠是玉米制粉过程中的副产品，主要包括种皮、胚、种脐与少量胚乳。因其中果种皮所占比例较大，粗纤维含量较高，粗蛋白质含量低，必需氨基酸含量也较低，胡萝卜素含量很低，但水溶性维生素和矿物质含量较高。

玉米糠可作为肉牛的良好饲料，但玉米品质对玉米糠品质影响很大，尤其含黄曲霉毒素高的玉米，玉米糠中毒素的含量约为原料玉米的3倍多，使用时应注意。

（4）小米糠　在小米加工过程中，产生的种皮、秕谷和较多量的颖壳等副产品即为小米糠。其营养价值随加工程度而异，粗加工时，除产生种皮和秕谷外，还含许多颖壳，这种粗糠粗纤维含量很高，达23%以上，接近粗料；粗蛋白质含量只有7%左右，无氮浸出物40%，脂肪2.8%。在饲用前，将之进一步粉碎、浸泡和发酵，可提高消化率。

60

（5）大豆皮　大豆皮是大豆加工过程中分离出的种皮，含粗蛋白质18.8%，粗纤维含量高，但其中木质素少，所以消化率高，适口性也好。粗饲料中加入大豆皮能提高肉牛的采食量，饲喂效果与玉米相同。

（三）块根、块茎及其加工副产品

块根块茎类饲料主要包括薯类（甘薯、马铃薯、木薯）、甜菜等。这类饲料含水量高，体积大，适口性好，易消化。干物质中主要是无氮浸出物，而蛋白质、脂肪、粗灰分等较少。纤维素含量少，一般不超过10%，且不含木质素，干物质的净能含量与籽实类相近；粗蛋白质含量少，只有1%～2%，其中赖氨酸、色氨酸较多；矿物质含量不一致，缺少钙、磷、钠，而钾的含量却丰富；甘薯中则缺乏维生素，甜菜中仅含有维生素C，缺乏维生素D。

块根块茎类饲料适口性好，能刺激牛食欲，有机物质消化率高；产量高，生长期短，生产成本低，易组织轮作，但因含水量高，运输较困难，不易保存。由于其可溶性碳水化合物含量高，在瘤胃发酵速度快，所以喂量过多时会造成瘤胃pH值下降，消化紊乱，平均日喂量不宜超过日粮干物质的20%。

1. 甘薯

甘薯为旋花科甘薯属蔓生草本植物，又名红薯、白薯、山芋、红苕、地瓜等。甘薯原产于南美洲，现几乎遍及全世界，主要分布于墨西哥、印度、印度尼西亚、美国、日本、中国和非洲各地。甘薯在我国分布很广，南至海南岛，北及黑龙江，其中栽培面积和产量较多的省份主要有：四川、山东、河南、安徽、江苏、广东等。

我国甘薯的年产量仅次于水稻、小麦、玉米，居于第4位。甘薯除供作粮食、酿造业和淀粉工业等的原料外，还是重要的饲料。

（1）甘薯的营养特点　新鲜甘薯中水分多，达75%左右，甜而爽口，因而适口性好。脱水甘薯块中主要是无氮浸出物，含量达75%以上，甚至更高，其中绝大部分是淀粉和糖分，营养价值较高。甘薯中粗蛋白质含量低，以干物质计，也仅约4.5%，且蛋白质品质较差。脱水甘薯中虽然无氮浸出物含量高，但有效能值明显低于玉米等谷实。红色或黄色的甘薯含有大量的胡萝卜素，但维生素 B_1 和维生素 B_2 较少，矿物质中钙和磷均较缺乏。甘薯中还含有胰蛋白酶抑制因子。

（2）饲料用甘薯干的质量标准　我国国家标准《饲料用甘薯干》（GB 10370—89）以粗纤维、粗灰分为质量控制指标，以87％干物质为基础计算，规定粗纤维含量不得低于4％，粗灰分含量不得低于5％。

（3）甘薯的饲用价值　新鲜甘薯是优良的多汁饲料，不论是生喂还是熟喂，其适口性均佳，且容易消化，因此是肉牛良好的热能来源。饲喂甘薯时，应将其切碎或切成小块，以免发生牛食道梗塞。鲜甘薯忌冻，必须贮存在13℃左右的环境下才比较安全。保存不当时，会生芽或出现黑斑。黑斑甘薯有苦味，牛吃后易引发喘气病，严重者死亡。因此，有黑斑病的甘薯不能作为肉牛的饲料。甘薯还可以切成片或制成丝再晒干粉碎制成甘薯粉使用。甘薯粉便于贮藏，体积大，动物食之易产生饱腹感，在牛饲料中可代替50％的其他能量饲料，但仍需注意勿使其发霉变质。

甘薯藤叶青绿多汁，适口性好，也是肉牛的良好饲料，鲜喂或青贮，其饲用效果都好。但牛采食过多的甘薯藤叶往往出现拉稀，故应注意控量饲用。

2. 马铃薯

马铃薯为茄科多年生草本植物，又称土豆、地蛋、山药蛋、洋芋等。除用作粮食、蔬菜和工业原料外，也是一种重要的饲料作物。马铃薯原产于南美洲的秘鲁、智利等国，目前世界各地均有栽培。在我国，马铃薯主要在东北、内蒙古与西北黄土高原栽培，其他地方如西南山地、华北与南方各地等也有种植。

（1）马铃薯的营养特点　马铃薯块茎含干物质17％～26％，其中80％～85％为无氮浸出物，粗纤维含量少，因而能值高，干物质中含增重净能5.31兆焦/千克，略高于甘薯，但比玉米低。粗蛋白质约占干物质的9％，主要是球蛋白，生物学价值高。胡萝卜素含量极低，其他维生素含量同玉米接近。

（2）马铃薯的饲喂价值　马铃薯喂肉牛可生喂，也可熟喂。生喂时宜切碎后投喂。脱水马铃薯块茎为较好的能量饲料，可将其粉碎后加到肉牛饲粮中。马铃薯中含有一种有毒的配糖体，叫龙葵素，或名龙葵精。它在马铃薯各部位含量差异很大：绿叶中含0.25％，芽内

62

含 0.5％，花内含 0.7％，果实内含 1.0％，果实外皮中含 0.01％，成熟的块茎含 0.004％。若将发芽的块茎放在阳光下，则块茎内龙葵素含量可增至 0.08％～0.5％，芽内可增到 4.76％。霉变的马铃薯中龙葵素含量一般可达 0.58％～1.34％。随着贮存时间的延长，龙葵素含量亦渐增多。一般成熟的马铃薯中毒素含量少，饲喂这种马铃薯是不会引起动物中毒的。未成熟的、发芽或腐烂的马铃薯毒素含量多，大量投喂会导致中毒。

因此，应科学贮藏马铃薯，选择阴凉干燥的地方，尽量避免其发芽、变绿。不用发芽、未成熟和霉烂的马铃薯作饲料，若用，须将嫩芽、发绿及腐烂部分除去，加醋充分煮熟后饲用。

3. 木薯

木薯为大戟科木薯属多年生植物，原产于巴西亚马孙河流域与墨西哥东南部低洼地区。我国广东、广西、福建、云南、海南、台湾等省种植木薯较多。此外，贵州、湖南、江西等省也有少量种植。木薯不仅是杂粮作物，而且也是良好的饲料作物。

（1）木薯的营养特点　木薯干（脱水木薯）中无氮浸出物含量高，可达 80％，因此其有效能值较高。粗蛋白质含量很低，以干物质计，仅为 2.5％。另外，木薯中矿物质缺乏，维生素含量几乎为零。木薯中含有毒物氢氰酸，其含量随品种、气候、土壤、加工条件等不同而异。脱皮、加热、水煮、干燥可除去或减少木薯中的氢氰酸。

（2）饲料用木薯的质量标准　中国农业行业标准《饲料用木薯干》以粗纤维、粗灰分为质量控制指标，以 87％干物质为基础计算，规定粗纤维含量不得高于 4％，粗灰分含量必须低于 6％。另外，中国国家标准《饲料卫生标准》规定，饲料用木薯干中氢氰酸允许量在 100 毫克/千克以内。

（3）木薯的饲用价值　木薯在饲用前，最好要测定其中氢氰酸含量，符合卫生标准方能饲用。若超标，要对其脱毒处理。在肉牛饲粮中，木薯干用量可达 30％。

4. 甜菜和甜菜渣

甜菜为藜科甜菜属二年生植物。甜菜原产于欧洲中南部，现在欧洲各国以及美国等均有栽培。甜菜在我国南北各地都有栽培，其中以东北、华北、西北等地区种植较多。甜菜主要作为制糖原料，同时也是饲料作物。

（1）甜菜

① 甜菜的分类　根据块根大小、根型变化与含糖量多少，可将甜菜分为糖甜菜、半糖甜菜和饲料甜菜。甜菜的营养成分见表2-37。

表 2-37　甜菜中营养成分含量　　　　　单位：%

类别	水分	粗蛋白质	粗脂肪	粗纤维	无氮浸出物	灰分
鲜块根	88.8	1.5	0.1	1.4	7.1	1.1
脱水块根	0	13.4	0.9	12.5	63.4	9.8
茎叶鲜样	93.1	1.4	0.2	0.7	4.2	0.4
茎叶干样	0	20.3	2.9	10.2	60.9	5.7

② 甜菜的营养特点　糖甜菜味甚甜，含糖量高达15%～20%，干物质含量高，为20%～22%，最高达25%，但收获量少。半糖甜菜味甜，含糖量中等。饲料甜菜味微甜，含糖量一般为4%～8%，干物质含量少，蛋白质含量较高，总收获量大。甜菜的根、茎、叶营养价值均较高。

③ 甜菜的饲用价值　用甜菜喂动物时，要将甜菜切碎后生喂，不可熟喂。蒸煮不仅破坏甜菜中维生素，而且其中生成较多量的亚硝酸盐。

（2）甜菜渣　是甜菜在制糖过程中经切丝、渗出、充分提取糖分后含糖很少的菜丝，是制糖工业的副产品之一。未经处理的甜菜渣也可称为鲜湿甜菜渣；湿甜菜渣经晾晒后得到干甜菜渣。甜菜渣为淡灰色或灰色，略具甜味，干燥后呈粉状、粒状或丝状。

① 甜菜渣的营养特点　甜菜渣的主要成分是无氮浸出物，以干物质计，达60%以上，因而其消化能值较高，达12兆焦/千克以上。粗蛋白质较少，且品质差，必需氨基酸少，特别是蛋氨酸极少。Ca、Mg、Fe等矿物质元素含量较多，但P、Zn等元素很少。甜菜渣中维生素较贫乏，但胆碱、烟酸含量较多。甜菜渣中含有大量的可消化纤维，可有效刺激肉牛反刍。

64

②甜菜渣的饲用价值　无论是鲜甜菜渣还是干甜菜渣，均具有营养丰富、适口性强、消化率高、价格低廉等优点。甜菜渣还具有在肉牛胃肠道内流过速度慢和在盲肠内存留时间长的消化特性，是肉牛良好的能量饲料来源。

干甜菜渣饲喂肉牛，一般可取代混合精料中半数以上的谷实类饲料。新鲜甜菜渣有甜味，适口性好，可直接饲喂肉牛。

③注意事项　在选购或使用甜菜渣时应注意以下问题：因甜菜渣含有游离酸（如草酸），大量饲喂易引起动物腹泻，故应控制鲜甜菜渣的喂量；若甜菜渣有烤焦味，则表示加热过度，其利用效率降低；若甜菜渣有过长纤维丝或过粗料，则应加以粉碎；甜菜渣含水量多时，不易贮存，应充分制干。

（四）其他能量饲料

1. 油脂

肉牛由于生产性能不断提高，对日粮养分浓度尤其是日粮能量浓度的要求愈来愈高。对高产牛，常通过增大精饲料用量、减少粗饲料用量来配制高能量日粮，但这会引起瘤胃酸中毒等营养代谢疾病。鉴于这些原因，近几年来，油脂作为能量饲料在肉牛日粮中的应用愈来愈普遍。

（1）油脂的分类　油脂种类较多，按来源可将其分为动物油脂、植物油脂、饲料级水解油脂和粉末状油脂4类。

①动物油脂　是指用家畜、家禽和鱼体组织（含内脏）提取的一类油脂。其成分以甘油三酯为主，另含少量的不皂化物和不溶物等。动物油脂中的脂肪酸主要为饱和脂肪酸，但鱼油中含大量的不饱和脂肪酸。

②植物油脂　这类油脂是从植物种子中提取而得，主要成分为甘油三酯，另含少量的植物固醇与蜡质成分。大豆油、菜籽油、棕榈油等是这类油脂的代表。植物油脂中的脂肪酸主要为不饱和脂肪酸。

③饲料级水解油脂　这类油脂是指制取食用油或生产肥皂过程中所得的副产品，其主要成分为脂肪酸。

④粉末状油脂　对油脂进行特殊处理，使其成为粉末状。这类油脂便于包装、运输、贮存和应用。

为避免动物疾病传播，预防传染性疾病，尤其疯牛病等，我国无公害食品标准中规定奶牛和肉牛均不允许使用动物性饲料原料，因此在肉牛上只能使用植物性油脂及其产品。

（2）油脂的营养特性　油脂的能值高，热增耗值比碳水化合物、蛋白质都低，其总能和有效能远比一般的能量饲料高，如大豆油代谢能为玉米代谢能的 2.87 倍；棕榈油产奶净能为玉米的 3.33 倍。植物油脂中还富含必需脂肪酸。

（3）饲料用油脂的质量标准　我国台湾省规定指标为：总脂肪≥90%，总脂肪酸≥90%，游离脂肪酸≤0.5%，水分≤0.5%，杂质≤2.5%。日本规定指标为：酸价≤30，皂化价≥190，碘价≥70，过氧化物≤5 毫克/千克，羧基价≤30 毫克/千克。

在生产中，对饲料用油脂的质量一般规定为：油脂中含水量在1.5%以下者，为合格产品；大于 1.5%者，为劣质产品；油脂中不溶性杂质在 0.5%以下者，为优质产品；大于 0.5%者，为劣质产品。

（4）油脂的饲用价值　油脂可促进脂溶性维生素的吸收，有助于脂溶性维生素的运输。油脂可延长饲料在消化道内的停留时间，从而能提高饲料养分的消化率和吸收率。在日粮中添加油脂，能增强风味，改善外观，减少粉尘，降低加工机械磨损程度，防止分级。油脂由于热增耗少，故给热应激肉牛补饲油脂有良好作用。

（5）使用油脂的注意事项

① 油脂应贮存于非铜质的密闭容器中，贮存期间应防止水分混入和气温过高。

② 饲粮添加油脂后，能量浓度增加，因此应相应提高饲粮中其他养分的水平。

③ 油脂容易氧化酸败，应避免使用已发生氧化酸败的油脂。为了防止油脂酸败，加入占油脂 0.01%的抗氧化剂。常用的抗氧化剂为丁羟甲氧基苯（BHA）和丁羟甲苯（BHT）。抗氧化剂添加到油脂中的方法是：若是液态油脂，直接将抗氧化剂加入并混匀；若是固态油脂，将油脂加热熔化，再加入抗氧化剂并混匀。

④ 避免使用劣质油脂，如高熔点的油脂（椰子油和棉籽油）和含毒素油脂（棉籽油、蓖麻油和桐籽油等）以及被二噁英污染的油脂。

66

⑤ 由于瘤胃内可溶的脂肪酸（如 C_8～C_{14} 脂肪酸和较长碳链不饱和脂肪酸）能抑制瘤胃微生物，若补饲油脂不当，会使纤维素消化率降低。

2. 糖蜜

糖蜜为制糖工业副产品，根据制糖原料不同，可将糖蜜分为甘蔗糖蜜、甜菜糖蜜、玉米葡萄糖蜜、柑橘糖蜜、木糖蜜、高粱糖蜜等。产量最大的是蔗糖蜜和甜菜糖蜜。糖蜜一般呈黄色或褐色液体，大多数糖蜜具甜味，但柑橘糖蜜略有苦味。

（1）糖蜜的营养特性　原料不同，所产生的糖蜜的颜色、味道、黏度和化学成分也有很大差异。即使是同一种糖蜜，受产地、季节、制糖工艺和贮存条件等不同的影响，其营养成分也有一定差异。

糖蜜中主要成分是糖类（主要是蔗糖、果糖和葡萄糖），如甘蔗糖蜜含蔗糖 24%～36%，甜菜糖蜜中含蔗糖 47% 左右。糖蜜中含有少量的粗蛋白质，其中多数属非蛋白氮，如氨、硝酸盐和酰胺等。糖蜜中矿物质含量较多（8.1%～10.5%），其中钙（0.1%～0.81%）多磷（0.02%～0.08%）少，钾含量很高（2.4%～4.8%），如甜菜糖蜜中钾含量高达 4.7%。糖蜜中有效能量较高，甜菜糖蜜对牛的消化能为 12.12 兆焦/千克，增重净能为 4.75 兆焦/千克。

（2）饲料用糖蜜的质量标准　我国台湾省制定了饲料用糖蜜的质量标准，其规定指标为：总糖分≥45%，粗灰分≤15%，盐酸不溶物≤2%，黏稠液体色泽一致，白利糖度不低于 80°Bx，不掺糖蜜以外的物质。

（3）糖蜜的饲用价值　由于糖蜜有甜味，故能掩盖饲粮中其他成分的不良气味，提高饲料的适口性。糖蜜有黏稠性，故能减少饲料加工过程中产生的粉尘，并能作为颗粒饲料的优质黏结剂。糖蜜富含糖分，可为肉牛瘤胃微生物提供充足的速效能源，从而提高了微生物的活性。糖蜜中含有缓泻因子，可能是硫酸镁和氯化镁的缘故，或者是消化道中蔗糖酶活性不高，从而引起粪便含水量增加。在混合精料中，肉牛适宜用量为 10%～20%。

五、蛋白质饲料

饲料干物质中粗蛋白质含量大于或等于 20%，同时粗纤维含量小于 18% 的饲料，称作蛋白质饲料。

蛋白质饲料可分为植物性蛋白质饲料、动物性蛋白质饲料、单细胞蛋白质饲料和非蛋白氮饲料。因肉牛饲料中不允许使用动物源性饲料，因此，本章主要介绍植物性蛋白质饲料、单细胞蛋白质饲料和非蛋白氮饲料。

（一）植物性蛋白质饲料

植物性蛋白质饲料包括豆类籽实、饼（粕）类和其他植物性蛋白质饲料。这类蛋白质饲料是肉牛生产中使用量最多、最常用的蛋白质饲料。该类饲料具有以下共同特点：

（1）蛋白质含量高，且蛋白质质量较好　一般植物性蛋白质饲料粗蛋白质含量在 20%～50% 之间，因种类不同差异较大。它的蛋白质主要由球蛋白和清蛋白组成，其必需氨基酸含量和平衡明显优于谷蛋白和醇溶蛋白，因此蛋白质品质高于谷物类蛋白，蛋白质利用率是谷类的 1～3 倍。但植物性蛋白质的消化率一般仅有 80% 左右，原因在于大量蛋白质，如球蛋白与细胞壁多糖结合，有明显抗蛋白酶水解的作用；存在蛋白酶抑制剂，阻止蛋白酶消化蛋白质；含胱氨酸丰富的清蛋白，可能产生一种核心残基，对抗蛋白酶的消化。此类饲料经适当加工调制，可提高其蛋白质利用率。

（2）粗脂肪含量变化大　油料籽实含量在 15%～30% 以上，非油料籽实只有 1% 左右。饼（粕）类脂肪含量因加工工艺不同差异较大，高的可达 10%，低的仅 1% 左右。

（3）粗纤维含量一般不高　基本上与谷类籽实近似，饼（粕）类稍高些。

（4）矿物质中钙少磷多，维生素含量与谷实相似　磷的形成主要是植酸磷。B 族维生素较丰富，而维生素 A、维生素 D 较缺乏。

（5）大多数含有一些抗营养因子　抗营养因子的存在会影响其饲喂价值。

1. 豆类籽实

豆类籽实包括大豆、豌豆、蚕豆等，曾作为我国主要役畜的蛋白质饲料。现在一般以食用为主，全脂大豆经加热或膨化用在高热能饲料和颗粒料中。

粗蛋白质含量高，占干物质的 20%～40%，为禾谷类籽实的 1～

3倍，且品质也好。精氨酸、赖氨酸和蛋氨酸等必需氨基酸的含量均多于谷类籽实。脂肪含量除大豆和花生含量高外，其他均只有2%左右，略低于谷类籽实。钙、磷含量较禾谷类籽实稍多，但钙磷比例不恰当，钙多磷少。胡萝卜素缺乏。无氮浸出物含量为30%～50%，纤维素易消化。总营养价值与禾谷类籽实相似，可消化蛋白质较多，是肉牛重要的蛋白质饲料。

（1）大豆　大豆为双子叶植物纲豆科大豆属一年生草本植物，原产于中国。美国大豆产量最高，约占全世界总产量的一半以上。中国总产量约占全世界总产量的1/10，居第2位。我国大豆主产区为黑龙江、河北、安徽、江苏、河南及山西等省。

将大豆按种皮颜色分为黄色大豆、黑色大豆、青色大豆、其他大豆和饲用豆（秣食豆）5类，其中黄豆最多，其次为黑豆。

①营养特性　大豆蛋白质含量高，为32%～40%，如黄豆和黑豆的粗蛋白质含量分别为37%和36.1%，氨基酸组成良好，植物蛋白中普遍缺乏的赖氨酸含量较高，如黄豆和黑豆分别为2.30%和2.18%，但蛋氨酸等含硫氨基酸含量不足。大豆脂肪含量高，达17%～20%，其中不饱和脂肪酸较多，亚油酸和亚麻酸可占55%。综合净能为8.25兆焦/千克。碳水化合物含量不高，无氮浸出物仅26%左右，其中蔗糖占无氮浸出物总量的27%，水苏糖、阿拉伯木聚糖、半乳糖分别占16%、18%、22%；淀粉在大豆中含量甚微，仅0.4%～0.9%；纤维素占18%。矿物质中钾、磷、钠较多，钙的含量高于谷实类，但仍低于磷，60%的磷为不能利用的植酸磷，铁含量较高。维生素与谷实类相似，含量略高于谷实类，B族维生素多而维生素A、维生素D少。

②原料标准　中华人民共和国农业行业标准《饲料用大豆》中规定：大豆中异色粒不许超过5.0%，秣食豆不能超过1.0%，水分含量不得超过13.0%，熟化全脂大豆脲酶活性不得超过0.4。以粗蛋白质、粗纤维、粗灰分为质量控制指标，按含量可分为三级，各项质量指标含量均以87%干物质为基础计算，三项质量指标必须全部符合相应等级的规定，低于三级者为等外品。饲料用大豆质量标准见表2-38。

表 2-38　饲料用大豆质量标准（NY/T 135—1989）

质量指标	一级	二级	三级
粗蛋白质/%	≥36.0	≥35.0	≥34.0
粗纤维/%	<5.0	<5.5	<6.5
粗灰分/%	<5.0	<5.0	<5.0

③ 大豆的饲用价值　生大豆中存在多种抗营养因子，如胰蛋白酶抑制因子、血细胞凝集素、脲酶、致甲状腺肿物质、赖丙氨酸、植酸、抗维生素因子、大豆抗原、皂苷、雌激素和胀气因子等。它们影响饲料的适口性、消化性，并阻碍肉牛的一些生理过程。以生大豆直接饲喂肉牛，会导致其腹泻和生产性能的下降，降低维生素 A 的利用率，饲喂价值较低。因此，生产中一般不直接使用生大豆。大豆经焙炒、压扁、微波处理、挤压处理以及制粒等加热处理后饲喂。与生大豆相比，热处理的大豆具有适口性好，水分较低，其他营养含量相对提高，抗营养因子大大降低，过瘤胃蛋白率提高，蛋白质的利用率提高，饲喂价值提高，使用安全。但大豆在加热过程中，蛋白质中一些不耐热的氨基酸会分解，更主要的是还原糖与氨基酸发生美拉德反应，该反应导致大多数氨基酸（尤其是赖氨酸）利用率下降，降低大豆的营养价值。因此，大豆的适度加工非常重要。

肉牛饲料中也可使用生大豆，但应控制喂量，且不宜与尿素同用，这是由于生大豆中含有尿素酶，会使尿素分解，有发生氨中毒的危险；而且需配合胡萝卜素含量高的粗料使用。

另外，大豆蛋白质中含蛋氨酸、色氨酸、胱氨酸较少，最好与禾谷类籽实混合饲喂。

（2）豌豆　豌豆又名毕豆、小寒豆、准豆、麦豆。豌豆适应性强，喜冷凉而湿润的气候。我国豌豆总产量约 150 万吨，以四川种植最多。豌豆除供食用外，也供作饲料。

① 营养特性　豌豆风干物中粗蛋白质含量 20.0%～24%，介于谷实类和大豆之间。豌豆中清蛋白、球蛋白和谷蛋白含量分别为 21.0%、66.0%和 2%。蛋白质中含有丰富的赖氨酸，而其他必需氨基酸含量都较低，特别是含硫氨基酸与色氨酸。干豌豆中碳水化合物的含量约 60%，淀粉含量为 24.0%～49.0%，粗纤维含量约 7%，

粗脂肪约2%，且多为不饱和脂肪酸。各种矿物质微量元素含量都偏低。干豌豆富含维生素B_1、维生素B_2和烟酸，胡萝卜素含量比大豆多，与玉米近似，缺乏维生素D。能值虽比不上大豆，但也与大麦和稻谷相似。

② 原料标准　中华人民共和国农业行业标准《饲料用豌豆》（NY/T 136—1989）中规定，以粗蛋白质、粗纤维、粗灰分为质量控制指标，按含量可分为三级，标准见表2-39。

表 2-39　饲料用豌豆质量标准（NY/T 136—1989）

质量指标	一级	二级	三级
粗蛋白质/%	≥24.0	≥22.0	≥20.0
粗纤维/%	<7.0	<7.5	<8.0
粗灰分/%	<3.5	<3.5	<4.0

③ 饲用价值　国外广泛地用豌豆作为蛋白质补充料。但是目前我国豌豆的价格较贵，很少作为饲料。豌豆中含有微量的胰蛋白酶抑制因子、外源植物凝集素、致胃肠胀气因子、单宁、皂角苷和色氨酸抑制剂等抗营养因子，因此不宜生喂。一般肉牛饲粮中用量在12%以下。

（3）蚕豆　又叫胡豆、川豆、大豌豆、佛豆或罗汉豆，是一种比较好的饲料资源。主要在我国南方作为配合饲料原料。

① 营养特性　蚕豆中的营养物质主要以蛋白质和淀粉为主。粗蛋白质含量以及蛋白质和氨基酸的消化率均低于大豆，干物质中平均粗蛋白质含量为23.0%～31.2%，氨基酸中赖氨酸和精氨酸较多，赖氨酸（1.60%～1.95%）比谷实类高6～7倍；色氨酸、胱氨酸和蛋氨酸比较短缺。无氮浸出物含量高于大豆，约为47.3%～57.5%，是大豆的2倍多。粗脂肪1.2%～1.8%，其中油酸45.6%、亚油酸30.0%、亚麻酸12.8%。能值虽比不上大豆，但也与大麦、稻谷相似。各种矿物质含量都偏低。维生素含量高于大米和小麦。

② 质量标准　我国农业行业标准《饲料用蚕豆》（NY/T 138—1989）中规定，以粗蛋白质、粗纤维和粗灰分为质量控制指标，按含量可分为三级，见表2-40。

表 2-40　饲料用蚕豆质量标准（NY/T 138—1989）

质量指标	一级	二级	三级
粗蛋白质/%	≥25.0	≥23.0	≥21.0
粗纤维/%	<9.0	<10.0	<11.0
粗灰分/%	<3.5	<3.5	<4.0

③ 饲用价值　蚕豆中也含有胰蛋白酶抑制因子、肌醇六磷酸等抗营养因子，不宜生喂。一般肉牛饲料中用量在 15% 以下。

2. 饼（粕）类

饼（粕）类是豆科籽实或其他科植物籽实提取大部分油脂后的副产品。由于原料不同和加工方法不同，营养及饲用价值有相当大的差异。饼（粕）类是配合饲料的主要蛋白质原料，使用广泛，用量较大。

（1）大豆饼（粕）　大豆饼（粕）是以大豆为原料取油后的副产物，是目前使用最广泛用量最多的植物性蛋白质原料，一般其他饼（粕）类的使用与否以及使用量都以与大豆饼（粕）的比价来决定。由于制油工艺不同，通常将压榨法取油后的产品称为大豆饼，而将浸提法取油后的产品称为大豆粕。

大豆饼（粕）的加工方法有 4 种：液压压榨、旋压压榨、溶剂浸出法和预压后浸出法。浸提法比压榨法可多取油 4%～5%，且粕中残脂少易保存，目前大豆饼（粕）产品主要为大豆粕。

① 营养特性　大豆饼（粕）粗蛋白质含量高，一般在 40%～50% 之间，必需氨基酸含量高，组成合理。赖氨酸含量在饼（粕）类中最高，约 2.4%～2.8%，是玉米的 10 倍。赖氨酸与精氨酸比约为100：130，比例较为恰当。异亮氨基酸含量是饼（粕）类饲料中最高者，约 2.39%，是异亮氨酸与缬氨酸比例最好的一种。大豆饼（粕）的色氨酸、苏氨酸含量也很高，与谷实类饲料配合可起到互补作用。蛋氨酸含量不足，在玉米-大豆饼（粕）为主的日粮中，一般要额外添加蛋氨酸才能满足畜禽营养需求。大豆饼（粕）粗纤维含量较低，主要来自大豆皮。无氮浸出物的含量一般为 30%～32%，其中主要是蔗糖、棉籽糖、水苏糖和多糖类，淀粉含量较低。大豆饼（粕）中胡萝卜素、维生素 B_1 和维生素 B_2 含量少，烟酸和泛酸含量较多，

胆碱含量丰富（2200～2800 毫克/千克），维生素 E 在脂肪残量高和贮存不久的饼（粕）中含量较高。矿物质中钙少磷多，磷多为植酸磷（约 61%），硒含量低。

和大豆饼相比，大豆粕具有较低的脂肪含量，而蛋白质含量较高，且质量较稳定。大豆在加工过程中先经去皮而加工获得的粕称去皮大豆粕，近年来此产品有所增加。其与普通大豆粕相比，粗纤维含量低，一般在 3.3% 以下，蛋白质含量为 48%～50%，营养价值较高。

② 原料标准　饲料用大豆饼（粕）国家标准规定的感官性状为：呈黄褐色饼状或小片状（大豆饼），呈浅黄褐色或淡黄色不规则的碎片状（大豆粕）；色泽一致，无发酵、霉变、结块、虫蛀及异味、异臭；水分含量不得超过 13.0%；不得掺入饲料用大豆饼（粕）以外的东西。标准中除粗蛋白质、粗纤维、粗灰分为质量控制指标（大豆饼增加粗脂肪一项）外，规定脲酶活性不得超过 0.4。饲料用大豆饼（粕）质量标准见表 2-41。

表 2-41　饲料用大豆饼（粕）质量标准（NY/T 130—1989）

质量指标	一级（优等）	二级（中等）	三级
粗蛋白质/%	≥41.0(44.0)	≥39.0(42.0)	≥37.0(40.0)
粗纤维/%	<5.0(5.0)	<6.0(6.0)	<7.0(7.0)
粗灰分/%	<6.0(6.0)	<7.0(7.0)	<8.0(8.0)
粗脂肪/%	<8.0	<8.0	<8.0

注：大豆饼（粕）各项质量指标含量均以 87% 干物质为基础。低于三级者为等外品。表中括号内的数据为大豆粕的指标。

③ 饲用价值　大豆饼（粕）色泽佳，适口性好，加工适当的大豆饼（粕）仅含微量抗营养因子，不易变质，使用上无用量限制。大豆饼（粕）是肉牛的优质蛋白质原料，各阶段牛饲料中均可使用，长期饲喂也不会导致牛厌食。采食过多会有软便现象，但不会下痢。肉牛可有效利用未经加热处理的大豆饼（粕），但注意不要与脲酶活性高的饲料同食。

（2）菜籽饼（粕）　油菜是我国的主要油料作物之一，我国油菜

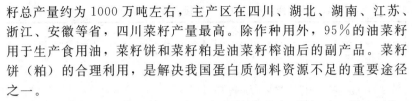
籽总产量约为 1000 万吨左右，主产区在四川、湖北、湖南、江苏、浙江、安徽等省，四川菜籽产量最高。除作种用外，95％的油菜籽用于生产食用油，菜籽饼和菜籽粕是油菜籽榨油后的副产品。菜籽饼（粕）的合理利用，是解决我国蛋白质饲料资源不足的重要途径之一。

① 营养特性 菜籽饼（粕）含有较高的粗蛋白质，约 34％～38％，可消化蛋白质为 27.8％，蛋白质中非降解蛋白比例较高。氨基酸组成平衡，含硫氨基酸较多，精氨酸含量低，精氨酸与赖氨酸的比例适宜，是一种良好的氨基酸平衡饲料。粗纤维含量较高，约 12％～13％，有效能值较低，干物质中综合净能为 7.35 兆焦/千克。碳水化合物为不易消化的淀粉，且含有 8％的戊聚糖。菜籽外壳几乎无利用价值，是影响菜籽粕代谢能的根本原因。矿物质中钙、磷含量均高，但大部分为植酸磷，富含铁、锰、锌、硒，尤其是硒含量远高于豆饼。维生素中胆碱、叶酸、烟酸、维生素 B_2、维生素 B_1 均比豆饼高，但胆碱与芥子碱呈结合状态，不易被肠道吸收。

菜籽饼（粕）中含有硫葡萄糖苷、芥子碱、植酸、单宁等抗营养因子，影响其适口性。

为解决菜籽的毒性问题，改善菜籽饼（粕）的饲用价值，植物育种学家一直致力于"双低"油菜品种的培育。1974 年，第一个"双低"油菜品种在加拿大诞生；之后许多"双低"油菜品种陆续育种成功并得到迅速推广；到 80 年代末，欧洲一些国家基本实现了油菜品种双低化。我国双低油菜品种的研究始于 70 年代中后期，但发展迅速，已选育出多个双低油菜品种，推广面积也迅速扩大，达到目前油菜种植总面积的 30％以上。

"双低"菜籽饼（粕）与普通菜籽饼（粕）相比，粗蛋白质、粗纤维、粗灰分、钙、磷等常规成分含量差异不大，有效能略高。赖氨酸含量和消化率显著高于普通菜籽饼（粕），蛋氨酸、精氨酸略高。

② 原料标准 饲料用菜籽饼（粕）国家标准规定：感官性状为褐色、小瓦片状、片状或饼状（菜籽饼），为黄色或浅褐色、碎片或粗粉状（菜籽粕）；具有菜籽油的香味；无发酵、霉变、结块及异臭；水分含量不得超过 12.0％。具体质量指标见表 2-42。

表 2-42　饲料用菜籽饼（粕）质量标准（NY/T 125—1989）

质量指标	一级	二级	三级
粗蛋白质/%	≥37.0(40.0)	≥34.0(37.0)	≥30.0(33.0)
粗纤维/%	<14.0(14.0)	<14.0(14.0)	<14.0(14.0)
粗灰分/%	<12.0(8.0)	<12.0(8.0)	<12.0(8.0)
粗脂肪/%	<10.0	<10.0	<10.0

注：菜籽饼（粕）各项质量指标含量均以 87% 干物质为基础。低于三级者为等外品。表中括号内的数据为菜籽粕的指标。

③ 饲用价值　菜籽饼（粕）是一种良好的蛋白质饲料，但因含有多种抗营养因子，使其应用受到限制，实际用于饲料的仅占 2/3，饲喂价值明显低于大豆粕。

菜籽饼（粕）对肉牛适口性差，长期大量使用可引起甲状腺肿大，采食量下降，生产性能下降。肉牛精料中使用 5%～10% 对胴体品质无不良影响。对菜籽饼（粕）进行脱毒处理或用"双低"品种的菜籽饼（粕）饲养，效果明显优于普通菜籽饼（粕），可提高使用量。

（3）棉籽饼（粕）　棉籽饼（粕）是棉籽经脱壳取油后的副产品，因脱壳程度不同，通常又将去壳的叫作棉仁饼（粕）。年产约 300 多万吨，主产区在新疆、河南、山东等省（区）。棉籽经螺旋压榨和预压浸提，得到棉籽饼和棉籽粕。

① 营养特性　棉籽饼（粕）的粗纤维含量主要取决于制油过程中棉籽脱壳程度。国产棉籽饼（粕）粗纤维含量较高，达 13% 以上，有效能值低于大豆饼（粕）。脱壳较完全的棉仁饼（粕）粗纤维含量约 12%，代谢能水平较高。

棉籽饼（粕）粗蛋白含量较高，达 34% 以上；棉仁饼（粕）粗蛋白含量可达 41%～44%。氨基酸中赖氨酸较低，仅相当于大豆饼（粕）的 50%～60%，蛋氨酸亦低，精氨酸含量较高，赖氨酸与精氨酸之比在 1∶2.7 以上。矿物质中钙少磷多，其中 71% 左右为植酸磷，含硒少。维生素 B_1 含量较多，维生素 A、维生素 D 少。棉籽饼干物质综合净能为 7.39 兆焦/千克；棉籽粕干物质综合净能为 7.16 兆焦/千克。棉籽饼（粕）中的抗营养因子主要为棉酚、环丙烯脂肪酸、单宁和植酸。

② 原料标准　我国农业部标准规定：棉籽饼（粕）的感官性状

为小片状或饼状，色泽呈新鲜一致的黄褐色；无发酵、霉变、虫蛀及异味、异臭；水分含量不得超过12.0％；不得掺入饲料用棉籽饼以外的东西。具体质量标准见表2-43。

表 2-43　饲料用棉籽饼（粕）质量标准（NY/T 129—1989）

质量指标	一级（优等）	二级（中等）	三级
粗蛋白质/％	≥40.0(51.0)	≥36.0(42.0)	≥32.0(37.0)
粗纤维/％	<10.0(7.0)	<12.0(9.0)	<14.0(11.0)
粗灰分/％	<6.0(6.0)	<7.0(7.0)	<8.0(8.0)

注：棉籽饼（粕）各项质量指标含量均以88％干物质为基础。低于三级者为等外品。表中括号内数据是棉籽粕的质量指标。

③ 饲用价值　棉籽饼（粕）是肉牛良好的蛋白质来源。棉籽饼（粕）中含有的棉酚是一种危害血管细胞和神经的毒素。由于瘤胃微生物的发酵，对游离棉酚有一定的解毒作用，对瘤胃功能健全的成年肉牛影响小。成年肉牛可以以棉籽饼（粕）为主要蛋白质饲料，但应供应优质粗饲料，再补充胡萝卜素和钙，方能获得良好的增重效果，一般在精料中可占30％～40％。但对瘤胃尚未发育完善的犊牛，则极易引起中毒，因此，用它喂犊牛时要进行脱毒处理，并且要饲喂得法和控制喂量。

此外，由于游离棉酚可使种用动物尤其是雄性动物生殖细胞发生障碍，因此种用雄性动物应禁止用棉籽饼（粕），雌性种畜也应尽量少用。

（4）花生饼（粕）　花生饼（粕）是花生脱壳后，经机械压榨或溶剂浸提油后的副产品。全世界产量以中国、印度、英国最多。我国年加工花生饼（粕）约150万吨，主产区为山东省，产量约近全国的1/4，其次为河南、河北、江苏、广东、四川等地，是当地畜禽的重要蛋白质来源。

花生脱壳取油的工艺可分浸提法、机械压榨法、预压浸提法和土法夯榨法四种。用机械压榨法和土法夯榨法榨油后的副产品为花生饼，用浸提法和预压浸提法榨油后的副产品为花生粕。

① 营养特性　花生饼蛋白质含量约44％，花生粕蛋白含量约47％，蛋白质含量高，但63％为不溶于水的球蛋白，可溶于水的白蛋白仅占7％。氨基酸组成不平衡，赖氨酸、蛋氨酸含量偏低，精氨

酸含量在所有植物性饲料中最高，赖氨酸与精氨酸之比在 1∶3.8 以上。花生饼（粕）的有效能值在饼（粕）类饲料中最高，花生饼干物质综合净能为 8.24 兆焦/千克，花生粕干物质综合净能为 7.39 兆焦/千克。无氮浸出物中大多为淀粉、糖分和戊聚糖。残余脂肪融点低，脂肪酸以油酸为主，不饱和脂肪酸约占 53%～78%。钙、磷含量低，磷多为植酸磷，铁含量略高，其他矿物质元素较少。胡萝卜素、维生素 D、维生素 C 含量低，B 族维生素较丰富，尤其烟酸含量高，约 174 毫克/千克。维生素 B_2 含量低，胆碱约 1500～2000 毫克/千克。

花生饼（粕）中含有少量胰蛋白酶抑制因子。花生饼（粕）极易感染黄曲霉，产生黄曲霉毒素，引起动物黄曲霉毒素中毒。我国饲料卫生标准中规定，其黄曲霉毒素 B_1 含量不得大于 0.05 毫克/千克。

② 原料标准　饲料用花生饼（粕）国家标准规定：感官要求花生饼为小瓦块状或圆扁块状，花生粕为黄褐色或浅褐色不规则碎屑状，色泽新鲜一致；无发霉、变质、结块及异味、异臭；水分含量不得超过 12.0%。饲料用花生饼（粕）国家标准见表 2-44。

表 2-44　饲料用花生饼（粕）质量标准（NY/T 132—1989）

质量指标	一级	二级	三级
粗蛋白质/%	≥48.0(51.0)	≥40.0(42.0)	≥36.0(37.0)
粗纤维/%	<7.0(7.0)	<9.0(9.0)	<11.0(11.0)
粗灰分/%	<6.0(6.0)	<7.0(7.0)	<8.0(8.0)

注：花生饼（粕）各项质量指标含量均以 88% 干物质为基础。低于三级者为等外品。表中括号内指标是花生粕的质量指标。

③ 饲用价值　花生饼（粕）适口性好，对肉牛的饲用价值与大豆饼（粕）相当。饲喂时适于和精氨酸含量低的菜籽饼（粕）等配合使用。花生饼（粕）有通便作用，牛采食过多易导致软便。经高温处理的花生饼（粕），蛋白质溶解度下降，可提高过瘤胃蛋白量，提高氮沉积量。为避免黄曲霉毒素中毒，幼牛应避免使用。

（5）芝麻饼（粕）　芝麻饼（粕）是芝麻取油后的副产品。我国年产芝麻饼（粕）不足 20 万吨，主产区为河南，其次为湖北、安徽、江苏、河北、四川、山东、山西等省。芝麻饼（粕）是一种很有价值的蛋白质来源。

①营养特性　芝麻饼（粕）蛋白质含量较高，约40%，氨基酸组成中蛋氨酸、色氨酸含量丰富，尤其蛋氨酸高达0.8%以上，为饼（粕）类之首。赖氨酸缺乏，精氨酸极高，赖氨酸与精氨酸之比为1∶4.2，比例严重失衡。粗纤维含量低于7%，代谢能低于花生、大豆饼（粕）。芝麻饼干物质综合净能为6.58兆焦/千克。矿物质中钙、磷较多，但多为植酸盐形式存在，故钙、磷、锌的吸收均受到抑制。维生素A、维生素D、维生素E含量低，维生素B_2、烟酸含量较高。

芝麻饼（粕）中的抗营养因子主要为植酸和草酸，二者能影响矿物质的消化和吸收。

②饲用价值　芝麻饼（粕）是一种略带苦味的优质蛋白质饲料，是肉牛良好的蛋白质来源，可使被毛光泽良好，但过量采食可使体脂变软，最好与豆饼、菜籽饼等蛋白质饲料配合使用。

（6）向日葵（仁）饼（粕）　向日葵（仁）饼（粕）是向日葵籽生产食用油后的副产品，可制成脱壳或不脱壳两种，是较好的蛋白质饲料。我国的主产区在东北、西北和华北，年产量25万吨左右，以内蒙古和吉林省产量最多。

①营养特性　向日葵（仁）饼（粕）的营养价值取决于脱壳程度，完全脱壳的饼（粕）营养价值很高，其饼（粕）的粗蛋白质含量可分别达到41%、46%，与大豆饼（粕）相当。但脱壳程度差的产品，其营养价值较低。氨基酸组成中，赖氨酸低，含硫氨基酸丰富。粗纤维含量较高，有效能值低，残留脂肪约6%~7%，其中50%~75%为亚油酸。矿物质中钙、磷含量高，但磷以植酸磷为主，微量元素中锌、铁、铜含量丰富。B族维生素含量均较高，其中烟酸和维生素B_1的含量均位于饼（粕）类之首。

向日葵（仁）饼（粕）中的难消化物质，有外壳中的木质素和高温加工条件下形成的难消化糖类。此外还有少量的酚类化合物，主要是绿原酸，含量约0.7%~0.82%，氧化后变黑，是饼（粕）色泽变暗的主因。绿原酸对胰蛋白酶、淀粉酶和脂肪酶有抑制作用，加蛋氨酸和氯化胆碱可抵消这种不利影响。

肉牛饲料配方手册

78

② 原料标准　饲料用向日葵（仁）饼（粕）国家标准规定：感官要求向日葵（仁）饼为小片状或块状，向日葵（仁）粕为浅灰色或黄褐色不规则碎块状、碎片状或粗粉状，色泽新鲜一致；无发霉、变质、结块及异味，水分含量不得超过12.0%，不得掺入其他物质。饲料用向日葵（仁）饼（粕）国家标准见表2-45。

表2-45　饲料用向日葵（仁）饼（粕）质量标准（NY/T 128—1989）

质量指标	一级	二级	三级
粗蛋白质/%	≥36.0(38.0)	≥30.0(32.0)	≥23.0(24.0)
粗纤维/%	<15.0(16.0)	<21.0(22.0)	<27.0(28.0)
粗灰分/%	<9.0(10.0)	<9.0(10.0)	<9.0(10.0)

注：向日葵（仁）饼（粕）各项质量指标含量均以88%干物质为基础。低于三级者为等外品。表中括号内指标是向日葵（仁）粕的质量指标。

③ 饲用价值　向日葵（仁）饼（粕）适口性好，是肉牛良好的蛋白质原料，肉牛采食后，瘤胃内容物pH值下降，可提高瘤胃内容物溶解度。脱壳向日葵（仁）饼（粕）的饲用价值与豆粕相当。但牛含脂肪高的压榨向日葵饼采食过多，易造成体脂变软。未脱壳的向日葵（仁）饼（粕）粗纤维含量高，有效能值低，若作为配合饲料的主要蛋白质饲料来源时，必须调配能量值或增大日喂量，否则育肥效果不佳。

（7）亚麻仁饼（粕）　亚麻仁饼（粕）是亚麻籽经脱油后的副产品。亚麻在我国西北、华北地区种植较多，主要产区有内蒙古、吉林、河北省北部、宁夏、甘肃等沿长城一带。我国年产亚麻仁饼（粕）约30多万吨，以甘肃最多。因亚麻籽中常混有芸芥籽及菜籽等，部分地区又将亚麻称为胡麻。

① 营养特性　粗蛋白质含量一般为32%～36%，氨基酸组成不平衡，赖氨酸、蛋氨酸含量低，富含色氨酸，精氨酸含量高，赖氨酸与精氨酸之比为1：2.5。粗纤维含量高，约8%～10%，有效能值较低。残余脂肪中亚麻酸含量可达30%～58%。钙、磷含量较高，硒含量丰富，是优良的天然硒源之一。维生素中胡萝卜素、维生素D含量少，但B族维生素含量丰富。

亚麻仁饼（粕）中的抗营养因子包括生氰糖苷、亚麻籽胶、抗维生素B_6因子。生氰糖苷在自身所含亚麻酶作用下，生成有毒的氢氰酸。亚麻籽胶含量约为 3%～10%，它是一种可溶性糖，主要成分为乙醛糖酸。

② 原料标准 饲料用亚麻仁饼（粕）国家标准规定亚麻仁饼为褐色大圆饼，厚片或粗粉状，亚麻仁粕为浅褐色或深黄色不规则碎块状或粗粉状；具油香味，无发霉、变质、结块及异味；水分含量不得超过 12.0%，不得掺入其他物质。饲料用亚麻仁饼（粕）国家标准见表 2-46。

表 2-46 饲料用亚麻仁饼（粕）质量标准（NY/T 216—1992）

质量指标	一级	二级	三级
粗蛋白质/%	≥32.0(35.0)	≥30.0(32.0)	≥28.0(29.0)
粗纤维/%	<8.0(9.0)	<9.0(10.0)	<10.0(11.0)
粗灰分/%	<6.0(8.0)	<7.0(8.0)	<8.0(8.0)

注：亚麻仁饼（粕）各项质量指标含量均以 87% 干物质为基础。低于三级者为等外品。括号中的数据为亚麻仁粕的指标。

③ 饲用价值 亚麻仁饼（粕）是反刍动物良好的蛋白质来源，适口性好，可提高肉牛育肥效果，使其被毛光泽改善。饲料中使用亚麻仁饼（粕）时，需添加赖氨酸或搭配赖氨酸含量较高的饲料，以提高饲喂效果。

（8）椰子粕 椰子粕又称椰子干粕，是将椰子胚乳部分干燥为椰子干，再提油后所得的副产品。外观为淡褐色或褐色，纤维含量高而有效能值低。粗蛋白质含量为 20%～23%，氨基酸组成欠佳，缺乏赖氨酸、蛋氨酸及组氨酸，但精氨酸含量高。所含脂肪属饱和脂肪酸，B 族维生素含量高。椰子粕易滋生霉菌而产生毒素。对肉牛适口性好，是肉牛的良好蛋白质来源，但为防止便秘，精料中使用量在20% 以下为宜。

（9）苏子饼 苏子饼为苏子种子榨油后的产品。粗蛋白质含量35%～38%，赖氨酸含量高，粗纤维含量高，有效能值低。含有抗营养因子——单宁和植酸。机榨法取油的具有苏子特有的臭味，适口性不好。

（10）蓖麻籽饼（粕） 蓖麻别名大麻子，是大戟科的一年生灌木状草本植物。蓖麻籽饼（粕）是蓖麻籽提油后所得的副产品。蓖麻籽饼（粕）含粗蛋白质因去壳程度不同有所差异，一般 25%～45%，其中 60％为球蛋白，16％为白蛋白，20％为谷蛋白。氨基酸较为平衡，其中赖氨酸 0.87％～1.42％，蛋氨酸 0.57％～0.87％，亮氨酸和精氨酸等含量均较高。粗脂肪 1.4％～2.6％，粗纤维 14％～43％。蓖麻饼营养价值较高，但因其含有蓖麻毒蛋白、蓖麻碱、CB-1A 变应原和血球凝集素 4 种有毒物质，必须经过脱毒才能饲喂。

3. **其他植物性蛋白质饲料**

（1）玉米蛋白粉　玉米蛋白粉是玉米淀粉厂的主要副产物之一，为玉米除去淀粉、胚芽、外皮后剩下的产品。玉米蛋白粉粗蛋白质含量 35％～60％左右，氨基酸组成不佳，蛋氨酸、精氨酸含量高，赖氨酸和色氨酸严重不足，赖氨酸∶精氨酸比值达 1∶（2～2.5），与理想比值相差甚远。粗纤维含量低（2％左右），易消化，代谢能与玉米近似或高于玉米，为高能饲料。矿物质含量少，铁较多，钙、磷较低。维生素中胡萝卜素含量较高，B 族维生素少；富含色素，主要是叶黄素和玉米黄质，前者是玉米含量的 15～20 倍，是较好的着色剂。玉米蛋白粉可用作肉牛的部分蛋白质饲料原料，因其密度大，可配合密度小的原料使用，精料添加量以 30％为宜，过高影响生产性能。在使用玉米蛋白粉的过程中，应注意霉菌含量，尤其黄曲霉毒素含量。不同厂家生产的玉米蛋白粉的含量和外观差异较大，这是导致玉米蛋白粉的质量差异较大的主要原因。一般来说，蛋白质含量高，颜色鲜艳，灰分较低的玉米蛋白粉，营养价值相对较高。

玉米蛋白粉呈淡黄色、金黄色或橘黄色，色泽均匀，多数为固体状，少数为粉状，具有发酵气味；无发霉、变质、虫蛀、结块，不带异臭、异味，不得掺杂。加入抗氧化剂、防霉剂等添加剂时应作相应的说明。饲料用玉米蛋白粉的质量标准见表 2-47。

表 2-47　饲料用玉米蛋白粉的质量标准

质量标准	一级	二级	三级
粗蛋白质/％	≥60.0	≥55.0	≥50.0
粗纤维/％	≤3.0	≤4.0	≤5.0
粗灰分/％	≤2.0	≤3.0	≤4.0
粗脂肪/％	≤5.0	≤8.0	≤10.0

注：各项质量指标含量均以 87％干物质为基础。低于三级者为等外品。

　　(2) 玉米胚芽粕　玉米胚芽粕是以玉米为原料，在生产淀粉前，将玉米浸泡、粉碎、分离胚芽，然后取油后的副产物产品。

　　玉米胚芽粕的粗蛋白质含量为 20%～27%，是玉米的 2～3 倍，其中的蛋白质都是白蛋白和球蛋白，是玉米蛋白中生物学价值最高的蛋白质。淀粉含量为 20%，粗脂肪含量为 5%～7%，粗纤维 6%～7%，粗灰分 5.9%，钙少磷多，钙、磷比例不平衡。维生素 E 含量非常丰富，高达 87 毫克/千克，能值较低。

　　玉米胚芽粕适口性好，是肉牛的良好饲料来源，但品质不稳定，易变质，使用时要小心。一般在肉牛精料中可用到 15%～20%。

　　(3) 粉丝蛋白　指利用绿豆、豌豆或蚕豆制作粉丝过程中的浆水经浓缩而获得的蛋白质饲料。粉丝蛋白饲料营养丰富，含有原料豆中淀粉以外的蛋白质、脂肪、矿物质、维生素等营养物质。粗蛋白质可达 80% 以上，总氨基酸含量可达 75% 以上。粉丝蛋白在浓缩饲料中是一种重要的蛋白质补充饲料。

　　(4) 浓缩叶蛋白　浓缩叶蛋白为从新鲜植物叶汁中提取的一种优质蛋白质饲料。目前商业化产品是浓缩苜蓿叶蛋白，蛋白质含量在 38%～61% 之间，蛋白质消化率比苜蓿草粉高得多，使用效果仅次于鱼粉而优于大豆饼。叶黄素含量相当突出，产品着色效果比玉米蛋白粉更佳。但因含有皂苷，使用量过高会影响生长速度和肉料比。

　　(5) 玉米酒精糟　玉米酒精糟是以玉米为主要原料用发酵法生产酒精时的蒸馏液经干燥处理后的副产品。根据干燥浓缩蒸馏液的成分不同而得到不同的产品，可分为干酒精糟 (DDG)、可溶干酒精糟 (DDS) 和干酒精糟液 (DDGS)。DDG 是用蒸馏废液的固体物质进行干燥得到的产品，色调鲜明，也叫透光酒糟；DDS 是用蒸馏废液去掉固体物质后剩余的残液进行浓缩干燥得到的产品；DDGS 则是 DDG 和 DDS 的混合物，也叫黑色酒糟。

　　玉米酒精糟因加工工艺与原料品质差别，其营养成分差异较大。一般除碳水化合物减少外，其他成分为原料的 2～3 倍。玉米酒精糟粗蛋白质含量在 26%～32% 之间，氨基酸含量和利用率均不理想，蛋氨酸和赖氨酸含量稍高，色氨酸明显不足。粗脂肪含量为 9.0%～14.6%，粗纤维含量高，无氮浸出物含量较低。矿物质中含有有利于

82

动物生长的多种矿物质成分，但钙少磷多。玉米酒精糟的能值较高，还含有未知生长因子。

玉米酒精糟气味芳香，是肉牛良好的饲料。在肉牛精料中添加可以调节饲料的适口性。与豆粕相比，玉米酒精糟是较好的过瘤胃蛋白质饲料，可以替代牛日粮中部分玉米和豆饼，改善肉牛瘤胃内环境，从而改善瘤胃发酵状况，提高增重速度。一般在肉牛精料中用量应在50%以下。

（6）醋糟 醋糟是以淀粉质原料为主料，以固态发酵法酿造食醋过程中的副产品，其成分和性质主要取决于酿醋原料和生产工艺。醋糟的粗蛋白含量偏低，粗纤维含量较高。作为食醋生产的副产品，醋糟的另一个特点是呈酸性，刚生产出的鲜醋糟 pH 在 5.0～5.5 之间，这是醋糟中残留一部分有机酸所致。

醋糟中的粗纤维含量高，同时粗蛋白质含量不低于玉米，并富含铁、锌和硒等微量元素，因此具有一定的饲用价值。

（7）酱油渣 是黄豆经米曲霉菌发酵后，浸提出其中的可溶性氨基酸、低肽和呈味物质后的渣粕。酱油渣粗蛋白质含量高达 20%～40%，且含有大量菌体蛋白；脂肪含量约 14%；还含有 B 族维生素、无机盐、未发酵淀粉、糊精、氨基酸、有机酸等。粗纤维含量高，无氮浸出物含量低，有机物质消化率低，有效能值低。

酱油渣中食盐含量高，肉牛采食过多酱油渣会造成饮水量增加和腹泻现象，还会软化肉质。因此，肉牛饲料中用量不宜超过 10%，且在饲喂酱油渣期间应经常供给充足的饮水。

（8）豆腐渣 豆腐渣是豆腐、豆奶工厂的副产品，为黄豆浸渍成豆乳后，过滤所得的残渣。豆腐渣干物质中粗蛋白含量较高，蛋白质质量较好，其蛋白质功效比为 2.71。粗纤维和粗脂肪含量也较高，维生素含量低且大部分转移到豆浆中，与豆类籽实一样含有抗胰蛋白酶因子。鲜豆腐渣是肉牛的良好多汁饲料，可提高日增重。鲜豆腐渣经干燥、粉碎，可作配合饲料原料，但加工成本较高，宜鲜喂。

（二）单细胞蛋白饲料

单细胞蛋白（SCP）是单细胞或具有简单构造的多细胞生物的菌

体蛋白的统称，有的又称微生物蛋白饲料。目前可用来生产单细胞蛋白质的微生物种类非常多，主要有：酵母类（如酿酒酵母、产朊假丝酵母和热带假丝酵母等）、霉菌类（如曲霉、根霉、木霉等）、非病原性细菌类（如芽孢杆菌、分枝杆菌等）和微型藻类（如细小球藻和螺旋蓝藻等）4 大类。

1. 单细胞蛋白的基本特性

单细胞蛋白的生产原料来源广泛，可充分利用工农业的废物，净化污水，减少环境污染；可以工业化生产，不与农业争地，也不受气候条件限制；生产周期短、效率高；营养丰富。一般风干制品中含粗蛋白质在 50% 以上，氨基酸种类齐全，必需氨基酸组成和利用率与优质豆饼相似；富含多种酶系和较多的矿物质、维生素和其他具有生物活性的物质，营养价值接近于鱼粉，是高质量的蛋白质饲料。

2. 单细胞蛋白的种类

（1）酵母菌类 在单细胞蛋白饲料中饲料酵母利用得最多。饲料酵母按培养基不同常分为石油酵母、工业废液（渣）酵母（包括啤酒酵母、酒精废液酵母、味精废液酵母、纸浆废液酵母）。酵母细胞膜不易被消化酶破坏，为提高饲用价值，国外生产饲用酵母有时先用自溶酶将膜破坏再制成饲用酵母粉。

① 石油酵母 石油酵母是以石油为碳源，用酵母菌发酵生产的微生物蛋白质经干燥制成的菌体蛋白产品。生产石油酵母的原料一般分两种：一种是以重质油为原料；另一种是以石油蜡烃为原料。用重质油为原料生产石油酵母时，因重油中含蜡高，低温下易结冻，生产时需要脱蜡。用石油蜡烃为原料生产时，可直接在发酵槽加入酵母，进行发酵生产。生产石油酵母要求加入一定量氨调整发酵过程 pH 值，还需加入一定量的磷、钾、铁盐，并提供充足的空气和水进行冷却。当石油蜡烃等和酵母菌种一并注入发酵槽后，在弱酸性和 30～36℃温度条件下，经数小时滞留发酵，发酵后取出，进行离心、温水洗涤、浓缩、干燥等步骤即得石油酵母。

石油酵母粗蛋白质含量约 60% 左右，赖氨酸含量接近优质鱼粉，但蛋氨酸含量很低。水分 5%～8%，粗脂肪 8%～10%，多以结合型

84

存在细胞质中，稳定，不易氧化，利用率较高。矿物质中铁高、碘低。维生素中胆碱、维生素 B_2 和泛酸含量很高，但胡萝卜素和维生素 B_{12} 含量不足。

石油酵母可以作为肉牛的蛋白质来源，对于犊牛其价值与大豆饼（粕）相近，但应注意补充蛋氨酸、胡萝卜素和维生素 B_{12}。由于石油酵母有苦味，适口性差，对生长快的牛最好不添加。一般在肉牛精料中用量以 $5\%\sim15\%$ 为宜。但以轻油或重质油直接作发酵原料生产的石油酵母含有致癌物质苯并芘，应慎用。

② 工业废液酵母　工业废液酵母是指以发酵、造纸、食品等工业废液（如酒精、啤酒、纸浆废液和糖蜜等）为碳源和一定比例的氮（硫酸铵、尿素）作营养源，接种酵母菌液，经发酵、离心提取和干燥、粉碎而获得的一种菌体蛋白饲料。

工业废液酵母因原料及工艺不同，其营养组成有相当大的变化，一般风干制品中约含粗蛋白质 $45\%\sim60\%$，如酒精废液酵母 45%，味精菌体酵母 62%，纸浆废液酵母 46%，啤酒酵母 52%。这类 SCP 中，赖氨酸 $5\%\sim7\%$，蛋氨酸＋胱氨酸 $2\%\sim3\%$，所含必需氨基酸和鱼粉含量相近，但适口性差。有效能值一般与玉米近似，生物学效价虽不如鱼粉，但与优质豆饼相当。在矿物质元素中，富锌和硒，含铁量很高。近年来在酵母的综合利用中，也有先提取酵母中的核酸再制成"脱核酵母粉"的。同时酵母产品不断开发，如含硒酵母、含铬酵母、含锌酵母已有了商品化产品，均有其特殊营养功能。工业废液酵母从环保及物尽其用的原则出发，最具有开发前途。

③ 酵母蛋白饲料的质量标准　市售饲料酵母有数种规格。中华人民共和国轻工部行业标准中规定的饲料酵母专指以淀粉、糖蜜以及味精、酒精等高浓度有机废液等碳水化合物为主要原料，经液态通风培养酵母菌，并从其发酵醪中分离酵母菌体（不添加其他物质）经干燥后制得的产品，属单细胞蛋白质饲料之一（表 2-48）。主要酵母菌有产朊假丝酵母菌、热带假丝酵母菌、圆拟酵母菌、球拟酵母菌、酿酒酵母菌。

表 2-48　饲料酵母质量标准（QB/T 1940—1994）

项　目		级别		
		优等品	一等品	合格品
感官要求	色泽	淡黄色	淡黄至褐色	
	气味	具有酵母的特殊气味，无异臭味		
	粒度	应通过 SSW0.400/0.250 毫米的试验筛		
	杂质	无异物		
理化要求	水分/%　≤	8.0	9.0	
	灰分/%　≤	8.0	9.0	10.0
	碘价（以碘液检查）	不得呈蓝色		
	细胞数/（亿个/克）　≥	270	180	150
	粗蛋白质/%　≥	45	40	
	粗纤维/%　≤	1.0	1.5	
卫生要求	砷（以 As 计）/（毫克/千克）	≤10		
	重金属（以 Pb 计）/（毫克/千克）	≤10		
	沙门氏菌	不得检出		

（2）单细胞藻类　单细胞藻类是指以阳光为能源，以天然有机和无机物为培养基，生活于水中的小型单细胞浮游生物体。目前主要饲用的藻类有绿藻和蓝藻 2 种。绿藻呈单细胞微球状，直径 5～10 微米，池塘水变绿就是由其所致。蓝藻因相连呈螺旋状，又名螺旋藻，长 300～500 微米，易培养捕捞，色素和蛋白质的利用率高。从发展前景看，蓝藻有取代绿藻的趋势。两种藻类的营养成分含量见表 2-49。

表 2-49　绿、蓝藻营养成分比较

种类	水分/%	粗蛋白/%	粗脂肪/%	粗纤维/%	粗灰分/%	无氮浸出物/%	颜色	形状
绿藻	5	60	15	5	7	8	绿	微球状
蓝藻	5	65	3	2	6	19	绿—青绿	螺旋状

86

① 绿藻　绿藻为小球藻属，呈深绿色，可以生长在咸水中或以脏水、动物的粪便、或其他废弃物为肥料的池塘内。稍具苦味，营养成分较全，含有动物未知生长因子，类胡萝卜素含量丰富，所以被认为是一种既可以作为动物饲料又可以净化动物及人类废弃物的有机物。但绿藻细胞壁厚，叶绿体不易消化，所以动物对其消化率低，饲料中用量受到限制。一般肉牛精料中用量以15％以下为宜。

② 蓝藻　蓝藻为螺旋藻属，可生长在因碱性强而不能用于灌溉的淡水和湖泊里。这种高 pH 值的水可以保证为蓝藻的光合作用提供丰富的 CO_2，有利于提高产量。蓝藻的粗蛋白质含量65％～70％，粗脂肪、粗纤维含量比绿藻低，无氮浸出物含量比绿藻高。赖氨酸、蛋氨酸含量低，精氨酸、色氨酸含量高，氨基酸组成略欠平衡。脂肪酸以软脂酸、亚油酸、亚麻酸居多。维生素 C 含量丰富。其他两者相近。由于蓝藻适口性好，故可大量用作肉牛饲料。

中华人民共和国国家标准《饲料用螺旋藻粉》（GB/T 17243—1998）（表 2-50）规定了饲料用螺旋藻粉的感官和理化指标、重金属限量、微生物学指标等技术要求。

表 2-50　饲料用螺旋藻粉质量标准

（GB/T 17243—1998）

项目		要求
感官 要求	色泽	蓝绿色或深蓝绿色
	气味	略带海藻鲜味，无异味
	外观	均匀粉末
	粒度/毫米	0.25
理化 指标	水分/％	≤7
	粗蛋白质/％	≥50
	粗灰分/％	≤10
每千克产品 重金属 限量	铅/毫克	≤6.0
	砷/毫克	≤1.0
	镉/毫克	≤0.5
	汞/毫克	≤0.1

续表

项目		要求
微生物学指标	菌落总数/(个/克)	$\leqslant 5 \times 10^4$
	大肠菌群/(个/100 克)	$\leqslant 90$
	霉菌/(个/克)	$\leqslant 40$
	致病菌(沙门氏菌)	不得检出

（3）其他单细胞蛋白质　包括真菌类和非致病细菌类。真菌中常用的有地霉属、曲霉属、根霉属、木霉属、镰刀菌属和伞菌目的霉菌等。除去培养基质后的 SCP 的营养价值和酵母 SCP 相似。

在非病原性细菌中常见的有芽孢杆菌属、甲烷极毛杆菌属、氢极毛杆菌属以及放线菌属中的分枝杆菌、诺卡氏菌、小球菌等。

这类菌的特点是菌体蛋白含量高，有些不仅是优质饲料，还可以食用。但目前由于生产工艺的限制，仍处于开发阶段。

（三）非蛋白氮饲料

凡含氮的非蛋白可饲物质均可称为非蛋白氮饲料（nonprotein nitrogen，NPN）。

NPN 包括饲料用的尿素、双缩脲、氨、铵盐及其他合成的简单含氮化合物。作为简单的纯化合物质，NPN 对动物不能提供能量，其作用只是供给瘤胃微生物合成蛋白质所需的氮源，以节省饲料蛋白质。目前世界各国大都用 NPN 作为反刍动物蛋白质营养的补充来源，效果显著。在人多地少的我国和其他发展中国家，开发应用NPN 以节约常规蛋白质饲料具有重要意义。

1. 尿素

尿素 $[CO(NH_2)_2]$ 为白色，无臭，结晶状。味微咸苦，易溶于水，吸湿性强。纯尿素含氮量为 46%，一般商品尿素的含氮量为45%。每千克尿素相当于 2.8 千克粗蛋白质，或相当于 7 千克豆饼的粗蛋白质含量。试验证明，用适量的尿素取代饲粮中的蛋白质饲料，不仅可降低生产成本，而且还能提高生产力。

尿素是最普通的非蛋白氮源。它是动物体代谢的产物，是由动物体内氨基酸代谢产生的氨在肝脏中合成的，然后由肝脏分泌出进入血液循环，经过肾的过滤作用，最终从尿中排出。用于饲料中的尿素和

88

用作肥料的尿素相同，是利用空气中的氮、二氧化碳和天然气的化学能通过化学方法合成的。

尿素在肉牛瘤胃中可被瘤胃微生物产生的脲酶转化为氨，进而被微生物体所利用。尿素溶解度很高，在瘤胃中可以迅速地转化为氨，所以肉牛进食含有尿素的饲料后，瘤胃中氨水平将迅速升高。若大剂量饲喂，在瘤胃中可能积聚大量的氨而引起致命性的氨中毒；若饲喂恰当，则是肉牛很好的氮源。

肉牛饲粮中使用尿素应注意以下几点：

（1）瘤胃微生物对尿素的利用有一个逐渐适应的过程，一般需2～4周适应期。

（2）用尿素提供氮源时，应补充硫、磷、铁、锰、钴等的不足，因尿素不含这些元素，且氮与硫之比以（10～14）：1为宜，为微生物合成含硫氨基酸和吸收利用氮素提供有利条件。

（3）当日粮已满足瘤胃微生物正常生长对氮的需要时，添加尿素效果不佳。至于多高的日粮蛋白水平可满足微生物的正常生长并非定值，常随着日粮能量水平、采食量和日粮蛋白本身的降解率而变，一般高能或高采食量情况下，微生物生长旺盛，对NPN的利用能力较高。

（4）饲粮中应有充足的可溶性碳水化合物，微生物利用碳水化合物的实质是满足自身生长繁殖的能量，同时为合成菌体蛋白提供碳源，保证尿素的充分利用。

（5）供给适量的维生素，特别是维生素A、维生素D，以保证微生物的正常活性。

（6）要控制尿素在瘤胃中分解的速度，注意防止氨中毒。当瘤胃氨水平上升到800毫克/升，血氨浓度超过50毫克/升就可能出现中毒。氨中毒一般多表现为神经症状及强直性痉挛，0.5～2.5小时可发生死亡。灌服冰醋酸中和氨或用冷水使瘤胃降温可以缓解。

（7）尿素的饲喂对象为6个月以上肉牛。

（8）要注意正确的饲喂方法，尿素不宜单一饲喂，应与其他精料合理搭配，均匀混合后饲喂，用量不能超过饲粮总氮量的1/3，或干物质的1%，即每100千克体重按20～30克饲喂。如果饲粮本身含NPN较高，如青贮饲料，尿素用量则应酌减。尿素在饲喂前可粉碎成粉末状，均匀混合到精料中，也可用少量水把尿素溶解、拌入精料中成团块状，一定要混合均匀，以免引起中毒，并且要现拌现喂，否则会由于氨气的挥发影响饲料的适口性和尿素的利用效果。尿素不能集中一次大量饲喂，应分数次均匀投喂。禁止将尿素加入饮水中喂饮，喂完尿素后也不能立即让牛饮水，至少间隔 1 小时后再饮水。尿素不可与脲酶活性高的饲料［如加热不足的大豆饼（粕）、生大豆、南瓜等］一起喂牛，以免引起中毒。浸泡粗饲料投喂或调制成尿素青贮饲料饲喂，与糖浆制成液体尿素精料投喂或做成尿素颗粒料、尿素精料砖等也是有效的利用方式。

2. 其他类

为降低尿素在瘤胃中的水解速度和延缓氨的生成速度，目前比较有效的方法和产品有以下几种：

（1）缩二脲　［$NH(CONH_2)_2$］　当尿素被加热到很高的温度时，由 2 分子尿素可缩合成 1 分子的缩二脲。缩二脲在瘤胃中水解成氨的速度要比尿素慢，氨随时释放随时被微生物利用，所以提高了氮的利用率。尿素具有苦味而缩二脲无味，所以缩二脲的适口性比尿素好。缩二脲在瘤胃里被微生物产生的缩脲酶作用水解成氨，只有当瘤胃中含有一定量的缩二脲和保持一段时间后，瘤胃微生物才能产生这种缩脲酶，因此若有效地利用缩二脲，需要约 6 个星期的适应期，如果连续几天不在饲粮中添加缩二脲，就需要一个新的适应期。不能被代谢的缩二脲以尿的形式排出体外。

（2）脂肪酸尿素　脂肪酸尿素又称脂肪脲，是以脂肪膜包被尿素，目的是提高能量、改善适口性和降低尿素分解速率。含 N 量一般大于 30%，呈浅黄色颗粒。

（3）腐脲（硝基腐脲）　是尿素和腐殖酸按 4∶1 在 100～150℃温度下生产的一种黑褐色粉末，含氮 24%～27%。

（4）羧甲基纤维素尿素　按 1∶9 用羧甲基纤维素钠盐包被尿素，再以 20% 水拌成糊状，制粒（直径 12.5 毫米），经 24℃温度干燥 2 小时即成。用量可占牛日粮的 2%～5%。另外，也可将尿素添加到苜蓿粉中制粒。

（5）氨基浓缩物　用 20% 尿素、75% 谷实和 5% 膨润土混匀，在高温、高湿和高压下制成。

（6）磷酸脲（尿素磷酸盐）$[CO(NH_2)_2 \cdot H_3PO_4]$　为 70 年代国外开发的一种含磷非蛋白氮饲料添加物。含氮 10％～30％，含磷 8％～19％。毒性低于尿素，对肉牛增重效果明显。

（7）铵盐　铵盐包括无机铵盐（如碳酸氢铵、硫酸铵、多磷酸铵、氯化铵）和有机铵盐（如乙酸铵、丙酸铵、乳酸铵、丁酸铵）2 类。

① 硫酸铵 $[(NH_4)_2SO_4]$　呈无色结晶，易溶于水。工业级一般呈白色或微黄色结晶，少数呈微青或暗褐色。含氮 20％～21％，蛋白质当量为 125％。硫酸铵既可作氮源也可作硫源。生产中多将其与尿素以（2～3）:1 混合后饲用。

② 碳酸氢铵（NH_4HCO_3）　白色结晶，易溶于水。当温度升高时可分解成氨、二氧化碳和水。味极咸，有气味，含氨约 20％～21％，含氮 17％，蛋白质当量 106％。

③ 多磷酸铵　属一种高浓度氮磷复合肥料，由氨和磷酸制得。一般含氮 22％、含 P_2O_5 34.4％，易溶于水。蛋白质当量为 137％，可作肉牛的氮、磷源。

（8）液氨（NH_3）和氨水（$NH_3 \cdot H_2O$）　液氨又称无水氨，一般由气态氨液化而成，含氮 82％。氨水系氨的水溶液，含氮 15％～17％，具刺鼻气味，可以用来处理蒿秆、青贮饲料及糟渣等饲料。

六、矿物质饲料

矿物质饲料是补充肉牛矿物质需要的饲料。它包括人工合成的、天然单一的和多种混合的矿物质饲料，以及配合有载体或赋形剂的痕量、微量、常量元素补充料。在各种植物性饲料中都有一定含量的矿物质元素，在某种程度上能满足肉牛对矿物质的需要。但在舍饲条件下或饲养高产牛时，由于需要量的增多，就必须在饲粮中另行添加所需的矿物质。矿物质饲料包括常量矿物质饲料、微量矿物质饲料和天然矿物质饲料。

（一）常量矿物质饲料

常量矿物质饲料包括含钙饲料、含磷饲料、食盐以及含硫饲料、含镁饲料等。

1. 含钙饲料

通常天然植物性饲料中的含钙量不能满足肉牛的需要，特别是生长牛。因此，肉牛饲粮中应注意钙的补充。常用的含钙矿物质饲料有石灰石粉、贝壳粉、蛋壳粉、石膏等。

（1）石粉　即石灰石粉，为白色或灰白色粉末，是由天然矿石经筛选后粉碎、筛分而成的产品，属天然的碳酸钙（$CaCO_3$），一般含纯钙 35％以上，是补充钙的最廉价、最方便的矿物质原料。按干物质计，石灰石粉的成分与含量如下：灰分 96.9％，钙 35.89％，氯 0.03％，铁 0.35％，锰 0.027％，镁 2.06％。天然的石灰石中，只要铅、汞、砷、氟的含量不超过安全系数，都可用作饲料。

石粉生物学利用率较好，成本低廉，货源充足。在消化道中可分解为钙和碳酸，钙被吸收后可促进机体生长发育，维持正常生理功能。石粉可以用作微量元素的载体，流动性好，不吸水，但承载性能略次于沸石和麦饭石。一般在配合饲料中石粉用量为 1％～2％。但单喂石粉过量，会降低饲粮有机养分的消化率，使泌尿系统尿酸盐过多沉积而发生炎症，甚至形成结石。最好与有机态含钙饲料（如贝壳粉）按 1∶1 比例配合使用。

将石灰石煅烧成氧化钙，加水调制成石灰乳，再经二氧化碳作用生成碳酸钙，称为沉淀碳酸钙。我国国家标准适用于沉淀法制得的饲料级轻质碳酸钙（feed grade calcium carbonate），见表 2-51。

表 2-51　饲料级轻质碳酸钙质量标准（HG 2940—2000）

项目	指标	项目	指标
碳酸钙(以干物质计)/％	≥98.0	钡盐(以 Ba 计)/％	≤0.030
碳酸钙(以 Ca 计)/％	≥39.2	重金属(以 Pb 计)/％	≤0.003
盐酸不溶物/％	≤0.2	砷(As)/％	≤0.0002
水分/％	≤1.0		

（2）贝壳粉　贝壳粉是各种贝类外壳（蚌壳、牡蛎壳、蛤蜊壳、螺蛳壳等）经加工粉碎而成的粉状或粒状产品，多呈灰白色、灰色、灰褐色。主要成分也为碳酸钙，一般优质的贝壳粉含钙量应不低于33％。品质好的贝壳粉杂质少，含钙高，呈白色粉状或片状，细度以

25%通过 50 目筛为宜。

贝壳粉内常掺杂砂石和泥土等杂质，使用时应注意检查。另外，若贝肉未除尽，加之贮存不当，堆积日久易出现发霉、腐臭等情况，这会使其饲料价值显著降低。选购及应用时要特别注意。

（3）蛋壳粉　禽蛋加工厂或孵化厂废弃的蛋壳，经干燥灭菌、粉碎后即得到蛋壳粉。无论蛋品加工后的蛋壳或孵化出雏后的蛋壳，都残留有壳膜和一些蛋白，因此除了含有约 34%钙外，还含有 7%的蛋白质及 0.09%的磷。蛋壳粉是理想的钙源饲料，利用率高。使用时应注意蛋壳干燥的温度应超过 82℃，以消除传染病源。

（4）石膏　石膏为硫酸钙（$CaSO_4 \cdot xH_2O$），通常是二水硫酸钙（$CaSO_4 \cdot 2H_2O$），灰色或白色的结晶粉末。商品有天然石膏粉碎后的产品，也有化学工业产品。若是来自磷酸工业的副产品，则因其含有高量的氟、砷、铝等而品质较差，使用时应加以处理。石膏含钙量为 20%～23%，含硫 16%～18%，既可提供钙，又是硫的良好来源，生物利用率高。一般在饲料中的用量为 1%～2%。

此外，大理石、白云石、白垩石、方解石、熟石灰、石灰水等均可作为补钙饲料。钙源饲料很便宜，但用量不能过多，否则会影响钙、磷平衡，使钙和磷的消化、吸收和代谢都受到影响。微量元素预混料常常使用石粉或贝壳粉作为稀释剂或载体，使用量占配比较大时，配料时应注意把其含钙量计算在内。

2. 含磷饲料

富含磷的矿物质饲料有磷酸钙类、磷酸钠类及磷矿石等。在利用这一类原料时，除了注意不同磷源有着不同的利用率外，还要考虑原料中有害物质如氟、铝、砷等是否超标。

（1）磷酸钙类　磷酸钙类包括磷酸一钙、磷酸二钙和磷酸三钙等。

① 磷酸一钙　又称磷酸二氢钙或过磷酸钙，纯品为白色结晶粉末，多为一水盐 ［$Ca(H_2PO_4) \cdot H_2O$］。市售品是以湿式法磷酸液（脱氟精制处理后再使用）或干式法磷酸液作用于磷酸二钙或磷酸三钙所制成的，因此，常含有少量未反应的碳酸钙及游离磷酸，吸湿性强，且呈酸性。本品含磷 22%左右，含钙 15%左右，利用率比磷酸二钙或磷酸三钙好。由于本品磷高钙低，在配制饲粮时易于调整钙、

磷平衡。在使用磷酸二氢钙时应注意脱氟处理，含氟量不得超过标准（表 2-52）。

表 2-52　饲料级磷酸二氢钙质量标准 （HG/T 22548—2008）

项目	指标	项目	指标
钙(Ca)含量/%	≥13.0	重金属(以铅计)含量/%	≤0.003
总磷(P)含量/%	≥22.0	铅(Pb)含量	≤0.003
水溶性磷(P)含量/%	≥20.0	pH 值	≥3.0
氟(F)含量/%	≤0.18	游离水含量/%	≤4.0
砷(As)含量/%	≤0.003	细度(通过 0.5 毫米试验筛)/%	≥95.0

② 磷酸二钙　也叫磷酸氢钙，为白色或灰白色的粉末或粒状产品，又分为无水盐（$CaHPO_4$）和二水盐（$CaHPO_4 \cdot 2H_2O$）两种，后者的钙、磷利用率较高。磷酸二钙一般是在干式法磷酸液或精制湿式法磷酸液中加入石灰乳或磷酸钙而制成的。市售品中除含有无水磷酸二钙外，还含少量的磷酸一钙及未反应的磷酸钙。含磷 18% 以上，含钙 21% 以上，饲料级磷酸氢钙应注意脱氟处理，含氟量不得超过标准（表 2-53）。

表 2-53　饲料级磷酸氢钙质量标准 （HG 2636—2000）

项目	指标	项目	指标
磷(P)含量/%	≥16.5	砷(As)含量/%	≤0.003
钙(Ca)含量/%	≥21.0	铅(Pb)含量/%	≤0.003
氟(F)含量/%	≤0.18	细度(通过 500 微米试验筛)/%	≥95

③ 磷酸三钙　又称磷酸钙，纯品为白色无臭粉末。饲料用磷酸三钙常由磷酸废液制造，为灰色或褐色，并有臭味，分为一水盐 $[Ca_3(PO_4)_2 \cdot H_2O]$ 和无水盐 $[Ca_3(PO_4)_2]$ 两种，以后者居多。经脱氟处理后，称作脱氟磷酸钙，为灰白色或茶褐色粉末，含钙 29% 以上，含磷 15%～18% 以上，含氟 0.12% 以下。

（2）磷酸钾类

① 磷酸一钾　又称磷酸二氢钾，分子式为 KH_2PO_4，为无色四方晶系晶或白色结晶性粉末，因其有潮解性，宜保存于干燥处。含

94

磷 22%以上，含钾 28%以上。饲料级磷酸二氢钾应符合表 2-54 要求。本品水溶性好，易为动物吸收利用，可同时提供磷和钾，适当使用有利于动物体内的电解质平衡，促进动物生长发育和生产性能的提高。

表 2-54　饲料级磷酸二氢钾质量标准（HG 2860—2011）

项目	指标	项目	指标
磷酸二氢钾（以干基计）含量/%	≥98.0	硫酸盐（以 SO_4^{2-} 计）含量/%	≤0.5
磷（以 P 计）/%	≥22.3	砷（As）含量/%	≤0.001
钾（以 K 计）/%	≥28	重金属（以 Pb 计）含量/%	≤0.002
水分/%	≤0.5	氟化物（以 F 计）含量/%	≤0.18
氯化物（以 Cl^- 计）含量/%	≤1.0		

② 磷酸二钾　也称磷酸氢二钾，分子式为 $K_2HPO_4 \cdot 3H_2O$，呈白色结晶或无定形粉末。一般含磷 13%以上，含钾 34%以上，应用同磷酸一钾。

（3）磷酸钠类

① 磷酸一钠　又称磷酸二氢钠，有无水物（NaH_2PO_4）及二水物（$NaH_2PO_4 \cdot 2H_2O$）两种，均为白色结晶性粉末。因其有潮解性，宜保存于干燥处。无水物含磷约 25%，含钠约 19%。因其不含钙，在钙要求低的饲料中可充当磷源，在调整高钙、低磷配方时使用不会改变钙的比例。

② 磷酸二钠　也称磷酸氢二钠，分子式为 $Na_2HPO_4 \cdot xH_2O$，呈白色无味的细粒状，无水物一般含磷 18%～22%，含钠 27%～32.5%，应用同磷酸一钠。

（4）其他磷酸盐

① 磷酸铵　本品为饲料级磷酸或湿式处理的脱氟磷酸中和后的产品，含氮 9%以上，含磷 23%以上，含氟量不可超过磷量的 1%，含砷量不可超过 25 毫克/千克，铅等重金属应在 30 毫克/千克以下。用本品饲喂肉牛，可补充磷和氮，但氮量换算成粗蛋白质量后，不可超过饲粮的 2%。

② 磷酸液　为磷酸的水溶液，一般以 H_3PO_4 表示，应保证最低

含磷量，含氟量不可超过磷量的 1%。本品具有强酸性，使用不方便，可在青贮时添加，也可以与尿素、糖蜜及微量元素混合制成肉牛用液体饲料。

③ 磷酸脲 分子式为 $H_3PO_4 \cdot CO(NH_2)_2$，由尿素与磷酸作用生成，呈白色结晶性粉末，易溶于水，其水溶液呈酸性。本品利用率较高，既可为动物供磷又能供非蛋白氮，是肉牛良好的饲料添加剂。因其可在肉牛瘤胃和血液中缓慢释氮，故比使用尿素更为安全。

④ 磷矿石粉 磷矿石粉碎后的产品，常含有超过允许量的氟，并有其他如砷、铅、汞等杂质。用作饲料时，必须脱氟处理，使其合乎允许量标准。

此外，磷酸盐类还有磷酸氢二铵、磷酸氢镁、三聚磷酸钠、次磷酸盐、焦磷酸盐等，但一般在饲料中应用较少。

3. 含钠饲料

（1）氯化钠 氯化钠一般称为食盐，地质学上叫石盐，包括海盐、井盐和岩盐 3 种。精制食盐含氯化钠 99% 以上，粗盐含氯化钠 95%，此外尚有少量的钙、镁、硫等杂质。纯净的食盐含氯 60.3%，含钠 39.7%。食用盐为白色细粒，工业用盐为粗粒结晶。

植物性饲料大都含钠和氯的数量较少。补饲食盐，除了能维持体液渗透压和酸碱平衡外，还可刺激唾液分泌，参与胃酸形成，提高饲料适口性，增强食欲，具有调味剂的作用。

肉牛需要钠和氯较多，对食盐的耐受量较大，很少发生食盐中毒。一般食盐在风干饲粮中的用量为 0.5%～1.0%。补饲食盐时，除了直接拌在饲料中外，也可以以食盐为载体，制成微量元素添加剂预混料。在缺硒、铜和锌等的地区，也可以分别制成含亚硒酸钠、硫酸铜、硫酸锌或氧化锌的食盐砖、食盐块，在放牧时供肉牛舔食。在缺碘地区，给饲肉牛食盐时应采用碘化食盐。如无出售，可以自配，在食盐中混入碘化钾，用量要使其中碘的含量达到 0.007% 为度。配合时，要注意使碘分布均匀，如配合不均，可引起碘中毒。再者，碘易挥发，应注意密封保存。

由于食盐吸湿性强，在相对湿度 75% 以上时开始潮解，作为载体的食盐必须保持含水量在 0.5% 以下，并妥善保管。

（2）碳酸氢钠 碳酸氢钠又名小苏打，分子式为 $NaHCO_3$，为白色粉末或无色结晶粉末，无味，略具潮解性，其水溶液因水解而呈微碱性，受热易分解放出二氧化碳。碳酸氢钠含钠 27% 以上，生物利用率高，是优质的钠源性矿物质饲料之一。

一般饲料中，往往缺钠而不缺氯，常以碳酸氢钠取代部分氯化钠。碳酸氢钠不仅可以补充钠，更重要的是其具有缓冲作用。肉牛饲粮中添加碳酸氢钠能够调节饲粮电解质平衡，防止精料型饲粮引起的代谢性疾病，促进生长和提高增重速度。一般添加量为 0.5%～2%，与氧化镁配合使用效果更佳。

（3）硫酸钠　又名芒硝，分子式为 Na_2SO_4，为白色粉末。含钠 32% 以上，含硫 22% 以上，生物利用率高，既可补钠又可补硫，特别是补钠时不会增加氯含量，是优良的钠、硫补充剂。

（4）乙酸钠　又名醋酸钠，分子式为 $CH_3COONa \cdot 3H_2O$，无色透明晶体，易溶于水，稍溶于乙醇。暴露于潮湿空气中易潮解，于干燥空气中易风化。乙酸钠在体内转变为乙酸和钠离子，既可提供能量又可补钠。乙酸钠对母牛繁殖有良好的影响。当精料超过日粮的 50%～60% 时，补饲乙酸钠，可预防酸中毒。乙酸钠无毒，可按每 100 千克体重补给 50 克。

4. 其他常量矿物质饲料

（1）含硫饲料　动物所需的硫一般认为是有机硫，如蛋白质中的含硫氨基酸等，因此蛋白质饲料是动物的主要硫源。但肉牛瘤胃中的微生物能有效地利用无机含硫化合物如硫酸钠、硫酸钾、硫酸钙等合成含硫氨基酸和维生素。硫的来源有蛋氨酸、胱氨酸、硫酸钠、硫酸钾、硫酸钙、硫酸镁等。就反刍动物而言，蛋氨酸的硫利用率为 100%，硫酸钠中硫的利用率为 54%，元素硫的利用率为 31%，且硫的补充量不宜超过饲粮干物质的 0.05%。

① 硫酸镁　又叫硫苦、苦盐和泻盐。分子式为 $MgSO_4 \cdot 7H_2O$，相对分子质量为 246.47。无色细小的针状或斜柱状结晶，无臭、味苦，易溶于水，微溶于乙醇和甘油。纯品含镁 9.86%，含硫 13.01%。硫酸镁的生物学利用率高，来源广泛，成本低廉，是优良的补硫和补镁剂。

② 硫酸铵　又称硫铵。纯品为无色斜方晶体，易溶于水。加热时分解失去氨，成为酸式盐。工业品为白色或浅灰黄色颗粒。易溶于

水，不溶于乙醇、丙酮和氨水，易潮解。硫酸铵补充硫，避免了钠的摄入，并可稍微增加非蛋白氮含量。

（2）含镁饲料　饲料中含镁丰富，一般都在 0.1% 以上，因此不必另外添加。但早春牧草中镁的利用率很低，有时会使放牧家畜因缺镁而出现"草痉挛"，故对放牧的肉牛以及用玉米作为主要饲料并补加非蛋白氮饲喂的肉牛，常需要补加镁。常用的镁盐有氧化镁、硫酸镁、碳酸镁和磷酸镁等。

（二）天然矿物质饲料

1. 沸石

沸石是沸石族矿物的总称，已知的天然沸石有 40 余种，其中最具使用价值的是斜发沸石和丝光沸石。

天然沸石是含碱金属和碱土金属的含水铝硅酸盐类。

（1）沸石的特点

① 多孔性　晶体内部具有许多孔径均匀一致的孔道和内表面积很大的孔穴（$500\sim1000$ 米^2/克），孔道和孔穴两者的体积占沸石总体积的 50% 以上。

② 吸附性　含有不同大小分子的混合物通过沸石时，小分子被吸附，大分子被挡在外面。沸石具有分子筛作用，故被称为"分子筛"，又被称为"晶体海绵"。

（2）饲用价值

① 在消化道，天然沸石除可选择性地吸附 NH_3、CO_2 等物质外，还能吸附某些细菌毒素，对机体有良好的保健作用。

② 它的吸附作用还可以延长营养物质在消化道内的停留时间，从而促进营养物质的充分利用。

③ 是其他金属离子的高效交换剂。

④ 在畜牧生产中沸石常用作某些微量元素添加剂的载体和稀释剂，用作净化剂改良池塘水质，还是良好的饲料防结块剂。

2. 麦饭石

因其外观似麦饭团而得名，是一种经过蚀变、风化或半风化，具有斑状或似斑状结构的中酸性岩浆岩矿物质。

麦饭石的主要化学成分是二氧化硅和三氧化二铝，二者约占 80%。

98

（1）特点　麦饭石具有多孔性海绵状结构，溶于水时会产生大量的带有负电荷的酸根离子，这种结构决定了它有强的选择吸附性。

（2）饲用价值

① 可减少动物体内某些病原菌和有害重金属元素等对动物机体的侵害。

② 麦饭石中含有 K、Na、Ca、Mg、Cu、Zn、Fe、Se 等对动物有益的常量、微量元素，且这些元素的溶出性好，有利于体内物质代谢。

③ 可使肠黏膜增厚，肠腺发达，肠绒毛数量增多，从而有利于营养物质的消化吸收。

④ 麦饭石可降低饲料中棉籽饼毒性。

⑤ 在畜牧生产中，麦饭石一般用作饲料添加剂，以降低饲料成本，也用作微量元素及其他添加剂的载体和稀释剂。

3. 膨润土

膨润土是由酸性火山凝灰岩变化而成的，俗称白黏土，又名班脱岩，是蒙脱石类黏土岩组成的一种含水的层状结构铝硅酸盐矿物。膨润土由 Al_2O_3（16.54％）、FeO、SiO_2（50.95％）、Fe_2O_3、MgO、CaO、K_2O 和 H_2O（23.29％）组成。

膨润土含有动物生长发育所必需的多种常量和微量元素，并且这些元素是以可交换的离子和可溶性盐的形式存在，易被畜禽吸收利用；膨润土具有良好的吸水性、膨胀性，可延缓饲料通过消化道的速度，提高饲料的利用率；可作为生产颗粒饲料的黏结剂，可提高产品的成品率；膨润土的吸附性和离子交换性，可提高动物的抗病能力。

4. 其他天然矿物质饲料

其他天然矿物质饲料还有稀土元素、海泡石、凹凸棒石、泥炭等。

七、维生素饲料

维生素主要包括脂溶性维生素和水溶性维生素，是一类动物代谢所必需而需要量极少的低分子有机化合物，体内一般不能合成，必须由饲粮提供，或者提供其前体物。肉牛瘤胃的微生物能合成机体所需的 B 族维生素和维生素 K。

脂溶性维生素包括维生素 A、维生素 D、维生素 E 和维生素 K，可从食物及饲料的脂溶物中提取。在消化道内随脂肪一同被吸收，吸收的机制与脂肪相同，凡有利于脂肪吸收的条件，均有利于脂溶性维生素的吸收。摄入过量的脂溶性维生素可引起中毒，代谢和生长产生障碍。脂溶性维生素的缺乏症一般与其功能相联系。除维生素 K 可由动物消化道微生物合成所需的量外，其他脂溶性维生素都必须由饲粮提供。

水溶性维生素包括 B 族维生素和维生素 C。所有水溶性维生素都为代谢所必需，肉牛瘤胃微生物能合成足够动物所需的 B 族维生素，大多数动物能在体内合成一定数量的维生素 C，一般不需饲粮提供，但瘤胃功能不健全的幼年肉牛除外。

各种优质干草、青绿饲料、豆科牧草、植物籽实中都含有丰富的维生素。

八、饲料添加剂

饲料添加剂是为了满足牛的营养需要、完善饲粮的全价性或某种目的，如改善饲料的适口性、提高牛对饲料的消化率、提高抗病力或产品质量等，而加入饲料中的少量或微量物质。

主要有营养性添加剂和非营养性添加剂两大类。

（一）营养性添加剂

营养性添加剂主要包括维生素类添加剂、微量元素添加剂、氨基酸添加剂、非蛋白氮类添加剂。这类添加剂在配合饲料中普通应用，根据肉牛不同的生理、生长和育肥阶段，按照其营养需要或饲养标准来确定这类添加剂的种类及使用量，以补充饲粮中这些营养物质的不足。添加时一定要按添加剂说明书上的操作方法加入饲料中。一般先用少量饲料搅拌混匀，将添加剂至少扩大到 100 倍后才能加入全部饲料中，充分搅拌混合，以保证均匀有效。

1. 维生素添加剂

它是由合成或提纯方法生产的单一或复合维生素。对肉牛来说，由于瘤胃微生物能够合成 B 族维生素和维生素 K，肝、肾中能合成维生素 C，如饲料供应平衡，一般不会缺乏。除犊牛外，一般不需额外添加此类维生素。但维生素 A、维生素 D、维生素 E 等脂溶性维生素应另外补充，它们是维持家畜健康和促进生长所不可缺少的有机物质。

（1）维生素 A 添加剂　维生素 A 是含有 β-白芷酮环的不饱和一元醇，有视黄醇、视黄醛和视黄酸三种存在形式，只存在于动物中。植物中不含维生素 A，而含有维生素 A 原（前体）β-胡萝卜素。在动物肠壁中，1分子 β-胡萝卜素经酶作用可生成2分子视黄醇。

1国际单位（IU）的维生素 A 相当于 0.3 微克视黄醇、0.55 微克维生素 A 棕榈酸盐和 0.6 微克 β-胡萝卜素。目前的维生素 A 添加剂有以下几种：

① 维生素 A 油　大多从鱼肝中提取，一般是加入抗氧化剂后制成胶囊作添加剂，也称鱼肝油。其含维生素 A 850 国际单位/克和维生素 D 65 国际单位/克。

② 维生素 A 乙酸酯　维生素 A 乙酸酯（$C_{22}H_{32}O_2$）是由 β-紫罗兰酮为原料化学合成的，外观为鲜黄色结晶粉末，易吸湿，遇热或酸性物质、见光或吸潮后易分解。加入抗氧化剂和明胶制成微粒作为饲料添加剂，此微粒为灰黄色至淡褐色颗粒，易吸潮，遇热和酸性气体或见光或吸潮后易分解。产品规格有 30 万国际单位/克、40 万国际单位/克和 50 万国际单位/克。其质量要求见表 2-55。

表 2-55　维生素 A 乙酸酯微粒质量要求

项目	指标
粒度	本品应 100％通过 0.84 毫米孔径的筛网(20目)
标示量	含维生素 A 乙酸酯 50 万国际单位/克
含量（以 $C_{22}H_{32}O_2$ 计,占标示量的比例）/％	90.0～120.0
干燥失重/％	≤5.0

③ 维生素 A 棕榈酸酯　外观为黄色油状或结晶固体，不溶于水，溶于乙醇，易溶于乙醚、三氯甲烷、丙酮和油脂中。

经过预处理的维生素 A 棕榈酸酯，在正常贮存条件下，如果是在维生素预混料中，每月损失 0.5％～1％；如在维生素矿物质预混料中，每月损失 2％～5％；在全价配合饲料（粉料或颗粒料）中，

温度在 $23.9 \sim 37.8℃$ 时，每月损失 $5\% \sim 10\%$。酯化产品都要求存放于密封存器中，置于避光、防湿的环境中。温度最好控制在20℃以下，且温度变化不宜过大。此种条件下贮存的维生素A添加剂，1年内活性成分损失得很少。

④ β-胡萝卜素　外观呈棕色至深紫色结晶粉末。不溶于水和甘油，易溶于油脂中，微溶于乙醚、乙醇和丙酮。对光和氧敏感。1毫克 β-胡萝卜素结晶相当于1667国际单位的素生素A生物活性。饲料中多用10% β-胡萝卜素预混剂，外观为红色至棕红色，流动性好的粉末。

（2）维生素D添加剂　维生素D有维生素 D_2（麦角钙化醇）和维生素 D_3（胆钙化醇）两种活性形式。麦角钙化醇的前体是来自植物的麦角固醇；胆钙化醇来自动物的7-脱氢胆固醇。先体经紫外线照射而转变成维生素 D_2 和维生素 D_3。

一个国际单位（IU）的维生素D相当于0.025微克维生素 D_3 的活性。目前维生素D添加剂有以下几种：

① 维生素 D_2 和维生素 D_3 的干燥粉剂　外观呈奶油色粉末，含量50万国际单位/克或20万国际单位/克。

② 维生素 D_3 微粒　维生素 D_3 微粒是饲料工业中使用的主要维生素 D_3 添加剂。维生素 D_3 添加剂是以含量为130万国际单位/克以上的维生素 D_3 原油为原料，配以一定量的2,6-二叔丁基-4-甲基苯酚（BHT）及乙氧喹啉抗氧化剂作稳定剂，采用明胶和淀粉等辅料，经喷雾法制成的微粒。米黄色或黄棕色。遇热、见光或潮解后易分解、降解，使含量下降，在40℃水中成乳化状。维生素 D_3 的产品规格有50万国际单位/克、40万国际单位/克和30万国际单位/克。质量标准见表2-56。

表 2-56　维生素 D_3 微粒质量要求

项目	指标
粒度	本品应100%通过2号筛网
含量（占标示量的比例）/%	$85.0 \sim 102.0$
干燥失重/%	$\leqslant 5.0$

③ 维生素 A/D₃ 微粒　是以维生素 A 乙酸酯原油与含量为 130 万国际单位/克以上的维生素 D₃ 原油为原料,配以一定量的 BHT 及乙氧喹啉抗氧化剂作稳定剂,采用明胶和淀粉等辅料,经喷雾法制成的微粒。黄色或棕色微粒。遇热、见光或潮解后易分解、降解,使含量下降,在 40℃ 水中成乳化状。产品中维生素 A 乙酸酯($C_{12}H_{32}O_2$)与维生素 D ($C_{27}H_{44}O$) 之比为 5:1。其含量为标示量的 85% 以上。质量标准见表 2-57。

表 2-57　维生素 A/D₃ 微粒质量要求

项目	指标
粒度	本品应 100% 通过 2 号筛网
含量(占标示量的比例)/%	85.0~102.0
干燥失重/%	≤5.0

(3) 维生素 E 添加剂　维生素 E 是一种脂溶性维生素,为重要的抗氧化剂。维生素 E 包括生育酚和三烯生育酚两类共 8 种化合物,即 α-生育酚、β-生育酚、γ-生育酚、δ-生育酚和 α-三烯生育酚、β-三烯生育酚、γ-三烯生育酚、δ-三烯生育酚,α-生育酚是自然界中分布最广泛、含量最丰富、活性最高的维生素 E 形式。维生素 E 的主要商品形式有 D-α-生育酚、DL-α-生育酚、D-α-生育酚乙酸酯和 DL-α-生育酚乙酸酯。1 国际单位的维生素 E 相当于 1 毫克 D-α-生育酚乙酸酯或 1 毫克 DL-α-生育酚乙酸酯。合成 DL-α-生育酚 1 毫克相当于 1.1 国际单位维生素 E;天然存在的 α-生育酚和 D-α-生育酚 1 毫克相当于 1.49 国际单位的维生素 E,其乙酸盐为 1.36 国际单位。

饲料工业中应用的维生素 E 商品形式有两种:一种是 DL-α-生育酚乙酸酯油剂,为微绿黄色或黄色的黏稠液体,遇光颜色渐变深,本品中加入了一定量的抗氧化剂;另一种为维生素 E 粉剂,是由 DL-α-生育酚乙酸酯油剂加入适当的吸附剂制成,一般有效含量为 50%,本品一般呈白色或浅黄色粉末,易吸潮,在饲料工业中常用。我国已制定饲料添加剂维生素 E 粉国家标准和饲料添加剂维生素 E (原料) 国家标准,见表 2-58。

表 2-58 维生素 E 粉质量要求

项目	指标
粒度	本品应 90% 通过 0.84 毫米孔径的筛网(20 目)
标示量	含维生素 A 乙酸酯 50 万国际单位/克
含量(以 $C_{31}H_{52}O_3$ 计,占标示量的比例)/%	≥99.0
干燥失重/%	≤5.0

（4）维生素 K 添加剂　天然存在的维生素 K 活性物质有叶绿醌（维生素 K_1）和甲基萘醌（维生素 K_2），合成的维生素 K_3 的活性成分是甲萘醌。维生素 K_3 的添加剂常用的有亚硫酸氢钠甲萘醌，用微囊包被制成，活性成分含量为 50%。在配合饲料中的计量是毫克/千克配合饲料（即 ppm）。

（5）硫胺素（维生素 B_1）添加剂　常用的有两种：一种是盐酸硫胺素；另一种是单硝酸硫胺素。活性成分是硫胺素，市场规格的活性成分含量为 96%，有的经过稀释，只有 5%。在配合饲料中的计量是毫克/千克配合饲料（即 ppm）。

（6）核黄素（维生素 B_2）添加剂　市场规格是含核黄素 96%，也有 55% 或 50% 的。在配合饲料中的计量单位为毫克/千克。

（7）泛酸添加剂　泛酸是不稳定的黏性油质，它的添加剂形式是泛酸钙。

1 毫克泛酸钙＝0.92 毫克泛酸。但 DL-泛酸钙只有 D-泛酸钙活性的一半，故在购买或使用时一定要弄清是否为 D-泛酸钙。

（8）胆碱添加剂　用作饲料添加剂的是胆碱的衍生物——氯化胆碱。氯化胆碱是黏稠的液体，故市场商品都用吸附剂加工成固体粉状。市场规格是 50% 的氯化胆碱。在配合饲料时的计量单位为毫克/千克。

（9）烟酸添加剂　烟酸添加剂有两种：一种是烟酸；另一种是烟酰胺，两者的生物学作用相同。市场规格的活性成分含量为 98%～99.5%。在配合饲料时的计量单位为毫克/千克。

（10）叶酸添加剂　叶酸有黏性，应先进行预处理，用稀释剂克服黏性。市场规格常用4％的活性浓度。在配合饲料时的计量单位为毫克/千克。

（11）维生素 B_6 添加剂　吡哆醇、吡哆醛、吡哆胺都具有维生素 B_6 的生物学活性。用作饲料添加剂的是盐酸吡哆醇。含活性成分82.3％。在配合饲料时的计量单位为毫克/千克。

（12）维生素 B_{12} 添加剂　维生素 B_{12} 在配合饲料上的用量极小，在1千克配合饲料中只用10～30微克，故维生素 B_{12} 添加剂是稀释到1％、0.1％的活性浓度。

（13）维生素 C 添加剂　维生素 C 极易受到破坏，添加剂商品是抗坏血酸钙或抗坏血酸钠，或者稀释成5％活性成分的产品。在配合饲料时的计量单位是毫克/千克。

2. 微量元素添加剂

微量元素一般指占动物体重 0.01％ 以下的元素。肉牛常常容易缺乏的微量元素有铜、锌、锰、铁、钴、碘、硒等，一般制成混合添加剂进行添加。这些微量元素除为肉牛提供必需的养分外，还能激活或抑制某些维生素、激素和酶，对保证肉牛的正常生理机能和物质代谢有着极其重要的作用。因此，它们是肉牛生命过程中不可缺少的物质。

微量元素添加剂组成原料是含这些微量元素的无机或有机化合物，如有机酸盐、氧化物、氨基酸螯合物等。

微量元素添加剂的产品形态，已逐步从第一代无机微量元素产品（如硫酸亚铁、硫酸铜等）向第二代有机酸-微量元素配位化合物（如葡萄糖酸铁、柠檬酸铁等）发展。目前，第三代氨基酸-金属元素配位化合物或以金属元素与部分水解蛋白质螯合的复合物（如蛋氨酸铁、铜-蛋白化合物等）发展也十分迅速。

微量元素在饲料中的用量极少，一般每千克饲料加入几毫克至几百毫克，若混合不均匀很容易造成用量过小不起作用，或用量过大引起中毒。从理论上讲，微量元素的添加量应为饲养标准的规定量与饲料中可利用量之差，但饲料受土壤、气候等因素的影响，微量元素含量变化幅度大，因此在肉牛饲养中，应多对照饲养标准及肉牛的不同年龄、生理阶段、饲养地环境及饲料情况等酌情调整补充量。各种微量元素添加剂及其特性见表 2-59。

表2-59 微量元素添加剂及其特性

化合物		分子式	元素含量/%	相对生物效价(RBV)/%			特性分析
				禽	猪	反刍动物	
锌补充剂	碳酸锌	$ZnCO_3$	Zn 52.1	100			含7个结晶水的硫酸锌和氧化锌常用。硫酸锌生物学效价相同，稳定性好、氧化锌生物学效价相同，但氧化锌不潮解化锌不潮解，稳定性好
	氧化锌	ZnO	Zn 80.3	100			
	七水硫酸锌	$ZnSO_4 \cdot 7H_2O$	Zn 22.7	100			
	一水硫酸锌	$ZnSO_4 \cdot H_2O$	Zn 36.4	100			
铁补充剂	七水硫酸亚铁	$FeSO_4 \cdot 7H_2O$	Fe 20.1	100	100	100	硫酸亚铁最常用，生物效价也最高。三价铁效价要比二价高，亚铁氧化后效价随之降低
	一水硫酸亚铁	$FeSO_4 \cdot H_2O$	Fe 32.9	100	92	—	
	氯化铁	$FeCl_3 \cdot 6H_2O$	Fe 20.7	44	100	80	
	碳酸亚铁	$FeCO_3 \cdot H_2O$	Fe 41.7	2	0~74	60	
	氧化亚铁	Fe_2O_3	Fe 57	2	0	10	
	柠檬酸铁	$FeC_6H_5O_7$	Fe 22.8	73	100	—	
	氯化亚铁	$FeCl_2$	Fe 44.1	98	—	—	
	硫酸铁	$Fe_2(SO_4)_3$	Fe 27.9	83	—	—	
铜补充剂	五水硫酸铜	$CuSO_4 \cdot 5H_2O$	Cu 25.4	100	100	100	含5个结晶水的硫酸铜最常用。硫酸铜的相对生物学效价高于氧化铜、氯化铜与碳酸铜，但易潮解结块
	碳酸铜	$CuCO_3$	Cu 51.4	100	<100	100	
	二水氯化铜	$CuCl_2 \cdot 2H_2O$	Cu 37.3	—	—	—	
	氯化铜	$CuCl_2$	Cu 64.2	100	100	<100	
	氧化铜	CuO	Cu 79.9	<100	<100	<100	

续表

补充剂	化合物	分子式	元素含量/%	相对生物效价 (RBV) /%			特性分析
				禽	猪	反刍动物	
锰补充剂	一水硫酸锰	MnSO$_4$·H$_2$O	Mn 32.5	100	100	100	硫酸锰常用，且不潮解，稳定性好，生物学效价高。碳酸锰的生物学效价与之接近
	四水硫酸锰	MnSO$_4$·4H$_2$O	Mn 24.6	100	—	—	
	二水氯化锰	MnCl$_2$·2H$_2$O	Mn 33.9	100	—	100	
	四水氯化锰	MnCl$_2$·4H$_2$O	Mn 27.8	100	—	—	
	碳酸锰	MnCO$_3$	Mn 47.8	90	100	—	
	氧化锰	MnO	Mn 77.4	90	100	—	
	二氧化锰	MnO$_2$	Mn 63.2	80	—	—	
钴补充剂	七水硫酸钴	CoSO$_4$·7H$_2$O	Co 21.3	—	—	约100	硫酸钴、碳酸钴、氯化钴均常用，且三者的生物学效价相似，但硫酸钴、氯化钴贮藏太久易结块。碳酸钴可长期贮存，不易结块
	一水硫酸钴	CoSO$_4$·H$_2$O	Co 33.0	—	—	约100	
	氯化钴	CoCl$_2$·6H$_2$O	Co 24.8	—	—	约100	
	碳酸钴	CoCO$_3$	Co 49.5	100	100	100	
	氧化钴	CoO	Co 78.6	—	—	约100	
碘补充剂	碘化钠	NaI	I 84.7	100	100	100	碘化钾、碘酸钾最常用。碘化钾、碘酸钾易潮解，稳定性差，长期暴露在空气中易释放出碘而呈黄色，部分碘会形成碘酸钙。碘酸钙、碘酸钾、碘酸盐利用率高且稳定性好
	碘化钾	KI	I 76.4	100	100	100	
	碘酸钙	Ca(IO$_3$)$_2$·H$_2$O	I 62.2	100	100	100	
	碘化亚铜	CuI	I 66.6	100	100	100	
	碘酸钾	KIO$_3$	I 59.3[1]	100	100	100	
硒补充剂	亚硒酸钠	Na$_2$SeO$_3$	Se 45.6	100	100	100	
	硒酸钠	Na$_2$SeO$_4$	Se 41.8	58~90	≤100	≤100	
	硒化钠	Na$_2$Se	Se 63.2	40	—	—	
	硒元素	Se	Se 100	8	—	—	

3. 氨基酸添加剂

用于肉牛饲料的氨基酸添加剂，一般是植物性饲料中最缺的必需氨基酸，如蛋氨酸、赖氨酸。它们可以促进蛋白质的合成。

一般在成年肉牛饲料中不需专门补给氨基酸，因为氨基酸进入瘤胃后会被微生物分解为氨，起不到添加氨基酸的效果。但给 3 月龄前的犊牛专用人工乳、开食料中添加氨基酸，具有良好的作用。

近年来的研究证明，瘤胃微生物合成的微生物蛋白质中，蛋氨酸和赖氨酸较缺乏，为肉牛的限制性氨基酸。对成年牛或育肥肉牛，在饲粮中添加经特殊保护剂处理的蛋氨酸、赖氨酸添加剂，使这两种氨基酸在瘤胃中不被微生物分解，可以一直到达小肠被吸收利用。

（1）赖氨酸添加剂　作为饲料添加剂使用的一般为 L-赖氨酸的盐酸盐。我国制定的饲料级 L-赖氨酸盐酸盐国家标准规定，L-赖氨酸盐酸盐（以干基计）≥98.5%。在饲料中的具体添加量，应根据肉牛营养需要量确定。在计算添加量时应注意：按产品规格，其含有98.5%的 L-赖氨酸盐酸盐，但 L-赖氨酸盐酸盐中的 L-赖氨酸含量为80%，而产品中含有的 L-赖氨酸仅为 78.8%。

（2）蛋氨酸及其类似物添加剂　蛋氨酸是饲料中最易缺乏的一种氨基酸。蛋氨酸与其他氨基酸不同，天然存在的 L-蛋氨酸与人工合成的 DL-蛋氨酸的生物利用率完全相同，营养价值相等，故 DL-蛋氨酸可完全取代 L-蛋氨酸使用。蛋氨酸的使用可按肉牛营养需要量补充。

目前已工业生产、作为饲料添加剂使用的氨基酸类似物有蛋氨酸羟基类似物，又称液态羟基蛋氨酸。化学名称为 DL-2-羟基-4-甲硫基丁酸，分子式 $C_5H_{10}O_3S$，相对分子质量 150.2，产品外观为褐色黏液。使用时可用喷雾器将其直接喷入饲料后混合均匀，操作时应避免该产品直接接触皮肤。据报道，蛋氨酸羟基类似物作为蛋氨酸的替代品使用，其效果按重量比计，相当于蛋氨酸的 65%~88%。

蛋氨酸羟基类似物产品还有 DL-蛋氨酸羟基类似物钙盐，又称羟基蛋氨酸钙盐。化学名称为 DL-2-羟基-4-甲硫基丁酸钙盐，分子式 $(C_5H_9O_3S)_2Ca$，相对分子质量 338.4。据报道，羟基蛋氨酸钙盐作为蛋氨酸的替代品使用，其效果按重量比计，相当于蛋氨酸的 65%~86%。

108

为肉牛选购氨基酸添加剂，一定要选择具有过瘤胃氨基酸保护作用的制剂，以保证氨基酸在瘤胃内不被降解，保持氨基酸完整，进入小肠后能被牛有效利用。

4. 非蛋白氮类添加剂

非蛋白氮是指除蛋白质、肽及氨基酸以外的含氮化合物，在饲料中应用的 NPN 一般为简单化合物，作为反刍动物饲料添加剂使用的化合物有：尿素、硫酸铵、磷酸铵、磷酸脲、缩二脲和异丁基二脲等。以有效性和经济可行性分析，尿素应用最普遍。

（二）非营养性添加剂

非营养性饲料添加剂不是饲料内的固有营养成分。其种类很多，它们的作用是提高饲料利用率，促进肉牛生长发育，改善饲料加工性能，改善畜产品品质等。

1. 抗生素

抗生素是微生物（细菌、放射菌、真菌等）的发酵产物，对特异微生物的生长有抑制或杀灭作用。目前使用的抗生素也包括用化学合成或半合成法生产的具有相同或相似结构或结构不同但功效相同的物质。饲用抗生素是指以亚治疗剂量应用于饲料中，以保障动物健康、促进动物生长与生产、提高饲料利用率的抗生素。

目前，我国允许作为饲料添加剂的抗生素有：杆菌肽锌、硫酸黏菌素、北里霉素、恩拉霉素、维吉尼霉素、泰乐菌素、土霉素、盐霉素和拉沙里菌素钠等。

（1）杆菌肽锌　是从地衣芽孢杆菌发酵而制得的杆菌肽与锌的络合物，为多肽类抗生素。干燥状态时较稳定，抗菌谱与青霉素相似，对革兰氏阳性菌十分有效，对部分革兰氏阴性菌、螺旋体、放线菌有抑制作用。毒性小，安全，几乎不被消化器官吸收，不产生耐药性及污染环境。配伍禁忌：不能与莫能霉素、盐霉素等聚醚类抗生素混用。

（2）硫酸黏菌素　是多肽类抗生素，对革兰氏阳性菌有极强的抑菌作用，若与抗革兰氏阴性菌的抗生素联合使用，效果更好。可预防大肠杆菌和沙门氏菌引起的疾病。因其与杆菌肽锌协同作用较好，常与杆菌肽锌以 1∶5 比例配合使用。

（3）维吉尼霉素　是 2 种抗生素的复合体，对多种病原菌有很强的抑菌效果，不易吸收及产生耐药性，能有效防止细菌性下痢，稳定性好。预混剂的商品名为"速大肥"。由于其能减缓肠道蠕动，影响肠黏膜上皮形态及功能，延长饲料在肠道内的消化时间，故能增加养分吸收，促进生长。

（4）恩拉霉素　为一种放线菌的发酵产物，对革兰氏阳性菌有很强的抑菌活性，不易被消化道吸收，长期使用不易产生耐药性，在饲料中的添加量小，安全性、稳定性好。

（5）盐霉素　属聚醚类抗生素，对革兰氏阳性菌、真菌、病毒具有较强的抑制作用。

（6）泰乐菌素　属大环内酯类抗生素，最广泛应用的为磷酸泰乐菌素，对大部分革兰氏阳性菌（链球菌、葡萄球菌、双球菌等）有显著的抑菌效果，对支原体有特效。其在肠道内不易吸收，毒性低，混入饲料后稳定。与其他大环内酯类抗生素有交叉耐药性。

（7）莫能霉素　属聚醚类抗生素，它可增加瘤胃内丙酸含量，提高粗纤维消化率，促进生长与增重，因此现多用于肉牛生产。

（8）四环素类抗生素　有关四环素类抗生素能否作为饲料添加剂的争议很多。此类抗生素主要对多数革兰氏阳性菌有效，其作用机理为干扰菌体蛋白合成。四环素类抗生素能与多种金属离子（如钙、镁、铁等）形成络合物，因此以钙盐形式添加较好。常用的四环素类抗生素为土霉素和金霉素。土霉素属广谱抗生素，毒性小，有残留，部分细菌对其产生耐药性。四环素类抗生素毒性较低，对肝、肾功能的影响较小，但从长远看，此类抗生素继续作为饲料添加剂的应用前景不大。

（9）化学合成抗生素　曾经作为促生长剂使用的化学合成剂有很多，如磺胺类、硝基呋喃类、卡巴氧和硝呋烯腙等抗菌药剂，其毒副作用大，大多数国家已禁止将这些药物作为饲料添加剂，而仅作为治疗动物疾病用药。目前我国仅批准使用喹乙醇。

2. 酶制剂

饲用酶制剂是将一种或多种用生物工程技术生产的酶与载体、吸湿剂采用一定的加工工艺生产的饲料添加剂。

饲用酶制剂按其特性及作用主要分为两大类：

一类是外源性消化酶，包括蛋白酶、脂肪酶和淀粉酶等，畜禽消化道能够合成与分泌这类酶，但因种种原因需要补充和强化。其应用的主要功能是补充幼年动物体内消化酶分泌的不足，以强化生化代谢反应，促进饲料中营养物质的消化与吸收。

另一类是外源性降解酶，包括纤维素酶、半纤维素酶、β-葡聚糖酶、木聚糖酶和植酸酶等。动物组织细胞不能合成与分泌这些酶，但饲料中又有相应的底物存在（多数为抗营养因子）。

目前生产上使用的酶主要是复合酶。复合酶制剂是由2种或2种以上的酶复合而成的，其包括蛋白酶、脂肪酶、淀粉酶和纤维素酶等。其中蛋白酶有碱性蛋白酶、中性蛋白酶和酸性蛋白酶3种。许多试验表明，添加复合酶能提高饲粮代谢能5％以上，提高蛋白质消化率10％左右，可使饲料转化率得到改善。

由于饲用酶制剂无毒害、无残留、可降解，使用酶制剂不但可提高畜禽的生产性能，充分挖掘现有饲料资源的利用率，而且还可降低畜禽粪便中有机物、氮和磷等的排放量，缓解发展畜牧业与保护生态环境间的矛盾，开发应用前景广阔。

酶制剂的应用方式主要有以下几种：第一，直接将固体状的饲用酶制剂添加在配合饲料之中，这是目前的主要应用方式，特点是操作简单，但饲料制粒可能破坏酶的活性；第二，将液态酶喷洒在制粒后的颗粒表面，国际上正在推行这种方式，其优点是避免了制粒对酶活的影响，但液态酶本身的稳定性比固态酶差；第三，用于饲料原料的预处理；第四，直接饲喂动物。

3. 酸化剂

能使饲料酸化的物质叫酸化剂。添加酸化剂，可以增加幼龄动物发育不成熟的消化道的酸度，刺激消化酶的活性，提高饲料养分消化率。同时，酸化剂既可杀灭或抑制饲料本身存在的微生物，又可抑制消化道内的有害菌，促进有益菌的生长。因此，使用酸化剂可以促进动物健康，减少疾病，提高生长速度和饲料利用率。

目前用作饲料添加剂的酸化剂有三种：一是单一酸化剂，如延胡索酸、柠檬酸；二是以磷酸为基础的复合酸；三是以乳酸为基础的复合酸。许多研究表明，在单一酸化剂（包括有机酸和无机酸）中，只有延胡索酸和柠檬酸才有效果，磷酸的效果不佳，而硫酸和盐酸基本无效。复合酸化剂中，以乳酸为基础的复合酸优于以磷酸为基础的复

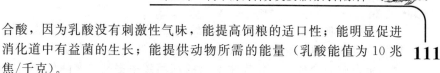

合酸，因为乳酸没有刺激性气味，能提高饲粮的适口性；能明显促进消化道中有益菌的生长；能提供动物所需的能量（乳酸能值为10兆焦/千克）。

111

在犊牛饲粮中添加酸化剂对其健康和生长有一定的促进作用。

4. 益生素

益生素是一类有益的活菌制剂，主要有乳酸杆菌制剂、枯草杆菌制剂、双歧杆菌制剂、链球菌制剂和曲霉菌类制剂等。活菌制剂可维持动物肠道正常微生物区系的平衡，抑制肠道有害微生物繁殖。正常的消化道微生物区系对动物具有营养、免疫、刺激生长等作用，消化道有益菌群对病原微生物的生物拮抗作用，对保证动物的健康有重要意义。活菌益生素以对酸、碱、热等变化抗性强的孢子活菌作为有效成分。除了对有害微生物生长产生拮抗和竞争性排斥作用外，活菌体还含有多种酶及维生素，对刺激动物生长均有一定作用。

益生素的生产菌种很多，美国已批准菌种有43种。其中，广泛使用的菌种有乳酸杆菌、粪链球菌、芽孢杆菌及酵母。目前主要应用的是嗜酸乳酸杆菌、双歧杆菌和粪链球菌、枯草杆菌、地衣芽孢杆菌和东洋杆菌。

5. 缓冲剂

肉牛在使用高精料饲粮时，或由高纤维饲粮向高精料饲粮转化过程中，瘤胃发酵产生大量的挥发性脂肪酸（VFA），超过唾液的缓冲能力时，瘤胃内的 pH 就会下降。pH 低于 6.0 时，蛋白质、纤维素的消化率就会降低，乳脂生成被抑制。pH 过低时，就出现酸中毒。饲粮中添加缓冲剂，可以弥补内源缓冲能力的不足，预防酸中毒，提高瘤胃的消化功能，从而改善生产性能。

一般肉牛日粮中精料水平达 50%～60% 时，就应该加缓冲剂，当饲喂高纤维饲粮时不必使用缓冲剂。

最常用的缓冲剂是碳酸氢钠，一般用量为日粮干物质进食量的 0.5%～1.0%，或精料的 1.2%～2.0%。

6. 脲酶抑制剂

肉牛可以利用尿素作为氮源。尿素进入瘤胃后，分解的速度比较快。尿素分解过快，产生大量的氨不能被利用，易造成动物氨中毒，这严重限制了肉牛对尿素的利用。

脲酶抑制剂能特异性地抑制脲酶活性，减慢氨释放速度，使瘤胃微生物有平衡的氨氮供应，从而提高瘤胃微生物对氨氮的利用效率，增加蛋白质的合成量，使肉牛对氮的利用效率提高，在降低日粮水平、节约蛋白质饲料的同时，增加了肉的生产量。

中国农业科学院畜牧研究所合成并筛选出专一、高效的瘤胃微生物脲酶抑制剂，合成纯度为80%，合成效率超过50%，合成工艺属国内外新工艺。该抑制剂使尿素分解速度降低55.3%，粗蛋白质利用效率提高16.7%，减慢饲料尿素分解速度的同时，也减慢了瘤胃内循环尿素的分解速度，这样即使在不喂尿素时，添加脲酶抑制剂也可提高肉牛生产力。瘤胃微生物脲酶抑制剂于1998年被批准为新饲料添加剂。

生产上常用的脲酶抑制剂还有：氧肟酸类化合物（乙酰氧肟酸和辛酰氧肟酸），二胺、三胺类化合物（三胺苯磷酸二酰胺、环己磷酰三胺），醌类化合物（氢醌、对苯醌），异位酸类化合物（异丁酸、异戊酸等）。

7. 抗氧化剂

饲料中的某些成分，如鱼粉和肉粉中的脂肪及添加的脂溶性维生素 A、维生素 D、维生素 E 等，可因与空气中的氧、饲料中的过氧化物及不饱和脂肪酸等的接触而发生氧化变质或酸败。为了防止这种氧化作用，可加入一定量的抗氧化剂。常用的抗氧化剂见表 2-60。

表 2-60   常用的抗氧化剂

名称	特性	用量用法	注意
乙氧基喹啉（又称乙氧喹，商品名为山道喹）	黏滞的黄褐色或褐色、稍有异味的液体。极易溶于丙酮、氯仿等有机溶剂，不溶于水。一旦接触空气或受光线照射便慢慢氧化而着色，是目前饲料中应用最广泛、效果好而又经济的抗氧化剂	饲用油脂，夏天 500～700 克/吨，冬天 250～500 克/吨；动物副产品，夏天 750 克/吨，冬季 500 克/吨；鱼粉 750～1000 克/吨；苜蓿及其他干草 150～200 克/吨；各种动物配合饲料 62～125 克/吨；维生素预混料 0.25%～5.5%。乙氧基喹啉在最终配合日粮中的总量不得超过 150 克/吨	由于液体乙氧基喹啉黏滞性高，低浓度添加于粉中很难混匀，一般将其以蛭石、氢化黑云母粉等作为吸附剂制成含量为 10%～70% 的乙氧基喹啉干粉剂，可均匀地混入干粉料中，且使用方便

名称	特性	用量用法	注意
二丁基羟基甲苯（简称BHT)	白色结晶或结晶性粉末，无味或稍有特殊气味。不溶于水和甘油，易溶于酒精、丙酮和动植物油。对热稳定，与金属离子作用不会着色，是常用的油脂抗氧化剂。可用于长期保存的油脂和含油脂较高的食品及饲料中和维生素添加剂中	油脂100～200克/吨，不得超过200克/吨；各种动物配合饲料150克/吨	与丁基羟基茴香醚并用有相乘作用，二者总量不得超过（油脂)200克/吨
丁基羟基茴香醚（简称BHA)	白色或微黄褐色结晶或结晶性粉末，有特异的酚类刺激性气味。不溶于水，易溶于丙二醇、丙酮、乙醇和猪油、植物油等。对热稳定，是目前广泛使用的油脂抗氧化剂。除抗氧化外，还有较强抗菌力。250毫克/千克BHA可以完全抑制黄曲霉毒素的产生，200毫克/千克BHA可完全抑制饲料中青霉、黑曲霉等孢子生长	BHA可用作食用油脂、饲用油脂、黄油、人造黄油和维生素等的抗氧化剂。其添加量：油脂100～200克/吨，不得超过200克/吨；饲料添加剂250～500克/吨	与BHA、柠檬酸、维生素C等合用有相乘作用

注：由于各种抗氧化剂之间存在"增效作用"，当前的趋势是常将多种抗氧化剂混合使用，同时还要辅助地加入一些表面活性物质等，以提高其效果。

8. 防霉剂

饲料中常含有大量微生物，在高温、高湿条件下，微生物易于繁殖而使饲料发生霉变。不但影响适口性，而且还可产生毒素（如黄曲霉毒素等）引起动物中毒。因此，在多雨季节，应向日粮中添加防霉剂。常用的防霉剂有丙酸钠、丙酸钙、山梨酸钾和苯甲酸等，见表2-61。

表 2-61 常用的防霉剂

名称	特性	用量用法
丙酸及其盐类	主要包括丙酸钠、丙酸钙。丙酸为具有强刺激性气味的无色透明液体，对皮肤有刺激性，对容器加工设备有腐蚀性。丙酸主要作为青贮饲料的防腐剂，因其有强烈的臭味，影响饲料的适口性，所以一般不用作配合饲料的防腐剂。丙酸钙、丙酸钠均为白色结晶或颗粒状或粉末，无臭或稍有特异气味，溶于水，流动性好，使用方便，对普通钢材没有腐蚀作用，对皮肤也无刺激性，因此逐渐代替丙酸而用于饲料	在饲料中的添加量(以丙酸计)一般为 0.3％左右。实际添加量往往视具体情况而定。①直接喷洒或混入饲料中；②液体的丙酸可以蛭石等为载体制成吸附型粉剂，再混入到饲料中去，这种制剂因丙酸的蒸发作用可由吸附剂缓慢释放，作用时间长，效果较前者好；③与其他防霉剂混合使用可扩大抗菌谱，增强作用效果
富马酸和富马酸二甲酯	富马酸又称延胡索酸，为无色结晶或粉末，具水果酸香味。在饲料工业中，主要用作酸化剂，同时对饲料也有防霉防腐作用。富马酸二甲酯(DMF)为白色结晶或粉末，对微生物有广泛、高效的抑菌和杀菌作用，其特点是抗菌作用不受 pH 的影响，并兼有杀虫活性。DMF 的 pH 适用范围为 3～8	在饲料中的添加量一般为 0.025％～0.08％。可先溶于有机溶剂，如异丙醇、乙醇，再加入少量水及乳化剂使其完全溶解，然后用水稀释，加热除去溶剂，恢复到应稀释的体积，混于饲料中或喷洒于饲料表面。也可用载体制成预混剂
"万保香"(霉敌粉剂)	一种含有天然香味的饲料及谷物防霉剂。其主要成分有：丙酸、丙酸铵及其他丙酸盐(丙酸总量不少于 25.2％)，其他还含有乙酸、苯甲酸、山梨酸、富马酸。因有香味，除其防霉作用外，还可增加饲料香味，增进食欲	其添加量为 100～500 克/吨，特殊情况下可添加 1000～2000 克/吨

9. 饲料风味剂

饲料风味剂的用途是改善饲料适口性，增加动物采食量，促进动物消化吸收，提高饲料利用率。比如饲用药物及某些原料如燕麦、菜籽饼(粕)等有不良的气味，影响动物采食。在这些饲料中加入适量风味剂，就可改善饲料的适口性，防止动物拒食。

饲料风味剂主要有香料(调整饲料气味)与调味剂(调整饲料的口味)两大类。目前广泛使用的香料多是由酯类、醚类、酮类、脂肪酸类、脂肪族高级醇类、脂肪族高级醛类、脂肪族高级烃类、酚醚类、酚类、芳香族醇类、芳香族醛类及内酯类等中的1种或2种以上化合物所构成的芳香物质，如香草醛（3-甲氧基-4-羟基苯丙醛）、丁香醛（丁香子醛）和茴香醛（对甲氧基苯甲醛）等。常用的调味剂有甜味剂（例如甘草和甘草酸二钠等天然甜味剂，糖精等人工合成品）和酸味剂（主要有柠檬酸和乳酸）。

10. 中草药饲料添加剂

中草药兼有营养和药用两种属性。其营养属性主要是为动物提供一定的营养素。药用功能主要是调节动物机体的代谢机能，健脾健胃，增强机体的免疫力。中草药还具有抑菌杀菌功能，可促进动物的生长，提高饲料的利用率。中草药有效成分绝大多数呈有机态，如寡糖、多糖、生物碱、多酚和黄酮等，通过动物机体消化吸收再分布，病原菌和寄生虫不易对其产生耐药性，动物机体内无药物残留，可长时间连续使用，无需停药期。由于中草药成分复杂多样，应用中草药作添加剂须根据肉牛的不同生长阶段特点，科学设计配方；确定、提取与浓缩有效成分，提高添加剂的效果；对有毒性的中药成分，应通过安全试验，充分证明其安全有效。

第三节　肉牛饲料的加工调制

一、秸秆饲料的加工调制方法

秸秆类饲料虽然营养价值低，但作肉牛的饲料可促进正常的瘤胃发酵，预防消化障碍等。秸秆饲料经过适当加工处理，可改善其适口性，提高营养价值和消化率，明显提高其饲用价值。大量科学研究和生产实践证明，秸秆饲料经一般粉碎处理可提高采食量7%；加工制粒可提高采食量37%；而经化学处理可提高采食量18%～45%和有机物的消化率30%～50%。因此，秸秆饲料的合理加工处理对开发粗饲料资源具有重要的意义。目前，秸秆饲料加工调制的主要途径有物理方法、化学方法和生物学方法3个方面。

（一）物理加工方法

1. 机械加工

机械加工是指利用机械将粗饲料铡碎、粉碎或揉碎，这是粗饲料利用最简便而又常用的方法。尤其是秸秆饲料比较粗硬，加工后便于

116

咀嚼，减少能耗，提高采食量，并减少饲喂过程中的饲料浪费。然而试验表明，切短和粉碎的饲料可增加采食量，但缩短了饲料在瘤胃里停留的时间，会引起纤维物质消化率下降和瘤胃内挥发性脂肪酸生成速度和丙酸比例增加，引起反刍减少，导致瘤胃内 pH 值下降，因此，长度应适宜。

（1）铡碎　利用铡草机将粗饲料切短至 1～2 厘米，稻草较柔软，可稍长些，而玉米秸秆较粗硬且有结节，以 1 厘米左右为宜。玉米秸青贮时，应使用铡草机切短至 2 厘米左右，以便于踩实。

（2）粉碎　粗饲料粉碎可提高饲料利用率和便于混拌精饲料。粉碎的细度不应太细，否则会影响反刍。粉碎机筛底孔径以 8～10 毫米为宜。粉碎后的秸秆也可直接饲喂肉牛，秸秆经粉碎后饲料表面积增加，从而增加了消化液与饲料的接触面，提高饲料消化率。但长粗饲料可维持瘤胃内容物结构层，刺激瘤胃蠕动、反刍和唾液分泌，因此，日粮中至少应有 1/3 的长粗饲料（2～5 厘米）。

（3）揉碎　揉碎机械是近几年来推出的新产品。为适应肉牛对粗饲料利用的特点，将粗硬的秸秆饲料揉搓成没有硬节的不同长短细丝条，尤其适于玉米秸的揉碎。秸秆揉碎不仅可提高适口性，也提高了饲料利用率，是当前秸秆饲料利用比较理想的加工方法。

（4）压块　是将切碎的粗饲料或补充饲料，用压块机压制成具有一定尺寸的块状饲料（也称砖形饲料）。

（5）制粒　是将粉状饲料经（或不经）水蒸气调制，在制粒机内将其挤压，使其通过压模的压孔，再经切割、冷却、干燥、破碎和分级，最后制成满足一定质量要求的颗粒成品。

压块和制粒这两种方法能较好地提高肉牛采食量，减少饲喂中的浪费。肉牛用颗粒料直径为 6～8 毫米。压块制粒后的秸秆饲料含水量≤14％时，可以安全贮存。

2. 热加工

热加工主要指蒸煮、膨化和高压蒸汽裂解 3 种方法。

（1）蒸煮　将切碎的粗饲料放在容器内加水蒸煮，以提高秸秆饲料的适口性和消化率。有时还添加入尿素，以增加饲料中蛋白质的含量。据报道，在压力 2.07×10^6 帕斯卡下处理稻草 1.5 分钟，可获得较好的效果；压力为 $(7.8～8.8) \times 10^5$ 帕斯卡时，需处理 30～60 分钟。

（2）膨化 膨化是利用高压水蒸气处理后突然降压以破坏纤维结构的方法，对秸秆甚至木材都有效果。膨化可使木质素低分子化和分解结构性碳水化合物，从而增加可溶性成分。内蒙古提出的热处理工艺，麦秸在气压 7.8×10^5 帕斯卡下处理 10 分钟，喷放压力为 $(1.37 \sim 1.47) \times 10^6$ 帕斯卡时，干物质消化率和动物增重速度均有显著提高。但因膨化设备投资较大，目前在生产上尚难以广泛应用。

（3）高压蒸汽裂解 高压蒸汽裂解是将各种农林副产物，如稻草、甘蔗渣、刨花、树枝等置入热压器内，通入高压蒸汽，使物料连续发生蒸汽裂解，以破坏纤维素-木质素的紧密结构，并将纤维素和半纤维素分解出来，以利于肉牛消化。此法与膨化法一样实用性较差。

3. 盐化

盐化是指铡碎或粉碎的秸秆饲料，用 1% 的食盐水与等重量的秸秆充分搅拌后，放入容器内或在水泥地面堆放，用塑料薄膜覆盖，放置 12 ～ 24 小时，使其自然软化，可明显提高适口性和采食量。在东北地区广泛利用，效果良好。

4. 其他

除上述 3 种途径外，还有利用射线照射以增加饲料的水溶性部分，提高其饲用价值。有人曾用 γ 射线对低质饲料进行照射，有一定的效果，但由于设备造价高，难以在生产上应用。

（二）化学加工方法

利用酸、碱等化学物质对劣质粗饲料——秸秆饲料进行处理，以提高其饲用价值。化学处理粗饲料的方法主要有碱化、氨化和酸处理 3 个方面。

1. 碱化处理

碱化作用是通过碱类物质的氢氧根离子打断木质素与半纤维素之间的酯键，使大部分木质素（60% ～ 80%）溶于碱中，把镶嵌在木质素-半纤维素复合物中的纤维素释放出来。同时，碱类物质还能溶解半纤维素，也有利于肉牛对饲料的消化，提高粗饲料的消化率。碱化处理所用原料，主要是氢氧化钠和石灰水。

（1）氢氧化钠处理

① 湿法处理 即将秸秆放在盛有 1.5% 氢氧化钠溶液的池内浸泡 24 小时，然后用水反复冲洗至中性，湿喂或晾干后喂反刍家畜，有

机物消化率可提高 25%。此法用水量大，许多有机物被冲掉，且污染环境。

② 干法处理　用占秸秆重量 4%～5% 的氢氧化钠，配制成 30%～40% 溶液，喷洒在粉碎的秸秆上，堆放数日，不经冲洗直接喂用，可提高有机物消化率 12%～20%，这种方法虽较"湿法"有较多改进，但牲畜采食后粪便中含有相当数量的钠离子，对土壤和环境也有一定程度的污染。

（2）石灰水处理　生石灰加水后生成氢氧化钙，是弱碱溶液，经充分熟化和沉积后，用上层的澄清液（即石灰乳）处理秸秆。具体方法是：每 100 千克秸秆，需 3 千克生石灰，加水 200～300 千克，将石灰乳均匀喷洒在粉碎的秸秆上，堆放在水泥地面上，经 1～2 天后可直接饲喂牲畜。这种方法成本低，生石灰来源广，方法简便，效果明显。前苏联在 20 世纪 30～40 年代就广泛应用，我国在许多地方也有采用此方法的。

2. 氨化处理

氨化处理秸秆饲料始于 20 世纪 70 年代。这种处理方法是应用氨源（液氨、氨水、尿素等）将秸秆中不溶解的木质素部分转化为易溶解的物质，同时可提供给动物非蛋白氮，能显著提高家畜日粮中粗蛋白的含量。

（1）氨化原理　当秸秆中的有机物质与氨相遇时，就同氨发生氨解反应，破坏与多糖（纤维素、半纤维素）链间的结合，并形成铵盐，成为肉牛瘤胃内微生物的氮源。同时，氨溶于水形成氢氧化铵，一部分氢氧化铵又分解为游离氨。氢氧化铵呈碱性，对粗饲料有碱化作用，能够使木质素与纤维素、半纤维素分离，纤维素及半纤维素部分分解，细胞膨胀，结构疏松。同时部分木质素被溶解形成羟基木质素，使消化率提高。因此，氨化处理是通过氨化与碱化双重作用以提高秸秆的营养价值。

秸秆经氨化处理后，粗蛋白质含量可提高 100%～150%，纤维素含量降低 10%，有机物消化率提高 20% 以上。氨化后的秸秆质地松软，气味烟香，颜色棕黄，提高了饲料的适口性，增加了采食量，是肉牛良好的粗饲料。

（2）氨源的选择　氨源的种类很多，国外多利用液氨，需有专用设备,进行工厂化加工或流动服务。我国广大农村多利用尿素、碳酸氢铵作氨源。靠近化工厂的地方,氨水价格便宜,也可作为氨源使用。由于氨化饲料制作方法简便,饲料营养价值提高显著,成本低廉,不污染环境,近年来世界各国普遍采用。我国自 20 世纪 80 年代后期,开始推广应用,每年制作数量达 2150 万吨。

(3)氨化处理方法 氨化处理方法多种多样,可因地制宜进行选择。原则上是被处理秸秆应含水 15%～20%,放在密闭的容器或大塑料罩内通入氨源。氨量占秸秆干物质重的 3%～4%为宜,时间 1～8 周不等。表 2-62 列出了氨化处理粗饲料的一些方法。

表 2-62 氨化处理粗饲料的方法

氨源	处理方法	条件
氨水或无水氨	将原料垛成方形或圆形垛,用聚乙烯薄膜盖严,注入氨 草捆装入聚乙烯塑料袋中,分别用氨处理	按 DM 计,加入 3%～3.5%氨,原料水分 15%～20%,在温度 5～15℃条件下处理 1～8 周
无水氨	(1)在密封箱或室中进行,无需加热	按 DM 计,加入 3%～3.5%氨,原料水分 15%～20%,在温度 5～15℃条件下处理 1～8 周
	(2)在氨化炉内进行,加热	温度 90℃,3%～3.5%氨化处理 17 小时,静置 5 小时,换入新鲜空气
尿素	(1)将原料青贮在土坑、青贮窖或成堆青贮	5%尿素水溶液与原料按 50:50 混合,大于 20℃温度下青贮 1 周以上
	(2)将原料切短或磨细,加入尿素后制粒	2%～3%的尿素液,温度不低于 133℃,原料水分 15%～20%
碳酸铵或碳酸氢铵	按尿素处理方法(1)进行,用量为秸秆重的 10%～12%	温度 60～110℃

(4)氨化饲料的品质鉴定 氨化饲料的质量,受秸秆饲料本身的质地优劣、氨源的种类及氨化方法诸多因素的影响。氨化饲料在饲喂之前应进行下列几方面的品质鉴定,以确定是否能用于饲喂:

① 质地 氨化好的秸秆质地柔软蓬松,用手紧握没有明显的扎手感,放氨后干燥,手插入温度不高。

② 颜色 不同秸秆氨化后的颜色与原色相比都有一定的变化。

氨化好的秸秆呈棕色或深黄色、褐色，发亮，色越深越好。

③ pH 值　氨化秸秆呈偏碱性，pH 值为 8.0 左右。

④ 发霉情况　一般氨化秸秆不易发霉，因加入的氨有防霉杀菌的作用。有时氨化设备封口处有局部发霉现象，但内部结构仍可用于饲喂肉牛，若发现氨化秸秆大部分已发霉时，则不能用于饲喂。

⑤ 气味　一般成功的氨化秸秆打开时有强烈的氨味，放氨后有煳香味或酸面包味，味越大越好。

3. 酸处理

使用硫酸、盐酸、磷酸和甲酸处理秸秆饲料称为酸处理，其原理和碱化处理相同，用酸破坏木质素与多糖（纤维素、半纤维素）链间的酯键结构，以提高饲料的消化率。但酸处理成本太高，在生产上很少应用。

4. 氨-碱复合处理

为了使秸秆饲料既能提高营养成分含量，又能提高饲料的消化率，把氨化与碱化二者的优点结合利用，即秸秆饲料氨化后再进行碱化。如稻草氨化处理的消化率仅 55%，而复合处理后则达到 71.2%。当然复合处理投入成本较高，但能够充分发挥秸秆饲料的经济效益和生产潜力。

（三）生物学加工方法

粗饲料的生物学处理主要指微生物处理。其主要原理是利用某些有益微生物，在适宜的培养条件下，分解秸秆中难以被家畜利用的纤维素或木质素，并增加菌体蛋白、维生素等有益物质，软化秸秆，改善味道，从而提高粗饲料的营养价值。微生物种类很多，但用于饲料生产真正有价值的是乳酸菌、纤维分解菌和某些真菌。应用这些微生物加工调制的粗饲料与青贮饲料、发酵饲料一样，也是在厌氧条件下加入适当的水分、糖分，在密闭的环境下进行乳酸发酵。在粗饲料微生物的处理方面，国外筛选出一批优良菌种用于发酵秸秆，如层孔菌、裂褶菌、多孔菌、担子菌、酵母菌、木霉等。我国已培育出一些可供生产应用的优良菌株，并有了成型的固体培养技术，已有一定的优势。

1. 秸秆微贮饲料制作技术

秸秆微贮即农作物秸秆经活菌发酵所制作的优质饲料。

（1）秸秆微贮的原理　秸秆微贮就是利用微生物活菌，在适宜的温度（10～40℃）、湿度（60％～70％）和厌氧条件下发酵秸秆，使秸秆中的纤维素、半纤维素-木聚糖链和木质素聚合物的酯键被酶解，以利于提高肉牛对粗纤维的消化率。同时在发酵过程中，部分木质素类物质转化为糖类，糖类又被有机酸发酵转化为乳酸和挥发性脂肪酸，使pH值降到4.5～5.0，抑制腐败菌等有害菌的繁殖，利于秸秆长期保存。肉牛食用微贮秸秆后，瘤胃中挥发性脂肪酸含量增加，从而使瘤胃微生物菌体蛋白质合成量增加，达到促进生产的目的。

（2）秸秆微贮饲料的特点

① 家畜采食量大，增重快　秸秆经微生物发酵后，纤维素、半纤维素、木聚糖链和木质素聚合物酯键被酶解，增加了秸秆的柔软性和膨胀度，使瘤胃微生物能直接与纤维素附着接触。微贮秸秆又具有酸香味，因而使秸秆的适口性和采食量增加。与一般秸秆相比，肉牛采食速度可提高30％～45％，采食量增加20％～30％，用微贮秸秆饲喂肉牛日增重可提高30％左右。

② 饲养成本低，效益高　氨化秸秆每吨需尿素50千克，成本达百元左右，而微贮1吨秸秆只需3克秸秆发酵活菌，加上2克白糖和8克食盐，成本不足15元，与氨化饲料相比节约费用85％左右。

③ 制作期长，利于推广　青贮饲料季节性很强，而微贮饲料除冬季外，春、夏、秋均可制作，南方则可全年制作，避免了青贮秸秆与农忙争时的矛盾，有利于在生产中普及和推广。

④ 制作工艺简单，易于推广　微贮饲料的制作工艺和方法与青贮、氨化饲料基本相同，容易掌握，易于普及推广。

⑤ 无毒无害，无副作用　长期饲喂安全可靠，可避免氨化秸秆易中毒的问题发生。

（3）微贮饲料制作技术

① 原料准备　饲料微贮是一项适应性广的技术，几乎所有的农作物秸秆和豆科牧草都可以微贮。用于微贮的秸秆最好选用当年新鲜秸秆，不能混入霉变秸秆和沙土等杂质，也不可以同氨化秸秆一起混贮。将秸秆铡短成3～5厘米。

② 秸秆发酵活菌复活及溶液配制　配制菌液前，按照当天处理的秸秆量复活所需活菌量。以每处理1吨秸秆需3克活菌计算，先将

122

20 克白糖加入 200 毫升水中，再将 3 克活菌溶于白糖溶液中配制成复活菌液，在常温下放置 1~2 小时后方可使用。

表 2-63　秸秆微贮饲料配制比例

秸秆种类	秸秆重量/千克	秸秆发酵活菌用量/克	食盐/千克	用水量/升	原料含水量/%
稻、麦秸秆	1000	3.0	9~12	1200~1400	60~70
黄玉米秸秆	1000	3.0	6~8	800~1000	60~70
青玉米秸秆	1000	3.0		适量	60~70

按照表 2-63 的比例称出食盐用量，溶解在洁净的水容器中，配制成浓度为 0.8%~1.0% 的盐水，然后根据秸秆的重量计算出所需的活菌（1 吨秸秆需 3 克活菌），将配制好的菌液兑入盐水中，将配制好的溶液搅拌均匀后就可喷洒在秸秆表面。配制好的菌液不能过夜，必须当天用完。

③ 装窖　将秸秆铡入窖中均匀地铺入窖底，每铡入 20~30 厘米厚，就按照秸秆的重量和含水率喷洒配制好的菌液，再用拖拉机压实，一直压到高出窖口 40 厘米为止。稻草、麦秸的营养价值与玉米秸相比要差一些，为了给微生物发酵补充营养，每铺放一层秸秆，可均匀地撒上少量麸皮或玉米粉，用量为每 1000 千克秸秆撒 2~3 千克。检查原料含水量是否适当，各处是否均匀，特别要注意层与层之间水分含量的衔接，不应出现夹干层。含水量的检查方法是：抓起秸秆，用双手揉搓，若有水分下滴，其含水量约为 80% 以上；若无水滴，松开手后会看到手上水分很明显，约为 60% 左右；若手上有水，约为 50%~55%；感到手上潮湿，约为 40%~45%；不潮湿，则水分在 40% 以下。微贮饲料含水量要求在 60%~70% 最为理想。

④ 封窖　当原料压实后高出窖口 40 厘米时，向窖顶的原料表面喷洒菌液，然后再撒盐（250 克/米²），以防上层原料霉烂。再用塑料薄膜盖严后，用土覆盖 30~50 厘米（覆土时要从一端开始，逐渐压到另一端，以排出窖内空气），窖顶呈馒头形或屋脊形，不漏气，不漏水。封窖后应经常检查密封情况，发现下沉应及时用土填平。

⑤ 开窖　开窖时应从窖的一端开始，先去掉上面覆盖的部分土层，然后揭开塑料薄膜，从上到下垂直切取，每次取完后要用塑料薄

膜将窖口封好，以减少微贮饲料与空气接触的时间，降低微贮饲料被氧化的程度，以防止二次发酵。

（4）微贮饲料质量评定　根据微贮饲料的外部特征，用看、嗅、手感的感官鉴定方法鉴定微贮饲科的好坏。首先从色泽判断，优质微贮青玉米秸秆饲料色泽呈橄榄绿，稻草、麦秸呈金黄色；如果呈褐色或墨绿色则质量较差。其次，从气味判断，优质秸秆微贮饲料具有醇香和果香气味，并具弱酸味；若有强酸味，表明醋酸较多；若有腐臭味、发霉味，则不能饲喂。最后从手感判断，优质微贮饲料拿到手里感到很松散，且质地柔软；若拿到手上感觉发黏，说明质量较差；有的虽然松散，但干燥粗硬，也属较差微贮饲料。

（5）微贮饲料的饲喂方法　秸秆微贮饲料可以作为肉牛日粮中的主要粗饲料，饲喂时应与其他饲草料搭配后添加精料饲喂。肉牛对微贮饲料有一个适应过程，应循序渐进，逐步增加微贮饲料的喂量，具体喂量为每头肉牛 10～15 千克/天。

2. 粗饲料人工瘤胃发酵

人工瘤胃发酵是根据牛、羊瘤胃特点，模拟瘤胃内的主要生理条件，即温度恒定在 38～40℃之间，pH 值控制在 6～8 的厌氧环境，保证必要的氮、碳和矿物质营养。采用人工仿生制作，使粗饲料质地明显呈"软""黏""烂"，汁液增多，具有膻、臭味。

（1）制作方法　首先，采用导管法或永久瘤胃瘘管法，从屠宰牛、羊瘤胃中直接获得瘤胃液。瘤胃液要保存在 40℃的真空干燥箱内，将瘤胃内容物粉碎，一般 600 克瘤胃内容物可制得 100 克菌种。其次，准备各种作物秸秆、秕壳粉碎待用。然后，进行保温，实际操作中保温方法常有 3 种：

① 暖缸自然保温法　在装发酵料的大缸周围和底部，填装 150 毫米厚的秕谷、糠麸、木屑等踏实，在四周用土坯或砖砌起围墙，缸口处用土坯或砖铺平抹好，上面盖上草帘等物保温。

② 加热保温法　北方可在缸下部修建火道或烟道，利用烧火的余热进行保温，为使受热均匀，可加火门调节。

③ 室内保温法　利用固定的房屋，建造火墙、火炉、土暖气等方法，使室温保持在 35～40℃。最后，堆积或装缸，压实封闭 36 小时，即可饲用。

124

制作瘤胃发酵饲料时，也可添加其他营养物。瘤胃微生物必须有一定种类和数量的营养物质，并稳定在 pH 值 6～8 的环境中，才能正常繁殖。粗饲料发酵的碳源由粗饲料本身提供，不足时再加；氮可添加尿素替代；加入碱性缓冲剂及酸性磷酸盐类，也可用草木灰替代碱。

目前，国内已有机械化或半机械化的发酵装置，每缸一次可制1500 千克的发酵饲料。调制前，先将粗饲料在碱池中浸泡 24 小时，发酵过程中的搅拌、出料控制，均由机械操作，大大减轻了劳动强度，适宜大、中型牧场利用。

（2）发酵饲料的鉴定　发酵好的饲料，干的浮在上面，稀的沉在下层，表层有一层灰黑色，下面呈黄色。原料不同，色泽也不同，如高粱秸呈黄色，黏，呈酱状，若表层变黑，表明漏进了空气。味道有酸臭味，不能有腐臭味，否则为变坏。用手摸，纤维软化，将滤纸装在塑料纱布做好的口袋内，置于缸 1/3 处，与饲料一同发酵，经 48小时后，慢慢拉出，将口袋中的饲料冲掉，滤纸条已断裂，说明纤维分解能力强，否则相反。

生物学法因操作技术复杂，投入成本太高，一般难以在生产上推广应用，但粗饲料处理后营养价值得到提高，也有利于饲料的消化利用，因此，有条件的地区或养殖场可采用此法。

综上所述，粗饲料加工调制的途径很多，在实际应用中，往往是多种方法结合使用。如秸秆饲料粉碎或切碎后，进行青贮、碱化或氨化处理，如有必要，可再加工成颗粒饲料、草砖或草饼。加工调制途径的选择，要根据当地生产条件、粗饲料的特点、经济投入的大小、饲料营养价值提高的程度和家畜饲养的经济效益等综合因素，科学地加以应用。具有一定规模的饲养场，饲料加工调制要向集约化和工厂化方法发展。广大农村的分散饲养户，要选择简便易行、适合当地条件的加工调制方法，并应向专业加工和建立服务体系方向发展，以促进畜牧业高速发展。

二、青干草的调制方法

青干草是将牧草及禾谷类作物在质量和产量最好的时期刈割，经自然或人工干燥调制成长期保存的饲草。

调制青干草，方法简便，成本低，便于长期大量贮藏，在肉牛饲养上有重要作用。随着农业现代化的发展，牧草的刈割、搂草、打捆机械化，青干草的质量也在不断提高。

（一）牧草刈割时间的选择

制作青干草的牧草要在产量高、质量好的最佳时期刈割。一般栽培的禾本科牧草适宜在抽穗开花阶段刈割，豆科牧草在孕蕾期至开花阶段刈割为好。如果是天然牧草或混播牧草，即在一块草地上有几种牧草时，由数量最多的牧草的情况来决定。这样可最大限度地保存青草的养分，保证单位面积生产最多的营养物质和产量，不耽搁下一茬种植。晒干草时，还要注意天气变化，通常阴天多雨时，宁让草老一些，也不要急于刈割，以免使牧草发霉变质。

（二）青干草调制的方法

长期以来，大部分国家和地区青干草调制的方法主要是自然干燥法，即选择适宜的时期和晴朗的天气刈割牧草，然后晒制而成。而一些畜牧业发达的国家也采用人工干燥法，人工干燥法调制的青干草品质好，但成本高。这里介绍国内外常用的青干草调制的方法。

1. 田间干燥法

田间晒制干草可根据当地气候、牧草生长、人力及设备等条件，分别采用平铺晒草法、小堆晒草法或平铺小堆结合晒草法，以达到更多地保存青饲料中的养分的目的。

平铺晒草法虽干燥速度快，但养分损失大，故目前多采用平铺小堆结合晒草法。具体方法是：青草刈割后即可在原地或另选一地势较高处将青草摊开曝晒，每隔数小时翻草一次，以加速水分蒸发。一般是早上刈割，傍晚叶片已凋萎，其水分估计已降至50%左右，此时就可把青草集成约1米的小堆，每天翻动1次，使其逐渐风干。如遇天气恶化，草堆外层宜盖草苫或塑料布，以防雨水冲淋。天气晴朗时，再倒堆翻晒，直至干燥。

田间干燥法的优点是：①初期干燥速度快，可减少植物细胞呼吸作用造成的养分损失；②后期接触阳光曝晒面积小，能更好地保存青草中的胡萝卜素，同时因堆内干燥，可适当发酵，产生一定酯类物质，使干草具有特殊香味；③茎叶干燥速度趋于一致，可减少叶片嫩枝的破损脱落；④遇雨时，便于覆盖，不致受到雨水淋洗，造成水分

126

的大量损失。

2. 草架干燥法

在湿润地区或多雨季节晒草，地面干燥容易导致牧草腐烂和养分损失，故宜采用草架干燥。用草架干燥，可先在地面干燥 4～10 小时，含水量降到 40%～50% 时，自下而上逐渐堆放。草架干燥方法，虽然要花费一定经费建造草架，并多耗费一定劳力，但能减少雨淋的损失，通风好，干燥快，能获得品质优良的青干草，营养损失也少。

3. 化学制剂干燥法

近几年来，国内外研究用化学制剂加速豆科牧草的干燥速度，应用较多的有碳酸钾、碳酸钾加长链脂肪酸混合液、碳酸氢钠等。其原理是这些化学物质能破坏植物体表面的蜡质层结构，促进植物体内的水分蒸发，加快干燥速度，减少豆科牧草叶片脱落，从而减少了蛋白质、胡萝卜素和其他维生素的损失。但成本较前田间干燥和草架干燥方法高，适宜在大型草场进行。

4. 人工干燥法

人工干燥法是通过人工热源加温使饲料脱水。温度越高，干燥时间越短，效果越好。150℃ 干燥 20～40 分钟即可；温度高于 500℃，6～10 秒即可。高温干燥的最大优点是，时间短，不受雨水影响，营养物质损失小，能很好地保留原料本色。但机器设备耗资巨大，一台大型烘干设备安装至利用需几百万元，且干燥过程耗资多。

（三）干草品的质量评定方法

1. 草样的采集

评定干草品首先应采集好草样平均样。所谓草样平均样是指距表层 20 厘米深处，从草垛各个部位（至少 20 处），每处采集草样200～250 克，均匀混合而成，样品总重 5 千克左右。其中混入的土块、厩肥等，应视作不可食草部分。每次从平均样抽 500 克进行品质评定。

2. 植物学组成

植物种类不同，营养价值差异较大，按植物学组成，牧草一般可分为豆科草、禾本科草、其他可食草、不可食草和有毒有害草等 5 类。欲求各类牧草所占比例，可先将草样分类，称其重量后，按下式计算出各类草所占百分数即可：

$$各类草占样品重量(\%) = \frac{各类草重量(千克)}{样品重量(千克)} \times 100$$

天然草地刈割晒制的干草，豆科比例大者为优等草；禾本科和其他可食草比例大者，为中等草；不可食草比例大者为劣等草；有毒有害植株超过10％者，则不可供作饲料。人工栽培的单播草地，只要混入杂草不多，就不必进行植物学组成分析。

3. 干草的颜色和气味

干草的颜色和气味，是干草品质好坏的重要标志。凡绿色程度越深的干草，表明胡萝卜素和其他营养成分含量越高，品质越优。此外，芳香气味也可作为干草品质优劣的标志之一。按绿色程度可把干草品质分为4类：

（1）鲜绿色　表示青草刈割适时，调制过程未遭雨淋和阳光强烈曝晒，贮藏过程未遇高温发酵，较好地保存了青草中的成分，属优良干草。

（2）淡绿色　表示干草的晒制和保藏基本合理，未遇受雨淋发霉，营养物质无重大损失，属良好干草。

（3）黄褐色　表示青草刈割过晚，或晒制过程遭雨淋或贮藏期内经过高温发酵，营养成分虽受到重大损失，但尚未失去饲用价值，属次等干草。

（4）暗褐色　表示干草的调制与贮藏不合理，不仅受到雨淋，且发霉变质，不宜再作饲用。

4. 干草的含叶量

一般来说，叶子所含有的蛋白质和矿物质比茎多1～1.5倍，胡萝卜素多10～15倍，而粗纤维比茎少50％～100％，因此干草含叶量也是评定其营养价值高低的重要标志。

5. 牧草的刈割期

刈割期对干草的品质影响很大，一般栽培豆科牧草在现蕾开花期、禾本科牧草在抽穗开花期刈割比较适宜。就天然草地野生牧草而言，确定刈割期可按优势的禾本科、豆科牧草确定。凡禾本科草的穗中只有花而无种子时则属花期刈割，绝大多数穗含种子或留下护颖，则属刈割过晚；豆科草如在茎下部的2～3个花序中仅见到花，则属花期刈割，如草屑中有大量种子，则属刈割过晚。

6. 干草的含水量

含水量高低是决定干草在贮藏过程中是否变质的主要标志。干草按含水量一般分为4类（见表2-64）。

表 2-64　干草的含水量

干燥情况	含水量/％	干燥情况	含水量/％
干燥的	≤15	潮的	17～20
中等干燥的	15～17	湿的	≥20

生产中测定干草的含水量的简易方法是：手握干草一束轻轻扭转，草茎破裂不断者为水分合适（17％左右）；轻微扭转即断者，为过干；扭转成绳茎仍不断裂开者，为水分过多。

7. 总评

凡含水量在17％以下，毒草及有害草不超过1％，混杂物及不可食草在一定范围之内，不经任何处理即可贮藏或者直接喂养家畜，可定为合格干草（或等级干草）。含水量高于17％，有相当数量的不可食草和混合物，需经适当处理或加工调制后，才能用于喂养家畜或贮藏者，属可疑干草（或等外干草）。严重变质、发霉，有毒有害植物超过1％以上，或泥沙杂质过多，不适于用作饲料或贮藏者，属不合格干草。

对合格干草，可按前述指标进一步评定其品质优劣。

三、青贮饲料的加工调制方法

青贮饲料的制作可以采用常规青贮法和特种青贮法两种。

（一）常规青贮

1. 青贮原理

青贮发酵是一个复杂的微生物活动和生物化学变化过程。青贮过程是为青贮原料上的乳酸菌生长繁殖创造有利条件，使乳酸菌大量繁殖，将青贮原料中可溶性糖类变成乳酸，增加青贮饲料的酸度，当达到一定浓度时，抑制了有害微生物的生长，从而达到保存饲料的目的。因此，青贮的成败，主要决定于乳酸发酵的程度。

2. 青贮发酵过程

一般青贮的发酵过程可分为3个阶段，即好气性菌活动阶段、乳酸发酵阶段和青贮稳定阶段。

（1）好气性菌活动阶段　新鲜青贮原料在青贮容器中压实密封后，植物细胞并未立即死亡，在 1～3 天仍进行呼吸作用，分解有机物质，直至青贮饲料内氧气消耗尽，呈厌氧状态时才停止呼吸。

在青贮开始时，附着在原料上的酵母菌、腐败菌、霉菌和醋酸菌等好气性微生物，利用植物细胞因受机械压榨而排出的富含可溶性碳水化合物的液汁，迅速进行繁殖。腐败菌、霉菌等繁殖最为强烈，它使青贮饲料中蛋白质破坏，形成大量吲哚和气体以及少量醋酸等。好气性微生物活动结果以及植物细胞的呼吸，使得青贮原料间存在的少量氧气很快消耗殆尽，形成厌氧环境。另外，植物细胞呼吸作用、酶氧化作用及微生物的活动还释放出热量。厌氧和温暖的环境为乳酸菌发酵创造了条件。

如果青贮原料中氧气过多，植物呼吸时间过长，好气性微生物活动旺盛，会使原料内温度升高，有时高达 60℃ 左右，因而削弱乳酸菌与其他微生物竞争能力，使青贮饲料营养成分损失过多，青贮饲料品质下降。因此，青贮技术关键是尽可能缩短第一阶段时间，通过及时青贮和切短、压紧、密封来减少呼吸作用和好气性有害微生物繁殖，以减少养分损失，提高青贮饲料质量。

（2）乳酸发酵阶段　厌氧条件及青贮原料中的其他条件形成后，乳酸菌迅速繁殖，形成大量乳酸。酸度增大，pH 下降，促使腐败菌、酪酸菌等活动受抑停止，甚至绝迹。当 pH 值下降到 4.2 以下时，各种有害微生物都不能生存，就连乳酸链球菌的活动也受到抑制，只有乳酸杆菌仍在活动。当 pH 为 3 时，乳酸杆菌也停止活动，乳酸发酵即基本结束。

一般情况下，糖分适宜原料发酵 5～7 天，微生物总数达高峰，其中以乳酸菌为主。

（3）青贮稳定阶段　在此阶段青贮饲料内各种微生物停止活动，只有少量乳酸菌活跃，营养物质不会再损失。在一般情况下，糖分含量较高的玉米、高粱等青贮后 20～30 天就可以进入稳定阶段，豆科牧草需 3 个月以上。若密封条件良好，青贮饲料可长久保存。

3. 调制优良青贮饲料应具备的条件

在制作青贮饲料时，要使乳酸菌快速生长和繁殖，必须为乳酸菌创造良好的条件。有利于乳酸菌生长繁殖的条件是：青贮原料应具有一定的含糖量、适宜的含水量以及厌氧环境。

(1) 青贮原料应有适当的含糖量　乳酸菌要产生足够数量的乳酸，必须有足够数量的可溶性糖分。若原料中可溶性糖分很少，即使其他条件都具备，也不能制成优质青贮饲料。青贮原料中的蛋白质及碱性元素会中和一部分乳酸，只有当青贮原料中 pH 值为 4.2 时，才可抑制微生物活动。因此，乳酸菌形成乳酸，使 pH 值达 4.2 时所需要的原料含糖量是十分重要的条件，通常把它叫做最低需要含糖量。原料中实际含糖量大于最低需要含糖量，即为正青贮糖差；相反，原料实际含糖量小于最低需要含糖量时，即为负青贮糖差。凡是青贮原料存在正青贮糖差就容易青贮，且正数愈大愈易青贮；凡是原料存在负青贮糖差就难青贮，且差值愈大，则愈不易青贮。

最低需要含糖量是根据饲料的缓冲度计算，即：

$$饲料最低需要含糖量(\%)=饲料缓冲度 \times 1.7$$

饲料缓冲度是中和每 100 克全干饲料中的碱性元素，并使 pH 值降低到 4.2 时所需的乳酸质量（克）。因青贮发酵消耗的葡萄糖只有 60% 变为乳酸，所以得 $100/60=1.7$ 的系数，也即形成 1 克乳酸需葡萄糖 1.7 克。

例如，玉米每 100 克干物质需 2.91 克乳酸，才能克服其中碱性元素和蛋白质等的缓冲作用，使其 pH 值降低到 4.2，因此 2.91 是玉米的缓冲度，最低需要含糖量为 $2.91\% \times 1.7=4.95\%$。玉米的实际含糖量是 26.80%，青贮糖差为 21.85%。

紫花苜蓿的缓冲度是 5.58%，最低需要含糖量为 $5.58\% \times 1.7=9.50\%$，因紫花苜蓿中的实际含糖量只有 3.72%，所以青贮糖差为 -5.78%。豆科牧草青贮时，由于原料中含糖量低，乳酸菌不能正常大量繁殖，产乳酸量少，pH 值不能降到 4.2 以下，会使腐败菌、酪酸菌等大量繁殖，导致青贮饲料腐败发臭，品质降低。因此要调制优良的青贮饲料，青贮原料中必须含有适当的糖量。一些青贮原料干物质中含糖量见表 2-65。

表 2-65 一些青贮原料干物质中含糖量

易青贮原料			不易青贮原料		
饲料	青贮后 pH	含糖量/%	饲料	青贮后 pH	含糖量/%
玉米植株	3.5	26.8	紫花苜蓿	6.0	3.72
高粱植株	4.2	20.6	草木樨	6.6	4.5
菊芋植株	4.1	19.1	箭舌豌豆	5.8	3.62
向日葵植株	3.9	10.9	马铃薯茎叶	5.4	8.53
胡萝卜茎叶	4.2	16.8	黄瓜蔓	5.5	6.76
饲用甘蓝	3.9	24.9	西瓜蔓	6.5	7.38
芜菁	3.8	15.3	南瓜蔓	7.8	7.03

一般说来，禾本科饲料作物和牧草含糖量高，容易青贮；豆科饲料作物和牧草含糖量低，不易青贮。易于青贮的原料有玉米、高粱、禾本科牧草、甘薯藤、南瓜、菊芋、向日葵、芜菁、甘蓝等。不易青贮的原料有苜蓿、三叶草、草木樨、大豆、豌豆、紫云英、马铃薯茎叶等，只有与其他易于青贮的原料混贮或添加富含碳水化合物的饲料，或加酸青贮，才能成功。

（2）青贮原料应有适宜的含水量　青贮原料中含有适量水分，是保证乳酸菌正常活动的重要条件。水分含量过高或过低，均会影响青贮发酵过程和青贮饲料的品质。如水分过低，青贮时难以踩紧压实，窖内留有较多空气，造成好气性菌大量繁殖，使饲料发霉腐败。水分过多时易压实结块，且细胞液中糖分过于稀释，不能满足乳酸菌发酵所要求的一定糖分浓度，反利于酪酸菌发酵，使青贮饲料变臭、品质变坏。同时植物细胞液汁被挤后流失，使养分损失。

乳酸菌繁殖活动，最适宜的含水量为 65%～75%。豆科牧草的含水量以 60%～70% 为好。但青贮原料适宜含水量因质地不同而有差别，质地粗硬的原料含水量可达 80%，而收割早、幼嫩多汁的原料则以 60% 较合适。判断青贮原料水分含量的简单办法是：将切碎的原料紧握手中，然后手自然松开，若仍保持球状，手有湿印，其水分含量在 68%～75%；若草球慢慢膨胀，手上无湿印，其水分含量在 60%～67%，适于豆科牧草的青贮；若手松开后，草球立即膨胀，

132

其水分含量在 60%以下，只适于幼嫩牧草低水分青贮。

含水过高或过低的青贮原料，青贮时应处理或调节。对于水分过多的饲料，青贮前应稍晾干凋萎，使其水分含量达到要求后再青贮。如凋萎后还不能达到适宜含水量，应添加干料进行混合青贮。也可以将含水量高的原料和低水分原料按适当比例混合青贮，如玉米秸和甘薯藤、甘薯藤和花生秧、玉米秸和紫花苜蓿是比较好的组合，但青贮的混合比例以含水量高的原料占 1/3 为适合。

（3）创造厌氧环境　为了给乳酸菌创造良好的厌氧生长繁殖条件，须做到原料切短，装实压紧，青贮窖密封良好。

青贮原料切短的目的是为了便于装填紧实，取用方便，家畜便于采食，且减少浪费。同时原料切短或粉碎后，青贮时易使植物细胞渗出液汁，湿润表面，糖分流出附在原料表层，有利于乳酸菌的繁殖。切短程度应视原料性质和畜禽需要来定，对肉牛来说，细茎植物如禾本科牧草、豆科牧草、草地青草、甘薯藤、幼嫩玉米苗等，切成 3～4 厘米长即可；对粗茎植物或粗硬的植物如玉米、向日葵等，切成 2～3 厘米较为适宜。叶菜类和幼嫩植物，也可不切短青贮。

原料切短后青贮，易装填紧实，使窖内空气排出。否则，窖内空气过多，好气菌大量繁殖，氧化作用强烈，温度升高（可达 60℃），使青贮饲料糖分分解，维生素被破坏，蛋白质消化率降低。一般原料装填紧实适当的青贮，发酵温度在 30℃左右，最高不超过 38℃。

青贮的装料过程越快越好，这样可以缩短原料在空气中暴露的时间，减少由于植物细胞呼吸作用造成的损失，也可避免好气性菌大量繁殖。窖装满压紧后立即覆盖，造成厌氧环境，促使乳酸菌的快速繁殖和乳酸的积累，保证青贮饲料的品质。

4. 青贮设备

青贮容器的种类很多，但常用的有青贮窖和青贮塔。这些设备都应有它的基本要求，才能保证良好的青贮效果。青贮的场址应选择土质坚硬、地势高燥、地下水位低、靠近畜舍、远离水源和粪坑的地方。其次，青贮设备要坚固牢实，不透气，不漏水。

（1）青贮塔　是地上的圆筒形建筑，一般用砖和混凝土修建而成，长久耐用，青贮效果好，便于机械化装料与卸料。青贮塔的高度应不小于其直径的 2 倍，不大于直径的 3.5 倍，一般塔高 12～14 米，直径 3.5～6.0 米。在塔身一侧每隔 2 米高开一个 0.6 米×0.6 米的窗口，装时关闭，取空时敞开。

近年来，国外采用气密（限氧）的青贮塔，由镀锌钢板乃至钢筋混凝土构成，内边有玻璃层，防气性能好。提取青贮饲料可以从塔顶或塔底用旋转机械进行。可用于制作低水分青贮、湿玉米青贮或一般青贮，青贮饲料品质优良，但成本较高，只能依赖机械装填。

（2）青贮窖　青贮窖有地下式及半地下式两种。地下式青贮窖适于地下水位较低、土质较好的地区，半地下式青贮窖适于地下水位较高或土质较差的地区。青贮以圆形或长方形为好。有条件的可建成永久性窖，窖四周用砖石砌成，三合土或水泥抹面，坚固耐用，内壁光滑，不透气，不漏水。圆形窖做成上大下小，便于压紧，长形青贮窖窖底应有一定坡度，以利于取用完的部分雨水流出。青贮窖容积，一般圆形窖直径 2 米，深 3 米，直径与窖深之比以 1∶(1.5～2.0) 为宜。长方形窖的宽深之比为 1∶(1.5～2.0)，长度根据家畜头数和饲料多少而定。

（3）圆筒塑料袋　选用厚实的塑料膜做成圆筒形，可以作为青贮容器进行少量青贮。为防穿孔，宜选用较厚结实的塑料袋，可用两层。袋的大小，如不移动可做得大些，如要移动，以装满青贮饲料后两人能抬动为宜。塑料袋可用土埋住或放在畜舍内，要注意防鼠防冻。美国玉米生产带利用玉米穗轴破碎后填入塑料袋中，饲喂肉牛。或用一种塑料拉伸膜，这种青贮装置是将青草用机器卷压成圆捆然后用专门裹包机拉伸膜包被在草捆上进行青贮。

5. 青贮的步骤和方法

饲料青贮是一项突击性工作，事先要把青贮窖、青贮切碎机或铡草机、运输车辆进行检修，并组织足够人力，以便在尽可能短的时间内完成。青贮的操作要点，概括起来要做到"六随三要"，即随割、随运、随切、随装、随踩、随封，连续进行，一次完成；原料要切短，装填要踩实，窖顶要封严。

（1）原料的适时收割　良质青贮原料是调制优良青贮饲料的物质基础。适期收割，不但可以在单位面积上获得最大营养物质产量，而且水分和可溶性碳水化合物含量适当，有利于乳酸发酵，易于制成优质青贮饲料。一般收割宁早勿迟，随收随贮。

134

整株玉米青贮应在蜡熟期，即在干物质含量为 25%～35% 时收割最好。其明显标记是，靠近籽粒尖的几层细胞变黑而形成黑层。检查方法是：在果穗中部剥下几粒，然后纵向切开或切下尖部寻找靠近尖部的黑层，如果黑层存在，就可刈割作整株玉米青贮。

收果穗后的玉米秸青贮，宜在玉米果穗成熟、玉米茎仅有下部 1～2 片叶枯黄时，立即收割玉米秸青贮；或玉米成熟时削尖后青贮，但削尖时果穗上部要保留一张叶片。

一般来说，豆科牧草宜在现蕾期至开花初期进行收割，禾本科牧草在孕穗至抽穗期收割，甘薯藤、马铃薯茎叶在收薯前 1～2 天或霜前收割。原料收割后应立即运至青贮地点切短青贮。

（2）切短　少量青贮原料的切短可用人工铡草机，大规模青贮可用青贮切碎机。大型青贮切碎机每小时可切 5～6 吨，最高可切割 8～12 吨。小型切草机每小时可切 250～800 千克。若条件具备，使用青贮玉米联合收获机，在田内通过机器一次完成割、切作业，然后送回装入青贮窖内，功效大大提高。

（3）装填压紧　装窖前，先将窖或塔打扫干净，窖底部可填一层10～15 厘米厚的切短的干秸秆或软草，以便吸收青贮液汁。若为土窖或四壁密封不好，可铺塑料薄膜。装填青贮原料时应逐层装入，每层装 15～20 厘米厚，即应踩实，然后再继续装填。装填时应特别注意四角与靠壁的地方，要达到弹力消失的程度，如此边装边踩实，一直装满并高出窖口 70 厘米左右。长方形窖或地面青贮时，可用拖拉机进行碾压，小型窖亦可用人力踏实。青贮原料紧实程度是青贮成败的关键之一，青贮紧实度适当，发酵完成后饲料下沉不超过深度的 10%。

（4）密封　严密封窖，防止漏水漏气是调制优良青贮饲料的一个重要环节。青贮容器密封不好，进入空气或水分，有利于腐败菌、霉菌等繁殖，使青贮饲料变坏。填满窖后，先在上面盖一层切短秸秆或软草（厚 20～30 厘米）或铺塑料薄膜，然后再用土覆盖拍实，厚约30～50 厘米，并做成馒头形，有利于排水。青贮窖密封后，为防止雨水渗入窖内，距离四周约 1 米处应挖排水沟。以后应经常检查，窖顶下沉有裂缝时，应及时覆土压实，防止雨水渗入。

（二）特种青贮

青贮原料因植物种类不同，本身含可溶性碳水化合物和水分不

135

同，青贮难易程度也不同。采用普通青贮方法难以青贮的饲料，必须进行适当处理，或添加某些添加物，这种青贮方法叫特种青贮法。特种青贮所进行的各种处理，对青贮发酵的作用，主要有3个方面：一是促进乳酸发酵，如添加各种可溶性碳水化合物，接种乳酸菌，加酶制剂等青贮，可迅速产生大量乳酸，使 pH 值很快达到 3.8～4.2；二是抑制不良发酵，如添加各种酸类、抑菌剂，凋萎或半干青贮，可防止腐败菌和酪酸菌的生长；三是提高青贮饲料的营养物质含量，如添加尿素、氨化物等，可增加粗蛋白质含量。

　　1. 低水分青贮

　　低水分青贮也称半干青贮。青贮原料中的微生物不仅受空气和酸的影响，也受植物细胞质的渗透压的影响。低水分青贮饲料制作的基本原理是：青饲料刈割后，经风干水分含量达 45%～50%，植物细胞的渗透压达 $55×10^5$～$60×10^5$ 帕斯卡。这种情况下，腐败菌、酪酸菌以至乳酸菌的生命活动接近于生理干燥状态，生长繁殖受到限制。因此，在青贮过程中，青贮原料中糖分的多少、最终的 pH 值的高低已不起主要作用，微生物发酵微弱，有机酸形成数量少，碳水化合物保存良好，蛋白质不被分解。虽然霉菌在风干植物体上仍可大量繁殖，但在切短压实和青贮厌氧条件下，其活动也很快停止。

　　低水分青贮法近十几年来在国外盛行，我国也开始在生产上采用。它具有干草和青贮饲料两者的优点。调制干草常因脱叶、氧化、日晒等使养分损失 15%～30%，胡萝卜素损失 90%；而低水分青贮饲料只损失养分 10%～15%。低水分青贮饲料含水量低，干物质含量比一般青贮饲料多一倍，具有较多的营养物质；低水分青贮饲料微酸性，有果香味，不含酪酸，适口性好，pH 值达 4.8～5.2，有机酸含量约 5.5%；优良低水分青贮饲料呈湿润状态，深绿色，结构完好。任何一种牧草或饲料作物，不论其含糖量多少，均可低水分青贮，难以青贮的豆科牧草如苜蓿、豌豆等尤其适合调制成低水分青贮饲料，从而为扩大豆科牧草或作物的加工调制范围开辟了新途径。

　　根据低水分青贮的基本原理和特点，制作时青贮原料应迅速风干，要求在刈割后 24～30 小时内，豆科牧草含水量应达 50%，禾本科牧草含水量达 45%。原料必须短于一般青贮，装填必须更紧实，才能造成厌氧环境以提高青贮品质。

2. 加酸青贮法

难贮的原料加酸之后，很快使 pH 值下降至 4.2 以下，抑制了腐败菌和霉菌的活动，达到长期保存的目的。加酸青贮常用无机酸和有机酸。

（1）加无机酸青贮　对难贮的原料可以加盐酸、硫酸、磷酸等无机酸。盐酸和硫酸腐蚀性强，对窖壁和用具有腐蚀作用，使用时应小心。用法是 1 份硫酸（或盐酸）加 5 份水，配成稀酸，100 千克青贮原料中加 5～6 千克稀酸。青贮原料加酸后，很快下沉，遂停止呼吸作用，杀死细菌，降低 pH 值，使青贮料质地变软。

国外常用的无机酸混合液由 30％ HCl 92 份和 40％ H_2SO_4 8 份配制而成，使用时 4 倍稀释，青贮时每 100 千克原料加稀释液 5～6 千克。或 8％～10％ HCl 70 份，8％～10％ H_2SO_4 30 份混合制成，青贮时按原料质量的 5％～6％添加。

强酸易溶解钙盐，对家畜骨骼发育有影响，注意家畜日粮中钙的补充。使用磷酸价格高，腐蚀性强，能补充磷，但饲喂家畜时应补钙，使其钙磷平衡。

（2）加有机酸青贮　添加在青贮原料中的有机酸有甲酸（蚁酸）和丙酸等。甲酸是很好的发酵抑制剂，一般用量为每吨青贮原料加纯甲酸 2.4～2.8 千克。添加甲酸可减少乳酸、乙酸含量，降低蛋白质分解，抑制植物细胞呼吸，增加可溶性碳水化合物与真蛋白含量。

丙酸是防霉剂和抗真菌剂，能够抑制青贮料中的好气性菌，作为好气性破坏抑制剂很有效，但作为发酵剂不如甲酸，其用量为青贮原料的 0.5％～1.0％。添加丙酸可控制青贮的发酵，减少氨氮的形成，降低青贮原料的温度，促进乳酸菌生长。

加酸制成的青贮饲料，颜色鲜绿，具香味，品质好，蛋白质分解损失仅 0.3％～0.5％，而在一般青贮中则达 1％～2％。苜蓿和红三叶加酸青贮结果，粗纤维减少 5.2％～6.4％，且减少的这部分纤维水解变成低级糖，可被动物吸收利用。而一般青贮的粗纤维仅减少 1％左右，胡萝卜素、维生素 C 等加酸青贮时损失少。

3. 添加尿素青贮

青贮原料中添加尿素，通过青贮微生物的作用，形成菌体蛋白，以提高青贮饲料中的蛋白质含量。尿素的添加量为原料重量的

0.5%，青贮后每千克青贮饲料中增加消化蛋白质8～11克。

添加尿素后的青贮原料可使pH值、乳酸含量和乙酸含量以及粗蛋白质含量、真蛋白含量、游离氨基酸含量提高。氨的增多增加了青贮缓冲能力，导致pH值略为上升，但仍低于4.2。尿素还可以抑制开窖后的二次发酵。饲喂尿素青贮饲料可以提高肉牛对干物质的采食量。

4. 添加甲醛青贮

甲醛能抑制青贮过程中各种微生物的活动。40%的甲醛水溶液俗称福尔马林，常用于消毒和防腐。在青贮饲料中添加0.15%～0.30%的福尔马林，能有效抑制细菌，发酵过程中没有腐败菌活动。但甲醛异味大，影响适口性。

5. 添加乳酸菌青贮

加乳酸菌培养物制成的发酵剂或由乳酸菌和酵母培养制成的混合发酵剂青贮，可以促进青贮原料中乳酸菌的繁殖，抑制其他有害微生物的作用，这是人工扩大青贮原料中乳酸菌群体的方法。值得注意的是，菌种应选择那些盛产乳酸而不产生乙酸和乙醇的同质型乳酸杆菌和球菌。一般每1000千克青贮原料中加乳酸菌培养物0.5L或乳酸菌制剂450克，每克青贮原料中加乳酸杆菌10万个左右。

6. 添加酶制剂青贮

在青贮原料中添加以淀粉酶、糊精酶、纤维素酶、半纤维素酶等为主的酶制剂，可使青贮饲料中部分多糖水解成单糖，有利于乳酸发酵。酶制剂由胜曲霉、黑曲霉、米曲霉等培养物浓缩而成，按青贮原料质量的0.01%～0.25%添加，不仅能保持青饲料特性，而且可以减少养分的损失，提高青贮饲料的营养价值。豆科牧草苜蓿、红三叶添加0.25%黑曲霉制剂青贮，与普通青贮饲料相比，纤维素减少10.0%～14.4%，半纤维素减少22.8%～44.0%，果胶减少29.1%～36.4%。如酶制剂添加量增加到0.5%，则含糖量可高达2.48%，蛋白质提高26.7%～29.2%。

7. 湿谷物的青贮

用作饲料的谷物如玉米、高粱、大麦、燕麦等，收获后带湿贮存在密封的青贮塔或水泥窖内，经过轻度发酵产生一定量（0.2%～0.9%）的有机酸（主要是乳酸和醋酸），以抑制霉菌和细菌的繁殖，使谷物得以保存。此法贮存谷物，青贮塔或窖一定要密封不透气，谷物最好压扁或轧碎，可以更好地排出空气，降低养分损失，并利于饲喂。整个青贮过程要求从收获至贮存 1 天内完成，迅速造成窖内的厌氧条件，限制呼吸作用和好气性微生物繁殖。青贮谷物的养分损失，在良好条件下为 2%～4%，一般条件下可达 5%～10%。用湿贮谷物喂肉牛，增重和饲料报酬按干物质计算，基本和干贮玉米相近。

青贮饲料的品质好坏与青贮原料种类、刈割时期以及调制方法是否正确密切相关。用优良的青贮饲料饲喂家畜，可以获得良好的饲养效果。青贮饲料在取用之前，需先进行感官鉴定，必要时再进行化学分析鉴定，以保证使用良好的青贮饲料饲喂家畜。

（三）青贮饲料的品质鉴定

青贮饲料品质的优劣与青贮原料种类、刈割时期以及青贮技术等密切相关。正确青贮，一般经 17～21 天的乳酸发酵，即可开窖取用。通过品质鉴定，可以检查青贮技术是否正确，判断青贮饲料营养价值的高低。

1. 感官评定

开启青贮容器时，从青贮饲料的颜色、气味和结构质地等进行感官评定，见表 2-66。

表 2-66　青贮饲料的品质评定

等级	颜色	气味	结构质地
优良	绿色或黄绿色	芳香酒酸味	茎叶明显,结构良好
中等	黄褐或暗绿色	有刺鼻酸味	茎叶部分保持原状
低劣	黑色	腐臭味或霉味	腐烂,污泥状

（1）颜色　优质的青贮饲料非常接近于作物原先的颜色。若青贮前作物为绿色，青贮后仍为绿色或黄绿色最佳。青贮容器内原料发酵的温度是影响青贮饲料色泽的主要因素，温度越低，青贮饲料就越接近于原先的颜色。对于禾本科牧草，温度高于 30℃，颜色变成深黄；当温度为 45～60℃，颜色近于棕色；超过 60℃，由于糖分焦化近黑色。一般来说，品质优良的青贮饲料颜色呈黄绿色或青绿色，中等的为黄褐色或暗绿色，劣等的为褐色或黑色。

（2）气味　品质优良的青贮饲料具有轻微的酸味和水果香味。若有刺鼻的酸味，则醋酸较多，品质较次。腐烂腐败并有臭味的则为劣等，不宜喂肉牛。总之，芳香而喜闻者为上等，刺鼻者为中等，臭而难闻者为劣等。

（3）结构质地　植物的茎叶等结构应当能清晰辨认，结构破坏及呈黏滑状态是青贮腐败的标志，黏度越大，表示腐败程度越高。优良的青贮饲料，在窖内压得非常紧实，但拿起时松散柔软，略湿润，不粘手，茎叶保持原状，容易分离。中等青贮饲料茎叶部分保持原状，柔软，水分稍多。劣等的结成一团，腐烂发黏，分不清原有结构。

2. 化学分析鉴定

用化学分析测定包括 pH 值、氨态氮和有机酸（醋酸、丙酸、丁酸、乳酸的总量和构成）可以判断发酵情况。

（1）pH 值（酸碱度）　pH 值是衡量青贮饲料品质好坏的重要指标之一。实验室测定 pH 值，可用精密雷磁酸度计测定，生产现场可用精密石蕊试纸测定。优良青贮饲料 pH 值在 4.2 以下，超过 4.2（低水分青贮除外）说明青贮发酵过程中，腐败菌、酪酸菌等活动较为强烈。劣质青贮饲料 pH 值在 5.5～6.0 之间。中等青贮饲料的 pH 值介于优良与劣等之间。

（2）氨态氮　氨态氮与总氮的比值是反映青贮饲料中蛋白质及氨基酸分解的程度，比值越大，说明蛋白质分解越多，青贮质量不佳。

（3）有机酸含量　有机酸总量及其构成可以反映青贮发酵过程的好坏，其中最重要的是乳酸、醋酸和丁酸（酪酸），乳酸所占比例越大越好。优良的青贮饲料，含有较多的乳酸和少量醋酸，而不含酪酸。品质差的青贮饲料，含酪酸多而乳酸少（见表2-67）。

表 2-67　不同青贮饲料中各种酸含量

等级	pH	乳酸/%	醋酸/%		丁酸/%	
			游离	结合	游离	结合
良好	4.0～4.2	1.2～1.5	0.7～0.8	0.1～0.15	—	—
中等	4.6～4.8	0.5～0.6	0.4～0.5	0.2～0.3	—	0.1～0.2
低劣	5.5～6.0	0.1～0.2	0.1～0.15	0.05～0.1	0.2～0.3	0.8～1.0

（四）青贮饲料的利用

1. 取用方法

青贮过程进入稳定阶段，一般糖分含量较高的玉米秸秆等经过 1

个月，即可发酵成熟，开窖取用；或待冬春季节饲喂家畜。

开窖取用时，如发现表层呈黑褐色并有腐败臭味时，应把表层弃掉。对于直径较小的圆形窖，应由上到下逐层取用，保持表面平整；对于长方形窖，自一端开始分段取用，不要挖窝掏取，取后最好覆盖，以尽量减小与空气的接触面。每次用多少取多少，不能一次取大量青贮饲料堆放在畜舍慢慢饲用，要用新鲜青贮饲料。青贮饲料只能在厌氧条件下才能保持良好品质，如果堆放在畜舍里和空气接触，就会很快地感染霉菌和杂菌，使青贮饲料迅速变质。尤其是夏季，正是各种细菌繁殖最旺盛的时候，青贮饲料也最易霉坏。

2. 饲喂技术

青贮饲料可以作为肉牛的主要粗饲料，一般占饲粮干物质的50%以下。刚开始喂时肉牛不喜食，喂量应由少到多，逐渐适应后即可习惯采食。喂青贮饲料后，仍需喂精料和干草。训练方法是，先空腹饲喂青贮饲料，再饲喂其他草料；先将青贮饲料拌入精料喂，再喂其他草料；先少喂后逐渐增加；或将青贮饲料与其他料拌在一起饲喂。由于青贮饲料含有大量有机酸，具有轻泻作用，因此母畜妊娠后期不宜多喂，产前15天停喂。劣质的青贮饲料有害畜体健康，易造成流产，不能饲喂。冰冻的青贮饲料也易引起母畜流产，应待冰融化后再喂。育肥牛每100千克体重日喂青贮饲料4～5千克。

四、树叶饲料的加工调制方法

（一）水泡法

将较嫩的树叶采摘下来后，先用水洗净，放入缸内或水泥池内，用80%～100%的温开水烫一下，然后放入清水浸泡2～4小时，清水用量一般超出料面即可，对杏树叶、桃树叶、柳树叶和桑树叶进行浸泡时要多换几次清水，使其脱去苦味。

（二）干燥法

将采摘的树叶进行晒干或烘干，经过粉碎后便可直接混入饲料中喂给。如刺槐叶、桑树叶、杨树叶和一些果树叶等。

（三）盐渍法

将树叶洗净、切碎，倒入缸内或水泥池中，按5%的用量取食盐，按一层树叶一层食盐分层压实，进行盐渍。盐渍后，树叶不易腐烂，有鲜香味，其适口性好。

（四）青贮法

先将树叶洗净、切碎、沥干水，然后再一层层地装入青贮容器内。若树叶内含水量过多，可加入树叶量 10％的谷糠进行混合青贮；含水量少时，可进行人工喷水调节。

（五）发酵法

先将采摘下来的树叶或收集的秋季自然落叶晒干，加工粉碎成树叶粉。取适量清水加入树叶粉，再加入米糠、麦麸或酒糟等，进行充分搅拌，其湿度以手握成团、手缝见水珠为宜，然后装入发酵缸或池内，随装随踏实，装满后以覆盖物将缸（池）口覆盖保温，温度保持在 30～50℃为宜，经发酵 48 小时后即可取用。

五、谷实类饲料的加工调制方法

谷实类饲料比较坚实，除有种皮外，大麦、燕麦、稻谷还包被一层硬壳，因此要进行加工处理，以利消化。

（一）粉碎

这是常用的加工方法，粉碎后增加了饲料的表面积，因此导致微生物和酶的活动增加。但喂牛的谷物不宜太碎，否则容易糊口或呛入牛的气管，在胃肠内易形成黏性团状物，不利于消化。细度以直径1～2毫米为宜。

（二）压扁

玉米、高粱、大麦等压扁更适合喂肉牛。将 100 千克谷物加水16 千克，用蒸汽加热至 120℃（或蒸煮），用压片机辊轴压扁。据试验，在粗饲料完全相同的情况下，喂压扁玉米的肉牛日增重明显高于喂碎玉米的肉牛。

（三）浸泡

此种方法适用于极硬和极脆的谷物，这种谷物用水浸泡后能够软化其蜡质外壳和胚乳。将谷物饲料放在缸内，每 100 千克饲料用水150 千克，浸泡 12～24 小时后，可使饲料容易消化。然而，不对浸泡的饲料进行粉碎或深加工而连续饲喂，将不会增加饲料值或动物性能。往非常干的谷物中加水效果并不明显，因此，对干饲料浸泡会有很小的优势。

（四）焙炒和烘烤

焙炒和烘烤能使饲料中的淀粉转化为糊精而产生香味，增加适口性，并能提升瘤胃发酵而提高淀粉的消化率。焙炒温度为150℃，时间宜短，勿炒焦煳。

（五）爆花

这种加工方法是把干燥的谷物（主要是高粱、玉米和小麦）放入一个大的机器，加热谷物到非常高的温度（371～426℃）15～30秒。高温导致谷物内的水分蒸发，使谷物胶化，扩张了淀粉的微粒。爆花机可使近40％～50％的干燥谷物爆花，未爆花的谷物通过滚筒碾压机时被磨碎。磨碎后的谷物饲料具有与爆开的饲料相同的营养价值。

（六）发芽

谷物经发芽后，主要作为维生素饲料用于冬季或没有新鲜的粗饲料时饲喂肉牛。发芽饲料富含许多维生素和矿物质，但能量值很低。发芽饲料适宜喂成年种公牛，每头每天喂100～150克。妊娠母牛不宜多喂，以防流产。是否对谷物进行发芽处理，应比较饲料的发芽费用和发芽饲料的饲养价值来决定。

（七）糖化处理

糖化即利用谷实的淀粉酶，把部分淀粉转化为麦芽糖，以提高适口性。方法是在磨碎的籽实中加2.5倍热水，搅匀，置于55～60℃温度下，让酶发生作用。4小时后，饲料含糖量可增加8％～12％。如果在每100千克籽实中加入2千克麦芽，糖化作用更快。用糖化饲料喂育肥牛，可提高采食量，促进育肥。

六、饼（粕）类饲料的加工调制方法

（一）大豆饼（粕）

大豆饼（粕）中含有抗胰蛋白酶、尿素酶、血球凝集素、皂角苷、甲状腺肿诱发因子、抗凝固因子、胀气因子等抗营养因子，这些物质大都不耐热。大豆饼（粕）的加工处理方法有：

（1）将大豆饼（粕）在120℃热压15分钟或105℃蒸30分钟，即可去除这些有害物质。但加热的时间和温度必须适当控制，加热过度或加热不足都可降低大豆饼（粕）的营养价值。加热过度，可使大豆饼（粕）变性，降低赖氨酸和精氨酸的活性，同时还会使胱氨酸遭到破坏。

（2）向大豆饼（粕）中加入由 β-葡聚糖酶、果胶酶、阿拉伯木聚糖酶、甘露聚糖酶和纤维素酶组成的复合酶，既可降解大多数抗营养因子，又可提高大豆饼（粕）的营养价值。

（二）菜籽饼（粕）

菜籽饼（粕）中的主要有毒物质是硫代葡萄糖苷的降解产物、芥子碱、植酸、单宁等。硫代葡萄糖苷能溶于水、乙醇、甲醇和丙酮，它本身无毒性，但在有水存在的条件下，硫代葡萄糖苷遇到芥子酶时，就会发生水解反应，生成异硫氰酸酯、噁唑烷硫酮、腈等有毒物质。

菜籽饼（粕）的脱毒机制大致分为以下两类：一类是使菜籽饼（粕）中的毒害成分发生钝化、破坏或结合等作用，从而消除或减轻其危害；另一类是将有害物质从菜籽饼（粕）中提取出来，达到去毒目的。菜籽饼（粕）脱毒方法有：

1. 水浸煮消毒法

将菜籽饼（粕）粉碎，用热水将浸泡 12～24 小时，然后滤出其中水分，再加水煮沸，用 100～110℃ 的温度处理 1～2 小时，边煮边搅拌，使芥子酶失去活性，并让具有挥发性的异硫氰酸酯及腈类物质随蒸汽而蒸发。加热时间不宜过久，以免降低蛋白质的饲用价值。用冷水或温水（40℃左右）浸泡 2～4 天，每天换水 1 次，这样也可除去部分芥子苷，但此法养分流失很大。

2. 氨水或碱处理法

每 100 份菜籽饼（粕）用浓氨水（含氨 28％）5 份或用纯碱（硫酸钠）粉 3.5 份，用适量清水稀释后，均匀喷洒于粉碎的菜籽饼（粕），先用塑料薄膜覆盖，堆放 3～5 小时，然后再置于蒸笼中蒸 40～50 分钟。

3. 坑埋脱毒法

选择地势高而干燥的地方，挖容积约 1 米³ 的土坑〔或根据菜籽饼（粕）数量定坑的大小〕，埋前将菜籽饼（粕）打碎，按 1∶1 的比例均匀拌水，坑底垫一层席子，装满后用席子盖好，覆上约 0.5 米厚的土，踏紧。埋 2 个月后，菜籽饼（粕）中大部分有毒物质可以脱毒。

4. 酶解法

酶催化水解法的具体方法有两种：

一种是利用外加黑芥子酶及酶的激活剂（如维生素 C 等），使硫苷加速分解，然后通过汽提或溶剂浸出以达到脱毒的目的。

另一种方法称为自动酶解法，其基本原理是利用菜籽中的硫苷酶分解硫苷。由于酶解产物异硫氰酸酯、噁唑烷硫酮、腈等都是脂溶性的，可在油脂浸出工序中提取出来，在油脂的后续加工过程中除去。具体方法是将未经任何处理的菜籽碾磨得很细后加水调至一定水分含量，在 45℃下密闭贮藏一定时间，干燥后用己烷或丙酮提取油脂，获得的菜籽饼就是脱毒菜籽饼。

5. 微生物脱毒法

微生物脱毒方法是利用接种微生物本身分泌的芥子酶和有关酶系，将硫苷分解并利用。用多菌种（如酵母菌、霉菌、乳酸菌等）混合制成的发酵剂进行发酵，脱毒效果最好。

处理过的菜籽饼（粕）可直接拌料喂牛，也可将其晒干或炒干后贮存备用。菜籽饼（粕）虽然进行了脱毒处理，但是还要严格控制喂量，以不超过日粮的 10% 为宜。

（三）棉籽饼（粕）

棉籽饼（粕）中的抗营养因子主要为棉酚、环丙烯脂肪酸、单宁和植酸。尤其游离棉酚，易引起动物中毒。棉籽饼（粕）脱毒方法有：

1. 硫酸亚铁水溶液浸泡法

这是一种成本低、效果好、操作简便的方法。亚铁离子可与棉籽饼（粕）中游离棉酚形成络合物，使棉酚中醛基和羟基失去活性，达到脱毒目的。此棉酚-铁络合物不能被吸收，最终将排出体外，不会对动物体产生不良的影响。对于机榨或土榨棉籽的硫酸亚铁用量不同。机榨的棉籽饼（粕）每 100 千克应用硫酸亚铁 200～400 克，土榨的棉籽饼（粕）则应用 1000～2000 克。先将硫酸亚铁用水溶解，制成 1% 硫酸亚铁液备用。视棉籽饼（粕）数量取 1% 硫酸亚铁液适量浸泡已粉碎过的棉籽饼（粕）一昼夜（中间搅拌几次），用清水冲洗后即可饲用，去毒效果可达 75%～95%。如在榨油厂去毒，可把硫酸亚铁配成水溶液直接喷洒在榨完油的棉籽饼（粕）上，注意喷洒均匀，不能洒得太湿，否则不利于保存。也可以按上述比例，把硫酸亚铁干粉直接与棉籽饼（粕）或饲料混合，力求均匀。

2. 水煮沸法

将粉碎的棉籽饼（粕）加适量的水煮沸搅拌，保持沸腾 0.5 小时，冷却后即可饲用，去毒效果可达 75%。如果同时拌入 10%～15% 麸皮、面粉，效果更好。

3. 膨化脱毒法

膨化脱毒和膨化制油通常同时进行，将脱了壳的棉籽调整水分后（7%～12%）喂入膨化机中，设置好出料口的温度（85～110℃）进行挤压膨化。在高温、高压和水分的作用下，使游离棉酚失去活性。

4. 有机溶剂浸提法

溶剂浸提法去毒，主要有单一溶剂浸提法、混合溶剂浸提法等，当有水分，特别是热处理时，色腺体容易破裂而释放出棉酚。利用这一特点，用丙酮、己烷和水三元混合溶剂对棉籽饼（粕）进行提油和脱酚，在保证饼（粕）中残油率低的前提下，使粕中残留的总棉酚和游离棉酚达到规定的指标。

5. 碱处理法

这种方法的工艺原理是因为棉酚是一种酚，具有一定的酸性，利用碱与其中和生成盐可降解其毒性。任选质量分数为 2%～3% 生石灰水溶液、1% 氢氧化钠溶液或 2.5% 碳酸氢钠溶液中的一种，将棉籽饼（粕）送进具有蒸汽夹层的搅拌器中，均匀喷洒碱液，使 pH 值达 10.5 左右。搅拌器的夹层中通入蒸汽加热，使温度保持为 75～85℃，持续加热 10～30 分钟，然后滤出其中水分，并用清水冲洗掉碱水，冷却后即可饲用。如需贮存，可烘干使水分降至 7% 以下。还可将粉碎的棉籽饼（粕）浸泡于碱液中 24 小时，然后滤出其中水分，再用清水冲洗 4～5 遍后即可饲用，也可达到去毒目的。

6. 微生物脱毒法

棉籽饼（粕）的微生物脱毒，是利用微生物在发酵过程中对棉酚的转化降解的作用，从而达到脱毒的目的。微生物固体发酵多采用单一菌种或复合纯菌种。

筛选出对棉酚有较高脱毒能力的微生物（如酵母菌、霉菌等），优化其发酵参数（包括水分、温度、时间、pH 等），然后对棉籽饼

（粕）进行发酵处理。

（四）花生饼（粕）

花生饼（粕）本身并无毒素，但贮藏不当极易发霉产生黄曲霉毒素。此时，就一定要经过脱毒处理方可饲喂畜禽。常用方法有：

（1）将污染的花生饼粉碎后置于缸内，加 5～8 倍清水搅拌、静置，待沉淀后再换水多次，直至浸泡的水呈无色为宜。此法只适用于轻度霉败的饲料。

（2）使用饱和的石灰水溶液浸泡被污染的花生饼（粕）10～30分钟，然后滤出其中水分，并用清水冲洗干净，连续 3 次。

（3）将发霉的花生饼（粕）在 150℃ 的高温下烘焙 30 分钟或用阳光照射 14 小时，均可去掉 80%～90% 的黄曲霉毒素。

（4）将发霉的花生饼（粕）密封在熏罐或塑料薄膜袋中，使水分含量达 18% 以上，通过氨气熏蒸 10 小时，可使黄曲霉毒素含量减少90%～95%。

（五）亚麻籽饼（粕）

亚麻籽饼（粕）含有氰苷，氰苷进入机体后，在酶的作用下水解产生氢氰酸，可引起畜禽中毒。其作饲料时，应脱毒处理。

亚麻籽饼（粕）脱毒的原理是：利用加热可使生氰糖苷与其对应酶发生反应，释放氢氰酸，由于其可溶于水，从而使其脱毒。

具体方法是：将亚麻籽饼（粕）粉碎后，加入 4～5 倍温水，浸泡 8～12 小时后沥去水，再加适量清水煮沸 1 小时，在煮时不断搅拌，敞开锅盖，同时加入食醋，使氢氰酸挥发。

第三章　肉牛的营养需要与饲养标准

肉牛为了维持生命活动、生长发育、生产和繁衍后代，需要大量的营养物质，主要包括蛋白质、碳水化合物（淀粉、粗纤维等）、脂肪、水分、矿物质和维生素等。其中绝大部分都要由组成肉牛饲粮的各种饲料提供。肉牛采食的饲料营养成分被消化吸收后用于机体维持需要和生长、繁殖需要，不被消化的部分被排出体外。

肉牛的营养物质可用于以下几种的需要：

一是维持需要，指在维持一定体重的情况下，保持生理功能正常所需的养分。营养供应上为维持最低限度的能量和修补代谢中损失的组织细胞，保持基本的体温所需的养分。通常情况下肉牛所采食的营养有 1/3～1/2 用在维持上，维持需要的营养越少越经济。影响维持需要的因素有：运动、气候、应激、卫生环境、个体大小、牛的习性和个性、个体要求、生产管理水平和是否哺乳等。

二是生长需要。以满足牛体躯骨骼、肌肉、内脏器官及其他部位体积增加所需的养分，为生长需要。在经济上具有重要意义的是肌肉、脂肪和乳房发育所需的养分，这些营养要求因牛的牛龄、品种、性别及健康状况而异。

三是繁殖需要，指母牛能正常生育和哺育犊牛所需的营养。能量不足时母牛产后体膘恢复慢，发情较少，胎孕率降低。蛋白质不足使母牛繁殖降低，延迟发情，犊牛初生重减轻。碘不足造成犊牛出生后衰弱或死胎。维生素 A 不足使犊牛畸形、衰弱，甚至死亡。因此，妊娠牛在后期的营养很重要。对于种公牛来说，好的平衡日粮才能满足培养高繁殖率种牛的需要。

四是育肥需要。育肥是为了增加牛的肌肉间、皮下和腹腔间脂肪蓄积所需的养分。增膘是为了提高肉牛业的经营效益，因其能改善肉的风味、柔嫩度、产量、质量等级以及销售等级，具有直接的经济意义。

五是泌乳需要。泌乳营养是促使妊娠牛产犊后给犊牛提供足够乳汁的养分。过瘦的母牛常常产后缺奶，这在黄牛繁殖时经常出现，主要是由于不注意妊娠后期母牛营养所致。

第一节　肉牛需要的营养物质

一、肉牛对水的需要

（一）水的营养生理作用

水是动物必需的养分。动物的饮水量比采食干物质量多3～8倍，而且动物因缺水而死亡的速度比缺食物死亡快得多。水除作为养分外，还具有多种重要的用途，如水参与动物体内许多生物化学反应，具有运输其他养分的作用。体温调节、营养物质的消化代谢、有机物质的水解、废物的排泄、内环境的稳定、神经系统的缓冲、关节的润滑等都需要水的参与。

（二）水的来源及排出途径

肉牛所需要的水主要来源于饮水、饲料水，另外有机物质在体内氧化分解或合成过程中所产生的代谢水也是水分来源之一。

肉牛体内的水经复杂的代谢可以通过粪尿的排泄、肺的呼出和皮肤的蒸发等途径排出体外，保持体内水的平衡。由尿中排出的水通常可占总排水量的一半左右；粪中排出的水受饲料性质和饮水的影响，采食多汁饲料和饮水较多时，粪中水分量增加；通过肺脏和皮肤蒸发排出的水分随温度的升高和运动量的增加而增加。

（三）肉牛对水的需要量

肉牛对水的需要量与肉牛的品种、年龄、体重、饲料干物质采食量、季节、气温等多种因素有关。气温为−5～15℃时，肉牛每采食1千克饲料干物质，需要饮水2～4千克；气温为15～25℃时，每采食1千克饲料干物质，需要饮水3～5千克；气温为25～35℃时，每采食1千克饲料干物质，需要饮水4～10千克；而气温高于35℃，则每采食1千克饲料干物质，需要饮水8～15千克。

生产实践中，最好的方法是给肉牛提供充足的饮水。应该根据牛群的大小，设立足够的饮水槽或饮水器，使所有的牛都能够有机会自由饮水。尤其在炎热的夏天，饮水不足还可导致肉牛不能及时散发体热、有效调节体温。因此，给肉牛提供充足的饮水是非常重要的。

在提供肉牛充足的饮水的同时还要注意饮水的质量，当水中食盐含量超过 1‰时，就会发生食盐中毒，含过量的亚硝酸盐和碱的水对肉牛也非常有害。

二、肉牛对干物质的需要

肉牛干物质进食量（DMI）受体重、增重速度、饲料能量浓度、日粮类型、饲料加工、饲养方式和气候因素的影响。

根据国内的各方面试验和测定资料总汇得出，日粮代谢能浓度在 8.4～10.5 兆焦/千克干物质时，生长育肥牛的干物质需要量计算公式为：

$$DMI（千克）=0.062W^{0.75}+(1.5296+0.00371\times W)\times G$$

式中，$W^{0.75}$ 为代谢体重，即体重的 0.75 次方，千克；W 为体重，千克；G 为日增重，千克。

妊娠后半期母牛供参考的干物质进食量为：

$$DMI（千克）=0.062W^{0.75}+(0.790+0.005587t)$$

式中，$W^{0.75}$ 为代谢体重，千克；W 为体重，千克；t 为妊娠天数，天。

哺乳母牛供参考的干物质进食量为：

$$DMI（千克）=0.062W^{0.75}+0.45FCM$$

式中，$W^{0.75}$ 为代谢体重，千克；W 为体重，千克；FCM 为 4% 乳脂标准乳预计量，千克。

三、肉牛对能量的需要

能量是肉牛营养的重要基础，它是构成体组织、维持生理功能和增加体重的主要原料。牛所需的能量除用于维持需要外，多余的能量用于生长和繁殖。肉牛所需要的能量来源于饲料中的碳水化合物、脂肪和蛋白质。最重要的能源是从饲料中的碳水化合物（粗纤维、淀粉等）在瘤胃的发酵产物——挥发性脂肪酸中取得的。脂肪的能量虽然比其他养分高 2 倍以上，但作为饲料中的能源来说并不占主要地位。蛋白质也可以产生能量，但从资源的合理利用及经济效益考虑，用蛋白质供能是不适宜的，在配制日粮时尽可能以碳水化合物提供能量。

当能量水平不能满足肉牛需要时，则生产力下降，健康状况恶化，饲料能量的利用率降低。生长期牛能量不足，则生长停滞。肉牛能量营养水平过高对生产和健康同样不利。能量营养过剩，可造成机体能量大量沉积（过肥），繁殖力下降。由此不难看出，合理的能量营养水平对提高肉牛能量利用效率，保证牛的健康，提高生产力，具有重要的实践意义。

可见，能量是肉牛生命所必需的。能量是肉牛营养需要的一个重要方面，由于肉牛饲料的能量用于维持和增重的效率差异较大，以致饲料能量价值的评定和能量需要的确定比较复杂。

（一）能量体系

各国采用了不同的能量体系。例如，以英国为代表的代谢能体系，由于饲料代谢能浓度转化为增重净能和维持净能的效率差异较大，必须在能量需要表中列出不同代谢能浓度的档次。同一增重的各能量浓度档次的能量需要量各不相同，这样在使用时就很复杂，同时也会对饲料成分表中所列出的能量价值造成误解。美国 NBC 肉牛饲养标准将维持和增重的需要分别以维持净能和增重净能表示。维持净能是指牛不增重，维持正常生理活动所需要的能量；增重净能是指肉牛用来增重生产所需要的能量。每种饲料也列出维持净能和增重净能两种数值。这种体系在计算上较为准确，但用起来也很麻烦，生产中难以推广应用。法国、荷兰和北欧各国等采用综合净能来统一评定维持和增重 2 种净能。

为了解决消化能（或代谢能）转化为维持净能和增重净能效率不同的矛盾，在应用时比较方便，我国肉牛饲养标准把维持净能与增重净能结合起来称为综合净能，并用肉牛能量单位（RND）表示能量价值，为便于国际交流，用其英文缩写，为 BCEU（beef cattle energy unit）。

（二）饲料能值的测算

肉牛养殖业一般用综合净能或肉牛能量单位表示饲料的能值。

1. 综合净能的评定

用实验方法（体外法）评定牛的饲料消化能工作效率较高，成本较低，用体内消化率进行校正也较容易，并且消化能转为代谢能的效率也很稳定。所以，本标准采用消化能作为评定能量价值的基础。消化能转化为净能的效率用统一公式计算。

（1）消化能转化为维持净能的效率 饲料消化能转化为维持净能的效率较高而且比较稳定。但是也受消化能浓度（DE/DM）的影响。各国研究的结果较相似。根据国内饲养试验和消化代谢实验结果，所得出的计算消化能转化为维持净能的效率（K_m）的回归公式为：

$$K_m = 0.1875 \times \frac{DE}{GE} + 0.4579 \ (n=15, r=0.9552)$$

式中，DE 为饲料的消化能；GE 为饲料的总能。

（2）消化能转化为增重净能的效率 饲料消化能转化为增重净能的效率较低，而且受能量浓度影响很大。各国已进行了很多研究，计算的公式有所不同。根据国内饲养试验和消化代谢实验结果，所得出的计算消化能转化为增重净能的效率（K_f）的回归公式为：

$$K_f = 0.5230 \times \frac{DE}{GE} + 0.00589 \ (n=15, r=0.9999)$$

（3）肉牛饲料消化能对维持和增重的综合效率（K_{mf}） 按以下公式计算：

$$K_{mf} = \frac{K_m \times K_f \times APL}{K_f + (APL-1)K_m}$$

$$APL = \frac{NE_m + NE_g}{NE_m}$$

式中，APL 为生产水平，即总净能需要与维持净能需要之比；NE_m 为维持净能；NE_g 为增重净能。

如果对饲料综合净能价值的评定采用不同档次的 APL，将造成一种饲料有几个不同的综合净能价值的结果，应用时很不方便。因此，对饲料综合净能价值的评定统一用 1.5APL 计算。即：

饲料的综合净能$(NE_{mf}, 兆焦/千克) = DE \times K_{mf} = DE \times \dfrac{K_m \times K_f \times 1.5}{K_f + K_m \times 0.5}$

我国将肉牛的维持和增重所需要的能量统一起来采用综合净能值表示，并以肉牛能量单位（RND）表示能量价值。

2. 肉牛能量单位

为了生产中应用方便，本标准将肉牛综合净能值以肉牛能量单位表示，并以 1 千克中等玉米所含的综合净能值 8.08 兆焦为一个肉牛能量单位，即：

$$RND = \frac{NE_{mf}}{8.08}$$

（三）肉牛对能量的需要量

1. 维持能量需要

维持能量需要是维持生命活动，包括基础代谢、自由运动、保持体温等所必需的能量。维持净能与代谢体重（$W^{0.75}$）成比例，我国肉牛饲养标准（1992）推荐的计算公式为：

$$NE_m（千焦）= 322W^{0.75}$$

此数值适合于中立温度、舍饲、有轻微运动和无应激环境条件下使用。维持净能需要受性别、品种、年龄、环境等因素的影响，这些因素的影响程度可达 3%～14%。当气温低于 12℃ 时，每降低 1℃，维持净能需要增加 1%。

2. 增重能量需要

增重能量需要是由增重时所沉积的能量来确定的，包括肌肉、骨骼、体组织、体脂肪的沉积等。肉牛的能量沉积就是增重净能，我国饲养标准对生长肉牛增重净能的计算公式如下：

$$NE_g（千焦）=（2092+25.1W）\times \frac{\Delta W}{1-0.3\Delta W}$$

式中，ΔW 表示日增重，千克；W 表示体重，千克。

生长母牛的增重净能需要在上式计算基础上增加 10%。

3. 妊娠母牛的能量需要

根据国内 78 头母牛饲养试验结果，在维持净能需要的基础上，不同妊娠天数每千克胎儿增重的维持净能为：

$$NE_m（兆焦）= 0.19769t - 11.76122$$

式中，t 为时间，天。

不同妊娠天数不同体重母牛的胎儿日增重（千克）

$$=（0.00879t - 0.85454）\times（0.1439+0.0003558W）$$

式中，W 为母牛体重，千克。

由上述两式计算出不同体重母牛妊娠后期各月的维持净能需要，再加维持净能需要（$322W^{0.75}$），即为总的维持净能需要。总的维持净能需要乘以 0.82，即为综合净能（NE_{mf}）需要量。

4. 哺乳母牛的能量需要

哺乳母牛的能量需要包括维持净能和泌乳净能。维持净能为

$322W^{0.75}$，泌乳净能为每千克 4％乳脂率的标准乳 3138 千焦（按第 1～6 哺乳月的泌乳量计算）。

四、肉牛对蛋白质的需要

蛋白质是生命的重要物质基础。它主要由碳、氢、氧、氮 4 种元素组成，有些蛋白质还含有少量的硫、磷、铁、锌等。蛋白质是三大营养物质中唯一能提供牛体氮素的物质。因此，它的作用是脂肪和碳水化合物所不能代替的。常规饲料分析测得的蛋白质包括真蛋白质和氨化物，通常称粗蛋白质，其数值等于样品总含氮量乘以 6.25。

（一）蛋白质的营养生理功能

（1）蛋白质是构成体组织、体细胞的基本原料，牛体的肌肉、神经、结缔组织、皮肤、血液等，均以蛋白质为其基本成分；牛体表的各种保护组织如毛、蹄、角等，均由角质蛋白质与胶质蛋白质构成。

（2）蛋白质还是体内多种生物活性物质的组成部分，如牛体内的酶、激素、抗体等都是以蛋白质为原料合成的。

（3）蛋白质是形成牛产品的重要物质，肉、乳、绒毛等产品的主要成分都是蛋白质。

（二）蛋白质缺乏对肉牛的危害

当日粮中缺乏蛋白质时，牛体内蛋白质代谢变为负平衡，幼龄牛生长缓慢或停止，体重减轻，成年牛体重下降。长期缺乏蛋白质，还会发生血红蛋白减少的贫血症；当血液中免疫球蛋白数量不足时，则牛抗病力减弱，发病率增加。蛋白质缺乏的牛，食欲不振，消化力下降，生产性能降低；日粮蛋白质不足还会影响牛的繁殖机能，如母牛发情不明显，不排卵，受胎率降低，胎儿发育不良，公牛精液品质下降。反之，过多地供给蛋白质，不仅造成浪费，而且还可能有害；蛋白质过多时，其代谢产物的排泄加重了肝、肾的负担，来不及排出的代谢产物可导致中毒；蛋白质水平过高，对繁殖也有不利影响，公牛表现为精子发育不正常，降低精子的活力及受精能力，母牛则表现为不易形成受精卵或胚胎的活力下降。

154

（三）肉牛对蛋白质的需要量

1. 生长育肥牛的粗蛋白质需要

维持的粗蛋白质需要（克）＝$5.5W^{0.75}$

增重的粗蛋白质需要（克）＝

$\Delta W(168.07-0.16869W+0.0001633W^2)\times(1.12-0.1233\Delta W)\div0.34$

式中，ΔW 为日增重，千克；W 为体重，千克。

2. 妊娠后期母牛的粗蛋白质需要

维持的粗蛋白质需要（克）＝$4.6W^{0.75}$

在维持基础上粗蛋白质的给量，6 个月时为 77 克，7 个月时 145 克，8 个月时 255 克，9 个月时 403 克。

3. 哺乳母牛的粗蛋白质需要。

维持的粗蛋白质需要（克）＝$4.6W^{0.75}$

生产需要按每千克 4％乳脂率的标准乳需粗蛋白质 85 克。

五、肉牛对矿物质的需要

矿物质是维持体组织、细胞代谢和正常生理功能所必需的，肉牛需要的矿物质元素包括：常量矿物质元素如钙、磷、钾、钠、氯、镁、硫等；微量矿物质元素如钴、铜、碘、铁、锰、硒、锌、钼等。

（一）钙和磷

钙和磷是骨骼和牙齿的重要成分，约有 99％的钙和 80％的磷存在于骨骼和牙齿中。钙是细胞和组织液的重要成分，参与血液凝固，维持血液 pH 以及肌肉和神经的正常功能。磷是磷脂、核酸的组成成分，参与糖代谢和生物氧化过程，形成含高能磷酸键的化合物，维持体内的酸碱平衡。

日粮中缺钙会使犊牛生长停滞，发生佝偻病。成年牛缺钙可引起软骨症或骨质疏松症。泌乳母牛的乳热症由钙代谢障碍所致，由于大量泌乳使血钙急剧下降，甲状旁腺机能未能充分调动，未能及时释放骨中的钙储补充血钙。此病常发生于产后，故亦称产后瘫痪。缺磷会使牛食欲下降，出现"异食癖"，如爱啃骨头、木头、砖块和毛皮等异物，牛的泌乳量下降。钙、磷对牛的繁殖影响很大。缺钙可导致难产、胎衣不下和子宫脱出。牛缺磷的典型症状是母牛发情无规律、乏情、卵巢萎缩、卵巢囊肿及受胎率低，或发生流产，产下生活力很弱的犊牛。高钙日粮可引起许多不良后果：因元素间的拮抗而影响锌、锰、铜等的吸收利用；因影响瘤胃微生物区系的活动而降低日粮中有机物质消化率等。日粮中过多的磷会引起母牛卵巢肿大，配种期延长，受胎率下降。日粮中钙、磷比例不当也会影响牛的生产性能及钙、磷在消化道中的吸收。实践证明，理想的钙磷比是（1～2）：1。

钙、磷的需要量计算公式如下：

肉牛的钙需要量（克/天）＝

$$[0.0154W+0.071\Delta W+1.23W'+0.0137\Delta W']\div0.5$$

肉牛的磷需要量（克/天）＝

$$[0.0280W+0.039\Delta W+0.95W'+0.0076\Delta W']\div0.85$$

式中，W 为体重，千克；ΔW 为日增重，克；W' 为日产奶量，千克；$\Delta W'$ 为日胎儿生长，克。

（二）钠与氯

主要存在于体液中，对维持牛体内酸碱平衡、细胞及血液间渗透压有重大作用，保证体内水分的正常代谢，调节肌肉和神经的活动。氯参与胃酸的形成，为饲料蛋白质在真胃消化和保证胃蛋白酶作用所需的 pH 所必需。缺乏钠和氯，牛表现为食欲下降，生长缓慢，体重减轻，泌乳量下降，皮毛粗糙，繁殖机能降低。

肉牛日粮中需补充食盐来满足钠和氯的需要。肉牛的食盐供给量应占日粮干物质的 0.3%。饲喂青贮饲料时，需食盐量比饲喂干草时多；饲喂高粗料日粮时要比喂高精料日粮时多；饲喂青绿多汁的饲料时要比喂枯老饲料时多。

（三）镁

大约 70% 的镁存在于骨骼中。镁是碳水化合物和脂肪代谢中一系列酶的激活剂，它可影响神经肌肉的兴奋性，低浓度时可引起痉挛。泌乳牛较不泌乳牛对缺镁的反应更敏感。成年牛的低镁痉挛（亦称草痉挛或泌乳痉挛）最易发生于放牧的泌乳母牛，尤其是在早春良好草地放牧采食幼嫩牧草时，更易发生。表现为泌乳量下降，食欲降低，兴奋和运动失调，如不及时治疗，可导致死亡。

肉牛对镁的需要量占日粮的 0.16%。一般肉牛日粮中不用补充镁。

（四）钾

在牛体内以细胞内含量最多。具有维持细胞内渗透压和调节酸碱平衡的作用，对神经、肌肉的兴奋性有重要作用。另外，钾还是某些酶系统所必需的元素。牛缺钾时表现为食欲减退，被毛无光泽，生长发育缓慢，异嗜，饲料利用率下降，产奶量减少。夏季给牛补充钾，可缓解热应激对牛的影响。高钾日粮会影响镁和钠的吸收。

肉牛对钾的需要量占日粮的 0.65%。一般肉牛日粮中不用补充钾。

（五）硫

在牛体内主要存在于含硫氨基酸（蛋氨酸、胱氨酸和半胱氨酸）、含硫维生素（硫胺素、生物素）和含硫激素（胰岛素）中。硫是瘤胃微生物活动中不可缺少的元素，特别是对瘤胃微生物蛋白质合成，能将无机硫结合进含硫氨基酸和蛋白质中。

肉牛对硫的需要量占日粮的 0.16%。一般肉牛日粮中不用补充硫。但肉牛日粮中添加尿素时，易发生缺硫。缺硫能影响牛对粗纤维的消化率，降低氮的利用率。用尿素作为蛋白质补充料时，一股认为日粮中氮和硫之比以（10～15）：1 为宜，如每补 100 克尿素加 3 克硫酸钠。

（六）铁、铜、钴

这三种元素都和牛体的造血机能有密切关系。铁是血红蛋白的重要组成部分。铁作为许多酶的组成成分，参与细胞内生物氧化过程。长期喂奶的犊牛易出现缺铁，发生低色素型小红细胞性贫血（血红蛋白过少及红细胞压积降低），皮肤和黏膜苍白，食欲减退，生长缓慢，体重下降，舌乳头萎缩。

铜可促进铁在小肠的吸收，是形成血红蛋白的催化剂。铜还是许多酶的组成成分或激活剂，参与细胞内氧化磷酸化的能量转化过程。铜还可促进骨和胶原蛋白的生成及磷脂的合成，参与被毛和皮肤色素的代谢，与牛的繁殖有关。牛缺铜时表现为体重减轻，产奶量下降，胚胎早期死亡，胎衣不下，空怀增多；公牛性欲减退，精子活力下降，受精率降低。易发生巨细胞性低色素型贫血，被毛褪色，犊牛消瘦，运动失调，生长发育缓慢，消化紊乱。但日粮中铜含量过高，也会对牛造成不良影响。牛对日粮中铜的最大耐受量为 70～100 毫克/

千克，长期用高铜日粮喂牛对健康和生产性能不利，甚至会引起中毒。

157

钴是维生素 B_{12} 的组成成分，维生素 B_{12} 是一种抗贫血因子。牛瘤胃中微生物可利用饲料中提供的钴合成维生素 B_{12}。钴还与蛋白质、碳水化合物代谢有关，参与丙酸和糖原异生作用。钴也是保证牛正常生殖机能的元素之一。牛缺钴时表现为食欲丧失，消瘦，黏膜苍白，贫血，幼牛生长缓慢，被毛失去光泽，生产力下降。母牛表现为受胎率显著降低，同时补充铜钴制剂，可显著提高受胎率。

肉牛对铁的需要量为每千克日粮干物质 50 毫克，对铜的需要量为每千克日粮干物质 8 毫克，对钴的需要量为每千克日粮干物质 0.10 毫克。

（七）锌

锌是牛体内多种酶的构成成分，直接参与牛体蛋白质、核酸、碳水化合物的代谢。锌还是一些激素的必需成分或激活剂。锌可以控制上皮细胞的角化过程和修复过程，是牛创伤愈合的必需因子，并可调节机体的免疫机能，增强机体的抵抗力。日粮中缺锌时，牛食欲减退，消化功能紊乱，异嗜，上皮细胞角化不全，创伤难愈合，发生皮炎（特别是颈、头及腿部），皮肤增厚，有痂皮和皲裂。产奶量下降，生长缓慢，唾液过多，瘤胃挥发性脂肪酸产量下降，繁殖力受损害。

肉牛对锌的需要量为每千克日粮干物质 40 毫克。

（八）锰

锰是许多参与碳水化合物、脂肪、蛋白质代谢酶的辅助因子，参与骨骼的形成，维持牛正常的繁殖机能。锰具有增强瘤胃微生物消化粗纤维的能力。缺锰时牛生长缓慢，被毛干燥或色素减退。犊牛出现骨变形和跛行，运动共济失调。公、母牛生殖机能退化，母牛不发育或发育不正常，受胎延迟，早产或流产；公牛发生睾丸萎缩，精子生成不正常，精子活力下降，受精能力降低。

肉牛对锰的需要量为每千克日粮干物质 40 毫克。

（九）碘

碘是牛体内合成甲状腺素的原料，在基础代谢、生长发育、繁殖等方面有重要作用。日粮中缺碘时，牛甲状腺增生肥大，幼牛生长迟缓，骨骼短小；母牛缺碘可导致胎儿发育受阻，早期胚胎死亡，流产，胎衣不下；公牛缺碘则性欲减退，精液品质低劣。

肉牛对碘的需要量为每千克日粮干物质 0.25 毫克。

（十）硒

硒具有与维生素 E 相似的作用。硒是谷胱甘肽过氧化物酶的组成成分，能还原过氧化脂类，保证生物膜的完整性。硒能刺激牛体内免疫球蛋白的产生，增强机体的免疫功能。硒是维持牛正常繁殖机能所必需的。缺硒地区的牛常发生白肌病，精神沉郁，消化不良，运动共济失调。幼牛生长迟缓，消瘦，并表现出持续性腹泻。母牛繁殖机能障碍，胎盘滞留、产死胎或胎儿发育不良等。公牛缺硒，精液品质下降。研究发现，补硒的同时补充维生素 E 对改善牛的繁殖机能比单补任何一种效果更好。

肉牛对硒的需要量为每千克日粮干物质 0.3 毫克。

六、肉牛对维生素的需要

肉牛所需要的维生素主要来源于饲料和体内微生物的合成，包括脂溶性维生素和水溶性维生素两大类。

（一）脂溶性维生素

包括维生素 A、维生素 D、维生素 E 和维生素 K。在春夏季节牧草品质优良或秋冬季节有优质干草和青贮饲料的条件下，一般不会缺乏维生素 A、维生素 D 和维生素 E，同时牛瘤胃微生物能合成维生素 K，一般也不易缺乏。

肉牛对维生素 A 的需要量（按每千克饲料干物质计）：生长育肥牛 2200 国际单位（IU）（或 5.5 毫克胡萝卜素），妊娠母牛 2800 国际单位（或 7.0 毫克胡萝卜素），泌乳母牛 3800 国际单位（或 9.75 毫克胡萝卜素）。

肉牛对维生素 D 的需要量为每千克饲料干物质 275 国际单位。犊牛、生长牛和成年母牛每 100 千克体重需 660 国际单位维生素 D。

正常饲料中不缺乏维生素 E。犊牛日粮中维生素 E 需要量为每千克干物质含 15～60 国际单位，成年牛正常日粮中含有足够的维生素 E。

各种新鲜或干燥的绿色多叶的植物中含有丰富的维生素 K，正常情况下肉牛的瘤胃微生物能合成大量的维生素 K，所以在一般的饲养标准中，未规定在日粮中补充维生素 K。但当牛采食发霉腐败的草木

159

榨时，易发生双香豆素中毒（其结构与维生素 K 相似，但功能与维生素 K 拮抗），出现维生素 K 不足的症状，如机体衰弱、步态不稳、运动困难、体温低、发抖、瞳孔放大、凝血时间变慢、皮下血肿或鼻孔出血等，可用维生素 K 添加剂进行治疗。

（二）水溶性维生素

包括 B 族维生素和维生素 C。B 族维生素中除维生素 B_{12} 外，其他广泛存在于各种酵母、优质干草、青绿饲料、青贮饲料、籽实类的种皮和胚芽中，并且犊牛一般在 6 周龄后瘤胃微生物能合成足够的 B 族维生素，故很少缺乏。生产中 B 族维生素缺乏症多发生在瘤胃发育不全的幼龄牛和存在拮抗物或缺乏前体物而瘤胃合成受到限制的情况下。

维生素 C 来源广泛，对肉牛一般不考虑维生素 C 的需要量，因为牛体组织和瘤胃中的微生物能够合成足够的维生素 C，一般不用补饲。但在应激状况下，体内合成能力下降，而消耗量却增加，必须额外补充。

七、肉牛对粗纤维的需要

为了保证肉牛的日增重和瘤胃正常发酵功能，日粮中粗饲料应占 $40\%\sim60\%$，含有 $15\%\sim17\%$ 的粗纤维（CF）、$19\%\sim21\%$ 的酸性洗涤纤维（ADF）、$25\%\sim28\%$ 的中性洗涤纤维（NDF）。日粮中中性洗涤纤维总量的 75% 必须由粗饲料来提供。

第二节　肉牛饲养标准

饲养标准是根据大量饲养实验结果和动物生产实践的经验总结，对各种特定动物所需要的各种营养物质的定额作出的规定，这种系统的营养定额及有关资料统称为饲养标准。简言之，即特定动物系统成套的营养定额就是饲养标准，简称"标准"。现行饲养标准则更为确切和系统地表述了经实验研究确定的特定动物（不同种类、性别、年龄、体重、生理状态、生产性能、环境条件等）能量和各种营养物质的定额数值，见表 3-1～表 3-7。

表 3-1　生长育肥牛的每日营养需要（中国肉牛饲养标准 NY/T 815—2004）

活体重/千克	平均日增重/千克	干物质采食量/千克	维持净能/兆焦	生产净能/兆焦	粗蛋白质/克	钙/克	磷/克
150	0	2.66	13.80	0.00	236	5	5
	0.3	3.29	13.80	1.24	377	14	8
	0.4	3.49	13.80	1.71	421	17	9
	0.5	3.70	13.80	2.22	465	19	10
	0.6	3.91	13.80	2.76	507	22	11
	0.7	4.12	13.80	3.34	548	25	12
	0.8	4.33	13.80	3.97	589	28	13
	0.9	4.54	13.80	4.64	627	31	14
	1.0	4.75	13.80	5.38	665	34	15
	1.1	4.95	13.80	6.18	704	37	16
	1.2	5.16	13.80	7.06	739	40	16
175	0	2.98	15.49	0.00	265	6	6
	0.3	3.63	15.49	1.45	403	14	9
	0.4	3.85	15.49	2.00	447	17	9
	0.5	4.07	15.49	2.59	489	20	10
	0.6	4.29	15.49	3.22	530	23	11
	0.7	4.51	15.49	3.89	571	26	12
	0.8	4.72	15.49	4.63	609	28	13
	0.9	4.94	15.49	5.42	650	31	14
	1.0	5.16	15.49	6.28	686	34	15
	1.1	5.38	15.49	7.22	724	37	16
	1.2	5.59	15.49	8.24	759	40	17
200	0	3.30	17.12	0.00	293	7	7
	0.3	3.98	17.12	1.66	428	15	9
	0.4	4.21	17.12	2.28	472	17	10
	0.5	4.44	17.12	2.95	514	20	11
	0.6	4.66	17.12	3.67	555	23	12
	0.7	4.89	17.12	4.45	593	26	13
	0.8	5.12	17.12	5.29	631	29	14
	0.9	5.34	17.12	6.19	669	31	15
	1.0	5.57	17.12	7.17	708	34	16
	1.1	5.80	17.12	8.25	743	37	17
	1.2	6.03	17.12	9.42	778	40	17

活体重/千克	平均日增重/千克	干物质采食量/千克	维持净能/兆焦	生产净能/兆焦	粗蛋白质/克	钙/克	磷/克
	0	3.6	18.71	0.00	320	7	7
	0.3	4.31	18.71	1.86	452	15	10
	0.4	4.55	18.71	2.57	494	18	11
	0.5	4.78	18.71	3.32	535	20	12
	0.6	5.02	18.71	4.13	576	23	13
225	0.7	5.26	18.71	5.01	614	26	14
	0.8	5.49	18.71	5.95	652	29	14
	0.9	5.73	18.71	6.97	691	31	15
	1.0	5.96	18.71	8.07	726	34	16
	1.1	6.20	18.71	9.28	761	37	17
	1.2	6.44	18.71	10.59	796	39	18
	0	3.90	20.24	0.00	346	8	8
	0.3	4.64	20.24	2.07	475	16	11
	0.4	4.88	20.24	2.85	517	18	12
	0.5	5.13	20.24	3.69	558	21	12
	0.6	5.37	20.24	4.59	599	23	13
250	0.7	5.62	20.24	5.56	637	26	14
	0.8	5.87	20.24	6.61	672	29	15
	0.9	6.11	20.24	7.74	711	31	16
	1.0	6.36	20.24	8.97	746	34	17
	1.1	6.60	20.24	10.31	781	36	18
	1.2	6.85	20.24	11.77	814	39	18
	0	4.19	21.74	0.00	372	9	9
	0.3	4.96	21.74	2.28	501	16	12
	0.4	5.21	21.74	3.14	543	19	12
	0.5	5.47	21.74	4.06	581	21	13
	0.6	5.72	21.74	5.05	619	24	14
275	0.7	5.98	21.74	6.12	657	26	15
	0.8	6.23	21.74	7.27	696	29	16
	0.9	6.49	21.74	8.51	731	31	16
	1.0	6.74	21.74	9.86	766	34	17
	1.1	7.00	21.74	11.34	798	36	18
	1.2	7.25	21.74	12.95	834	39	19

活体重 /千克	平均日增重 /千克	干物质采食 量/千克	维持净能 /兆焦	生产净能 /兆焦	粗蛋白质 /克	钙/克	磷/克
	0	4.46	23.21	0.00	397	10	10
	0.3	5.26	23.21	2.48	523	17	12
	0.4	5.53	23.21	3.42	565	19	13
	0.5	5.79	23.21	4.43	603	21	14
	0.6	6.06	23.21	5.51	641	24	15
300	0.7	6.32	23.21	6.67	679	26	15
	0.8	6.58	23.21	7.93	715	29	16
	0.9	6.85	23.21	9.29	750	31	17
	1.0	7.11	23.21	10.76	785	34	18
	1.1	7.38	23.21	12.37	818	36	19
	1.2	7.64	23.21	14.21	850	38	19
	0	4.75	24.65	0.00	421	11	11
	0.3	5.57	24.65	2.69	547	17	13
	0.4	5.84	24.65	3.71	586	19	14
	0.5	6.12	24.65	4.80	624	22	14
	0.6	6.39	24.65	5.97	662	24	15
325	0.7	6.66	24.65	7.23	700	26	16
	0.8	6.94	24.65	8.59	736	29	17
	0.9	7.21	24.65	10.06	771	31	18
	1.0	7.49	24.65	11.66	803	33	18
	1.1	7.76	24.65	13.40	839	36	19
	1.2	8.03	24.65	15.30	868	38	20
	0	5.02	26.06	0.00	445	12	12
	0.3	5.87	26.06	2.90	569	18	14
	0.4	6.15	26.06	3.99	607	20	14
	0.5	6.43	26.06	5.17	645	22	15
	0.6	6.72	26.06	6.43	683	24	16
350	0.7	7.00	26.06	7.79	719	27	17
	0.8	7.28	26.06	9.25	757	29	17
	0.9	7.57	26.06	10.83	789	31	18
	1.0	7.85	26.06	12.55	824	33	19
	1.1	8.13	26.06	14.43	857	36	20
	1.2	8.41	26.06	16.48	889	38	20

活体重 /千克	平均日增重 /千克	干物质采食 量/千克	维持净能 /兆焦	生产净能 /兆焦	粗蛋白质 /克	钙/克	磷/克
	0	5.28	27.44	0.00	469	12	12
	0.3	6.16	27.44	3.10	593	18	14
	0.4	6.45	27.44	4.28	631	20	15
	0.5	6.74	27.44	5.54	669	22	16
	0.6	7.03	27.44	6.89	704	25	17
375	0.7	7.32	27.44	8.43	743	27	17
	0.8	7.62	27.44	9.91	778	29	18
	0.9	7.91	27.44	11.60	810	31	19
	1.0	8.20	27.44	13.45	845	33	19
	1.1	8.49	27.44	15.46	878	35	20
	1.2	8.79	27.44	17.65	907	38	20
	0	5.55	28.80	0.00	492	13	13
	0.3	6.45	28.80	3.31	613	19	15
	0.4	6.76	28.80	4.56	651	21	16
	0.5	7.06	28.80	5.91	689	23	17
	0.6	7.36	28.80	7.35	727	25	17
400	0.7	7.66	28.80	8.90	763	27	18
	0.8	7.96	28.80	10.57	798	29	19
	0.9	8.26	28.80	12.38	830	31	19
	1.0	8.56	28.80	14.35	866	33	20
	1.1	8.87	28.80	16.49	895	35	21
	1.2	9.17	28.80	18.83	927	37	21
	0	5.80	30.14	0.00	515	14	14
	0.3	6.73	30.14	3.52	636	19	16
	0.4	7.04	30.14	4.85	674	21	17
	0.5	7.35	30.14	6.28	712	23	17
	0.6	7.66	30.14	7.81	747	25	18
425	0.7	7.97	30.14	9.45	783	27	18
	0.8	8.29	30.14	11.23	818	29	19
	0.9	8.60	30.14	13.15	850	31	20
	1.0	8.91	30.14	15.24	886	33	20
	1.1	9.22	30.14	17.52	918	35	21
	1.2	9.53	30.14	20.01	947	37	22

活体重/千克	平均日增重/千克	干物质采食量/千克	维持净能/兆焦	生产净能/兆焦	粗蛋白质/克	钙/克	磷/克
450	0	6.06	31.46	0.00	538	15	15
	0.3	7.02	31.46	3.72	659	20	17
	0.4	7.34	31.46	5.14	697	21	17
	0.5	7.66	31.46	6.65	732	23	18
	0.6	7.98	31.46	8.27	770	25	19
	0.7	8.30	31.46	10.01	806	27	19
	0.8	8.62	31.46	11.89	841	29	20
	0.9	8.94	31.46	13.93	873	31	20
	1.0	9.26	31.46	16.14	906	33	21
	1.1	9.58	31.46	18.55	939	35	22
	1.2	9.90	31.46	21.18	967	37	22
475	0	6.31	32.76	0.00	560	16	16
	0.3	7.30	32.76	3.93	681	20	17
	0.4	7.63	32.76	5.42	719	22	18
	0.5	7.96	32.76	7.01	754	24	19
	0.6	8.29	32.76	8.73	789	25	19
	0.7	8.61	32.76	10.57	825	27	20
	0.8	8.94	32.76	12.55	860	29	20
	0.9	9.27	32.76	14.70	892	31	21
	1.0	9.60	32.76	17.04	928	33	21
	1.1	9.93	32.76	19.58	957	35	22
	1.2	10.26	32.76	22.36	989	36	23
500	0	6.56	34.05	0.00	582	16	16
	0.3	7.58	34.05	4.14	700	21	18
	0.4	7.91	34.05	5.71	738	22	19
	0.5	8.25	34.05	7.38	776	24	19
	0.6	8.59	34.05	9.18	811	26	20
	0.7	8.93	34.05	11.12	847	27	20
	0.8	9.27	34.05	13.21	882	29	21
	0.9	9.61	34.05	15.48	912	31	21
	1.0	9.94	34.05	17.93	947	33	22
	1.1	10.28	34.05	20.61	979	34	23
	1.2	10.62	34.05	23.54	1011	36	23

表 3-2 生长母牛的每日营养需要量

活体重/千克	平均日增重/千克	干物质采食量/千克	维持净能/兆焦	生产净能/兆焦	粗蛋白质/克	钙/克	磷/克
150	0	2.66	13.80	0.00	236	5	5
	0.3	3.29	13.80	1.37	377	13	8
	0.4	3.49	13.80	1.88	421	16	9
	0.5	3.70	13.80	2.44	465	19	10
	0.6	3.91	13.80	3.03	507	22	11
	0.7	4.12	13.80	3.67	548	25	11
	0.8	4.33	13.80	4.36	589	28	12
	0.9	4.54	13.80	5.11	627	31	13
	1.0	4.75	13.80	5.92	665	34	14
175	0	2.98	15.49	0.00	265	6	6
	0.3	3.63	15.49	1.59	403	14	8
	0.4	3.85	15.49	2.20	447	17	9
	0.5	4.07	15.49	2.84	489	19	10
	0.6	4.29	15.49	3.54	530	22	11
	0.7	4.51	15.49	4.28	571	25	12
	0.8	4.72	15.49	5.09	609	28	13
	0.9	4.94	15.49	5.96	650	30	14
	1.0	5.16	15.49	6.91	686	33	15
200	0	3.30	17.12	0.00	293	7	7
	0.3	3.98	17.12	1.82	428	14	9
	0.4	4.21	17.12	2.51	472	17	10
	0.5	4.44	17.12	3.25	514	19	11
	0.6	4.66	17.12	4.04	555	22	12
	0.7	4.89	17.12	4.89	593	25	13
	0.8	5.12	17.12	5.82	631	28	14
	0.9	5.34	17.12	6.81	669	30	14
	1.0	5.57	17.12	7.89	708	33	15
225	0	3.60	18.71	0.00	320	7	7
	0.3	4.31	18.71	2.05	452	15	10
	0.4	4.55	18.71	2.82	494	17	11
	0.5	4.78	18.71	3.66	535	20	12
	0.6	5.02	18.71	4.55	576	23	12
	0.7	5.26	18.71	5.51	614	25	13
	0.8	5.49	18.71	6.54	652	28	14
	0.9	5.73	18.71	7.66	691	30	15
	1.0	5.96	18.71	8.88	726	33	16

166

活体重 /千克	平均日增重 /千克	干物质采食 量/千克	维持净能 /兆焦	生产净能 /兆焦	粗蛋白质 /克	钙/克	磷/克
	0	3.90	20.24	0.00	346	8	8
	0.3	4.64	20.24	2.28	475	15	11
	0.4	4.88	20.24	3.14	517	18	11
	0.5	5.13	20.24	4.06	558	20	12
250	0.6	5.37	20.24	5.05	599	23	13
	0.7	5.62	20.24	6.12	637	25	14
	0.8	5.87	20.24	7.27	672	28	15
	0.9	6.11	20.24	8.51	711	30	15
	1.0	6.36	20.24	9.86	746	33	17
	0	4.19	21.74	0.00	372	9	9
	0.3	4.96	21.74	2.50	501	16	11
	0.4	5.21	21.74	3.45	543	18	12
	0.5	5.47	21.74	4.47	581	20	13
275	0.6	5.72	21.74	5.56	619	23	14
	0.7	5.98	21.74	6.73	657	25	14
	0.8	6.23	21.74	7.99	696	28	15
	0.9	6.49	21.74	9.36	731	30	16
	1.0	6.74	21.74	10.85	766	32	17
	0	4.46	23.21	0.00	397	10	10
	0.3	5.26	23.21	2.73	523	16	12
	0.4	5.53	23.21	3.77	565	18	13
	0.5	5.79	23.21	4.87	603	21	14
300	0.6	6.06	23.21	6.06	641	23	14
	0.7	6.32	23.21	7.34	679	25	15
	0.8	6.58	23.21	8.72	715	28	16
	0.9	6.85	23.21	10.21	750	30	17
	1.0	7.11	23.21	11.84	785	32	17
	0	4.75	24.65	0.00	421	11	11
	0.3	5.57	24.65	2.96	547	17	13
	0.4	5.84	24.65	4.08	586	19	14
	0.5	6.12	24.65	5.28	624	21	14
325	0.6	6.39	24.65	6.57	662	23	15
	0.7	6.66	24.65	7.95	700	25	16
	0.8	6.94	24.65	9.45	736	28	16
	0.9	7.21	24.65	11.07	771	30	17
	1.0	7.49	24.65	12.82	803	32	18

活体重/千克	平均日增重/千克	干物质采食量/千克	维持净能/兆焦	生产净能/兆焦	粗蛋白质/克	钙/克	磷/克
	0	5.02	26.06	0.00	445	12	12
	0.3	5.87	26.06	3.19	569	17	14
	0.4	6.15	26.06	4.39	607	19	14
	0.5	6.43	26.06	5.69	645	21	15
350	0.6	6.72	26.06	7.07	683	23	16
	0.7	7.00	26.06	8.56	719	25	16
	0.8	7.28	26.06	10.17	757	28	17
	0.9	7.57	26.06	11.92	789	30	18
	1.0	7.85	26.06	13.81	824	32	18
	0	5.28	27.44	0.00	469	12	12
	0.3	6.16	27.44	3.41	593	18	14
	0.4	6.45	27.44	4.71	631	20	15
	0.5	6.74	27.44	6.09	669	22	16
375	0.6	7.03	27.44	7.58	704	24	17
	0.7	7.32	27.44	9.18	743	26	17
	0.8	7.62	27.44	10.90	778	28	18
	0.9	7.91	27.44	12.77	810	30	19
	1.0	8.20	27.44	14.79	845	32	19
	0	5.55	28.80	0.00	492	13	13
	0.3	6.45	28.80	3.64	613	18	15
	0.4	6.76	28.80	5.02	651	20	16
	0.5	7.06	28.80	6.50	689	22	16
400	0.6	7.36	28.80	8.08	727	24	17
	0.7	7.66	28.80	9.79	763	26	17
	0.8	7.96	28.80	11.63	798	28	18
	0.9	8.26	28.80	13.62	830	29	19
	1.0	8.56	28.80	15.78	866	31	19
	0	6.06	31.46	0.00	537	12	12
	0.3	7.02	31.46	4.10	625	18	14
	0.4	7.34	31.46	5.65	653	20	15
	0.5	7.65	31.46	7.31	681	22	16
450	0.6	7.97	31.46	9.07	708	24	17
	0.7	8.29	31.46	11.01	734	26	17
	0.8	8.61	31.46	13.08	759	28	18
	0.9	8.93	31.46	15.32	784	30	19
	1.0	9.25	31.46	17.75	808	32	19

活体重/千克	平均日增重/千克	干物质采食量/千克	维持净能/兆焦	生产净能/兆焦	粗蛋白质/克	钙/克	磷/克
	0	6.56	34.05	0.00	582	13	13
	0.3	7.57	34.05	4.55	662	18	15
	0.4	7.91	34.05	6.28	687	20	16
	0.5	8.25	34.05	8.12	712	22	16
500	0.6	8.58	34.05	10.10	736	24	17
	0.7	8.92	34.05	12.23	760	26	17
	0.8	9.26	34.05	14.53	783	28	18
	0.9	9.60	34.05	17.02	805	29	19
	1.0	9.93	34.05	19.72	827	31	19

表 3-3 妊娠母牛的每日营养需要量

体重/千克	妊娠月份	干物质采食量/千克	维持净能/兆焦	生产净能/兆焦	粗蛋白质/克	钙/克	磷/克
	6	6.32	23.21	4.32	409	14	12
300	7	6.43	23.21	7.36	477	16	12
	8	6.60	23.21	11.17	587	18	13
	9	6.77	23.21	15.77	735	20	13
	6	6.86	26.06	4.63	499	16	13
350	7	6.98	26.06	7.88	517	18	14
	8	7.15	26.06	11.97	627	20	15
	9	7.32	26.06	16.89	775	22	15
	6	7.39	28.80	4.94	488	18	15
400	7	7.51	28.80	8.40	556	20	16
	8	7.68	28.80	12.76	666	22	16
	9	7.84	28.80	18.01	814	24	17
	6	7.90	31.46	5.24	526	20	17
450	7	8.02	31.46	8.92	594	22	18
	8	8.19	31.46	13.55	704	24	18
	9	8.36	31.46	19.13	852	27	19
	6	8.40	34.05	5.55	563	22	19
500	7	8.52	34.05	9.45	631	24	19
	8	8.69	34.05	14.35	741	26	20
	9	8.86	34.05	20.25	889	29	21
	6	8.89	36.57	5.86	599	24	20
550	7	9.00	36.57	9.97	667	26	21
	8	9.17	36.57	15.14	777	29	22
	9	9.34	36.57	21.37	925	31	23

表 3-4　哺乳母牛的每日营养需要量

体重 /千克	干物质 采食量 /千克	4%乳脂 率标准乳 /千克	维持净能 /兆焦	生产净能 /兆焦	粗蛋白质 /克	钙 /克	磷 /克
	4.47	0	23.21	0.00	332	10	10
	5.82	3	23.21	9.41	587	24	14
	6.27	4	23.21	12.55	672	29	15
	6.72	5	23.21	15.69	757	34	17
300	7.17	6	23.21	18.83	842	39	18
	7.62	7	23.21	21.97	927	44	19
	8.07	8	23.21	25.10	1012	48	21
	8.52	9	23.21	28.24	1097	53	22
	8.97	10	23.21	31.38	1182	58	23
	5.02	0	26.06	0.00	372	12	12
	6.37	3	26.06	9.41	627	24	16
	6.82	4	26.06	12.55	712	32	17
	7.27	5	26.06	15.69	797	37	19
350	7.72	6	26.06	18.83	882	42	20
	8.17	7	26.06	21.97	967	46	21
	8.62	8	26.06	25.10	1052	51	23
	9.07	9	26.06	18.24	1137	56	24
	9.52	10	26.06	31.38	1222	61	25
	5.55	0	28.80	0.00	411	13	13
	6.90	3	28.80	9.41	666	28	17
	7.35	4	28.80	12.55	751	33	18
	7.80	5	28.80	15.69	836	38	20
400	8.25	6	28.80	18.83	921	43	21
	8.70	7	28.80	21.97	1006	47	22
	9.15	8	28.80	25.10	1091	52	24
	9.60	9	28.80	28.24	1176	57	25
	10.05	10	28.80	31.38	1261	62	26
	6.06	0	31.46	0.00	449	15	15
	7.41	3	31.46	9.41	704	30	19
	7.86	4	31.46	12.55	789	35	20
	8.31	5	31.46	15.69	874	40	22
450	8.76	6	31.46	18.83	959	45	23
	9.21	7	31.46	21.97	1044	49	24
	9.66	8	31.46	25.10	1129	54	26
	10.11	9	31.46	28.24	1214	59	27
	10.56	10	31.46	31.38	1299	64	28

170

体重/千克	干物质采食量/千克	4%乳脂率标准乳/千克	维持净能/兆焦	生产净能/兆焦	粗蛋白质/克	钙/克	磷/克
	6.56	0	34.05	0.00	486	16	16
	7.91	3	34.05	9.41	741	31	20
	8.36	4	34.05	12.55	826	36	21
	8.81	5	34.05	15.69	911	41	23
500	9.26	6	34.05	18.83	996	46	24
	9.71	7	34.05	21.97	1081	50	25
	10.16	8	34.05	25.10	1166	55	27
	10.61	9	34.05	28.24	1251	60	28
	11.06	10	34.05	31.38	1336	65	29
	7.04	0	36.57	0.00	522	18	18
	8.39	3	36.57	9.41	777	32	22
	8.84	4	36.57	12.55	862	37	23
	9.29	5	36.57	15.69	947	42	25
550	9.74	6	36.57	18.83	1032	47	26
	10.19	7	36.57	21.97	1117	52	27
	10.64	8	36.57	25.10	1202	56	29
	11.09	9	36.57	28.24	1287	61	30
	11.54	10	36.57	31.38	1372	66	31

表 3-5　哺乳母牛每千克 4%标准乳中营养含量

干物质/克	肉牛能量单位/RND	综合净能/兆焦	脂肪/克	粗蛋白质/克	钙/克	磷/克
450	0.32	2.57	40	85	2.46	1.12

表 3-6　肉牛对日粮微量矿物元素的需要量

微量元素	需要量(以日粮干物质计)/(毫克/千克)			最大耐受浓度
	生长和育肥牛	妊娠母牛	泌乳早期母牛	
钴(Co)	0.10	0.10	0.10	10
铜(Cu)	10.00	10.00	10.00	100
碘(I)	0.50	0.50	0.50	50
铁(Fe)	50.00	50.00	50.00	1000
锰(Mn)	20.00	40.00	40.00	1000

续表

微量元素	需要量(以日粮干物质计)/(毫克/千克)			最大耐受浓度
	生长和育肥牛	妊娠母牛	泌乳早期母牛	
硒(Se)	0.10	0.10	0.10	2
锌(Zn)	30.00	30.00	30.00	500

表 3-7　肉牛对日粮维生素的需要量

种类	需要量(以日粮干物质计)/(国际单位/千克)				最大耐受浓度
	生长和育肥牛	生长母牛	妊娠母牛	泌乳早期母牛	
维生素 A	2200	2400	2800	3900	30000
维生素 D	275	275	275	275	4500
维生素 E	15	15	15	15	900

第四章 肉牛配合饲料的配制方法

任何一种饲料都不能供给牛体所必需的全部营养物质。因此，必须按饲养标准科学搭配，使饲料多样化，同一类饲料中要尽量采用多品量，使饲粮中各类饲料所含营养物质能够均衡。与饲喂单一饲料相比，科学搭配后的饲料不仅能提高饲粮营养价值，而且能满足肉牛的营养需要。

第一节 配合饲料概述

一、配合饲料概念

配合饲料指根据肉牛的不同生长阶段、不同生理要求、不同生产用途的营养需要以及以饲料营养价值评定的实验和研究为基础，按科学配方，把不同来源的饲料依一定比例均匀混合，并按规定的工艺流程生产以满足各种实际需求的饲料。

二、配合饲料的分类

配合饲料按营养成分和用途可分类为全价配合饲料、混合饲料、浓缩饲料、精料补充料和预混合饲料等。

（一）全价配合饲料

全价配合饲料又称为完全配合饲料、全日粮配合饲料。配合这种饲料要将粗饲料如秸秆、干草等，按要求粉碎，按饲粮组成配方加入能量饲料、蛋白质饲料、矿物质饲料及多种饲料添加剂，经过科学加工、混合均匀，压制成颗粒饲料。此种饲料可以全面满足肉牛的营养需要，除饮水外，不必另外添加任何其他营养性饲用物质就可直接饲喂肉牛。

（二）混合饲料

由某些饲料原料经过简单加工混合而成，为初级配合饲料，主要考虑能量、蛋白质、钙、磷等营养指标。在许多农村地区常见。混合饲料可用于直接饲喂动物，但饲养效果不理想。

（三）浓缩饲料

浓缩饲料又称平衡用配合料。浓缩饲料主要由蛋白质饲料、常量矿物质饲料（钙、磷、食盐）和添加剂预混合饲料3部分原料构成。通常为全价饲料中除去能量饲料的剩余部分。它一般占全价配合饲料的20%～40%。这种饲料不能直接饲喂，要按其说明书加入一定的能量饲料后组成全价料，方可喂牛。

浓缩饲料主要是平衡以粗饲料为主喂牛时蛋白质缺乏的问题，也可避免牧区和边远山区购买矿物质饲料及添加剂等的不便，可使缺乏饲料营养知识及加工技术的农牧户按产品说明配合牛的全价饲粮，提高饲料报酬和经济效益。

（四）精料补充料

精料补充料是为肉牛等草食动物配制生产的专用饲料。它由能量饲料、蛋白质饲料、矿物质饲料及添加剂组成，肉牛在采食青、粗饲草及青贮饲料时，往往蛋白质、能量及矿物质不足，满足不了牛的营养需要。给予适量的精料补充料，可以补足基础粗饲料中的营养缺额，全面满足肉牛的营养需要。因此，牛的精料补充料，不单独构成饲粮，主要是用以补充采食饲草不足的那一部分营养。

（五）预混合饲料

预混合饲料指由一种或多种的添加剂原料（或单体）与载体或稀释剂搅拌均匀的混合物，又称添加剂预混料或预混料。

预混合饲料是浓缩饲料或全价料的重要组成成分，可视为配合饲料的核心，因其含有的微量活性组分常是配合饲料饲用效果的决定因素。一般添加剂预混料的添加比例为混合精饲料（最终产品）的1%或更高，以保证其微量成分在最终产品中的均匀分布。预混合饲料不能直接饲喂肉牛。

预混合饲料的种类可分为：

1. 单项预混合饲料

它是由单一添加剂原料或同一种类的多种饲料添加剂与载体或稀释剂配制而成的均质混合物，主要是由于某种或某类添加剂使用量非常少，需要初级预混才能更均匀分布到大宗饲料中。生产中常将单一

174

的维生素、单一的微量元素（硒、碘、钴等）、多种维生素、多种微量元素各自先进行初级预混，分别制成单项预混料等。

2. 复合预混合饲料

它是按配方和实际要求将各种不同种类的饲料添加剂与载体或稀释剂混合制成的均质混合物。如微量元素、维生素及其他成分混合在一起的预混料。

三、配合饲料的特点

（一）营养平衡，能满足肉牛的营养需要，充分发挥其生产潜力

配合饲料是按不同肉牛的饲养标准而设计出的饲料配方，采取科学的生产工艺配制的饲料，其营养物质平衡、全面，饲喂肉牛可以最大限度地发挥其生产性能，降低饲养成本，使肉牛饲养者获得良好的经济效益。

（二）科学合理地利用饲料资源，避免饲料单一

配合饲料是由多种饲料并根据肉牛的生理特点和营养需要配制而成的，因而除具有营养均衡性，同时也使各种饲料资源得到合理利用，相互取长补短，避免饲料单一所造成的营养不全和饲料浪费。

（三）质量均匀，能保证饲料添加剂等微量成分均匀混合

微量元素及维生素添加剂一般用量很少，如在饲料中混合不均匀，容易造成个体采食过量或不足。配合饲料采用先进的生产工艺及生产设备进行工厂化生产，使饲料添加剂等微量成分与饲料原料混合均匀，产品质量标准化，饲喂安全、方便，能起到提高肉牛生产性能、促进肉牛生长发育、预防疾病、改善肉牛产品品质的良好作用。

（四）饲料质量标准化，能及时应用国内外饲养科学研究的成果

配合饲料的工业化生产，严格执行国家《饲料和添加剂管理条例》等有关规定，选用无毒、无公害的饲料原料，不使用国家禁用的药物和饲料添加剂。现代化饲料加工厂能迅速地应用国内外饲养科学的研究成果，使配合饲料的配方更加科学合理，以提高饲料质量。

第二节　预混料配方设计方法

预混合饲料指由一种或多种添加剂原料（或单体）与载体或稀释

剂搅拌均匀的混合物，又称添加剂预混料或预混料，目的是有利于微量原料均匀分散于大量的配合饲料中。预混合饲料不能直接饲喂动物。预混合饲料可分为单项预混合饲料和复合预混合饲料。

175

一、预混料配制注意的问题

（一）载体、稀释剂和吸附剂的选择

1. 载体

载体是一种能够承载或吸附微量活性添加成分的微粒。微量成分被载体所承载后，其本身的若干物理特性发生改变而不再表现出来，而所得"混合物"的有关物理特性（如流动性、粒度等）基本取决于或表现为载体的特性。常用的载体有 2 类，即有机载体与无机载体。有机载体又分为 2 种：一种指含粗纤维多的物质，如次粉、小麦粉、玉米粉、脱脂米糠粉、棉壳粉、玉米穗轴粉、大豆壳粉、大豆粕粉等，含水量最好控制在 8% 以下；另一种为含粗纤维少的物料，如淀粉、乳糖等，这类载体多用于维生素添加剂或药物性添加剂。无机载体则为碳酸钙、磷酸钙、硅酸盐、二氧化硅、食盐、陶土、滑石、蛭石、沸石粉、海泡石粉等，这类载体多用于微量元素预混料的制作。制作添加剂预混料可选用有机载体，或二者兼有之，可视需要而定。

2. 稀释剂

稀释剂系指混合于一组或多组微量活性组分中的物质。它可将活性微量组分的浓度降低，并把它们的颗粒彼此分开，减少活性成分之间的相互反应，以增加活性成分稳定性。稀释剂与微量活性成分之间的关系是简单的机械混合，它不会改变微量成分的有关物理性质。

稀释剂也可分为有机物与无机物两大类。有机物常用的有去胚的玉米粉、右旋糖（葡萄糖）、蔗糖、豆粕粉、烘烤过的大豆粉、带有麸皮的粗小麦粉等，这类稀释剂要求在粉碎之前经干燥处理，含水量低于 10%。无机物类主要指石粉、碳酸钙、贝壳粉、高岭土（白陶土）等，这类稀释剂要求在无水状态下使用。

3. 吸附剂

吸附剂也称吸收剂。这种物质可使活性成分附着在其颗粒表面，使液态微量化合物添加剂变为固态化合物，有利于实施均匀混合。其特性是吸附性强，化学性质稳定。

吸附剂一般也分为有机物和无机物两类：有机物类如小麦胚粉、脱脂的玉米胚粉、玉米芯碎片、粗麸皮、大豆细粉以及吸水性强的谷物类等；无机物类则包括二氧化硅、蛭石、硅酸钙等。

实际上载体、吸附剂、稀释剂大多是相互混用的，但从制作预混合饲料工艺的角度出发来区别它们，对于正确选用载体、稀释剂、吸附剂是有必要的。

可作为载体和稀释剂的物料很多，性质各异。对添加剂预混料的载体和稀释剂的要求可参照表 4-1。

表 4-1　对载体和稀释剂物料的要求

项目	含水率	粒度/目	容重	表面特性	吸湿结块	流动性	pH	静电
载体 稀释剂	<10%	30～80 80～200	接近承载或 被稀释物料	粗糙,吸附性好 光滑,流动性好	不易吸湿 防结块	差 好	接近中性	低

　(二) 预混料制作原则与要求

制作预混合饲料的规格要求和影响因素很多，但均要遵循如下几个原则：保证微量活性组分的稳定性；保证微量活性组分的均匀一致性；保证人和动物的安全性。

在预混料中，除了添加剂外，还有载体与稀释剂。因此，作为预混料产品均要符合如下几项要求，方能保证产品质量：

第一，产品配方设计合理，产品与产品配方基本一致；

第二，混合均匀，防止分级；

第三，稳定性良好，便于贮存和加工；

第四，浓度适宜，包装良好，使用方便。

(三) 添加剂预混料配方设计注意事项

1. 配方设计应以饲养标准为依据

饲养标准是不同饲养目的下动物的营养需要量。它是依据科学试验结果制定的，完全可以作为添加剂预混料配方设计的依据。但饲养标准中的营养需要量是在试验条件下满足动物正常生长发育的最低需要量，实际生产条件远远超出试验控制条件，因此，在确定添加剂预混料配方中各种原料用量时，要加上一个适宜的量，即保险系数（或称安全系数），以保证满足动物在生产条件下对营养物质的正常需要。

2. 正确使用添加剂原料

要清楚掌握添加剂原料的品质，这对保证添加剂预混料的质量至关重要。添加剂原料使用前，要对其活性成分进行实际测定，以实际测定值作为确定配方中实际用量的依据。

在使用药物添加剂时，除注意实际效用外，要特别注意安全性。在配方设计时，要充分考虑实际使用条件，对含药添加剂的使用期、停药期及其他有关注意事项，要在使用说明中给予详细的注释。

3. 注意添加剂间的配伍性

添加剂预混料是一种或多种饲料添加剂与载体或稀释剂按一定比例混配而成的，因此，在设计配方时必须清楚了解和注意它们之间的可配伍性和配伍禁忌。

4. 注意预混料各成分的比例

注意组成预混料各成分的比例是否接近，是否与后继生产的浓缩饲料和全价料组成中的主料接近。若相差太远，则容易在长途运输中产生"分级"现象，降低饲喂效果，甚至出现危险。例如，以麸皮或草粉作载体的预混料，配合成浓缩饲料或全价饲料后，在运输等震动条件下会逐渐"上浮"到包装的最上层，使上下层成分差别巨大，均匀度降低。

二、预混料配方设计的一般方法和步骤

饲料添加剂的使用量一般相对固定，预混料配方的设计过程比全价料简单，一般方法和步骤如下：

（一）根据饲养标准和饲料添加剂使用指南确定各种饲料添加剂原料的用量

饲养标准是确定动物营养需要的基本依据，为计算方便，通常以饲养标准中规定的微量元素和维生素需要量作为添加量，还可参考确实可靠的研究和使用实践进行权衡，修订添加的种类和数量。

氨基酸的添加量按下式计算：

某种氨基酸添加量＝某种氨基酸需要量－非氨基酸添加剂和其他
饲料提供的某种氨基酸量

（二）原料选择

综合原料的生物效价、价格和加工工艺的要求选择微量元素原

178 料。主要查明微量元素含量，同时查明杂质及其他元素含量，以备应用。

（三）计算所需商品原料量

根据原料中微量元素、维生素及有效成分含量或效价、预混料中的需要量等计算在预混料中所需商品原料量。其计算方法是：

$$纯原料量 = \frac{某微量元素需要量}{纯品中元素含量（\%）}$$

$$商品原料量 = \frac{纯原料量}{商品原料有效含量（或纯度）}$$

（四）确定载体用量

根据预混料在配合饲料中的比例，计算载体用量。一般认为，预混料占全价配合饲料的 0.1%～0.5% 为宜。

载体用量为预混料量与商品添加剂原料量之差。

（五）列出配方

列出饲料添加剂预混料的生产配方。

三、预混料配方设计举例

（一）微量元素预混料的配方设计实例

【例1】设计育肥肉牛微量元素预混料配方

（1）根据饲养标准确定微量元素用量　由我国肉牛饲养标准中查出育肥肉牛的微量元素需要量（即每千克饲粮中的添加量）如表 4-2。

表 4-2　育肥肉牛的微量元素需要量

元素	铜	碘	铁	锰	硒	锌	钴
需要量/毫克	8	0.5	50	40	0.1	30	0.1

（2）微量元素原料选择　实际生产中有许多微量元素饲料添加剂，其相应的化学结构、分子式、元素含量、纯度等均有差别，可根据实际情况进行选择。表 4-3 列出了常用的微量元素饲料添加剂无机盐的规格。

表 4-3 商品微量元素盐的规格

商品微量元素盐	分子式	纯品中元素含量/%	商品原料纯度/%
硫酸铜	$CuSO_4 \cdot H_2O$	Cu:25.5	96
碘化钾	KI	I:76.4	98
硫酸亚铁	$FeSO_4 \cdot 7H_2O$	Fe:20.1	98.5
硫酸锰	$MnSO_4 \cdot H_2O$	Mn:32.5	98
亚硒酸钠	$Na_2SeO_3 \cdot 5H_2O$	Se:30.0	95
硫酸锌	$ZnSO_4 \cdot 7H_2O$	Zn:22.7	99
硫酸钴	$CoSO_4$	Co:38.0	98

（3）计算商品原料量 将需要添加的各微量元素折合为每千克风干全价配合饲料中的商品原料量（表 4-4）。即：

商品原料量＝某微量元素需要量÷纯品中该元素含量÷商品原料纯度

表 4-4 每千克全价配合饲料中微量元素盐商品原料用量

商品原料	计算式	商品原料量/(毫克/千克)
硫酸铜	$8 \div 25.5\% \div 96\%$	32.68
碘化钾	$0.5 \div 76.4\% \div 98\%$	0.67
硫酸亚铁	$50 \div 20.1\% \div 98.5\%$	252.54
硫酸锰	$40 \div 32.5\% \div 98\%$	125.59
亚硒酸钠	$0.1 \div 30\% \div 95\%$	0.35
硫酸锌	$30 \div 22.7\% \div 99\%$	133.49
硫酸钴	$0.1 \div 38\% \div 98\%$	0.27
合计		545.59

（4）计算载体用量 若预混料在全价配合料中占 0.2%（即每吨全价配合饲料中含预混料 2 千克），则预混料中载体用量等于预混料量与微量元素盐商品原料量之差。即：2 千克－0.54559 千克＝1.45441 千克。

（5）给出生产配方（见表 4-5）

表 4-5　微量元素添加剂预混料配方单

原　　料	每吨全价料中用量/克	预混料配方/%	每吨预混料中用量/千克
硫酸铜 $CuSO_4 \cdot H_2O$	32.68	1.634	16.34
碘化钾 KI	0.67	0.0335	0.335
硫酸亚铁 $FeSO_4 \cdot 7H_2O$	252.54	12.627	126.27
硫酸锰 $MnSO_4 \cdot H_2O$	125.59	6.2795	62.795
亚硒酸钠 $Na_2SeO_3 \cdot 5H_2O$	0.35	0.0175	0.175
硫酸锌 $ZnSO_4 \cdot 7H_2O$	133.49	6.6745	66.745
硫酸钴 $CoSO_4$	0.27	0.0135	0.135
载体	1454.41	72.7205	727.205
合计	2000	100	1000

（二）维生素添加剂预混料配方设计举例

【例 2】设计育肥肉牛维生素预混料配方

（1）需要量和添加量的确定　查我国肉牛饲养标准可知，育肥肉牛每千克饲粮维生素的需要量为：维生素 A 2200 国际单位（IU），维生素 D 275 国际单位，维生素 E 30 国际单位。根据饲养管理水平、工作经验等进行调整，确定添加量为：维生素 A 4000 国际单位，维生素 D 500 国际单位，维生素 E 50 国际单位。

（2）根据维生素商品原料的有效成分含量计算原料用量　从市场上选择适宜的维生素原料并确定其有效成分含量，按下列计算式折算：

$$商品维生素原料用量 = \frac{某维生素添加量}{原料中某维生素有效含量}$$

计算结果见表 4-6。

表 4-6　育肥肉牛每千克全价料中维生素添加量及商品原料用量

维生素	添加量	原料中有效成分含量	商品维生素原料用量/克
维生素 A	4000 国际单位	500000 国际单位/克	$4000 \div 500000 = 0.008$
维生素 D	500 国际单位	500000 国际单位/克	$500 \div 500000 = 0.001$
维生素 E	50 国际单位	50%	$50 \div 50\% \div 1000 = 0.1$
合计			0.109

（3）确定抗氧化剂的添加量 抗氧化剂 BHT 的添加量为 0.8 克/吨。

（4）计算载体用量并列出生产配方 载体用量根据设定的维生素添加剂预混料（多维）在全价料中的用量确定，在此设多维用量为 500 克/吨，则载体用量为 500−109.00−0.80＝390.2 千克。

（5）给出生产配方（见表 4-7）

表 4-7 维生素预混料生产配方

商品维生素原料	每千克全价料中用量/克	每吨全价料中用量/克	预混料配比/%	每吨维生素预混料中用量/千克
维生素 A	0.008	8.00	1.6	16
维生素 D	0.001	1.00	0.2	2
维生素 E	0.1	100.00	20	200
抗氧化剂 BHT	—	0.80	0.16	1.6
载体	—	390.2	78.04	780.4
合计	—	500	100	1000

（三）复合预混料配方设计示例

复合预混料设计步骤与设计微量元素或维生素预混料配方时基本相似，即确定添加量、选择原料、确定其中有效成分含量、计算各原料和载体用量及百分比。

【例3】设计育肥肉牛复合预混料配方

1％育肥肉牛复合预混料设计配方见表 4-8。

表 4-8 1％育肥肉牛复合预混料设计配方

组分	添加量/克	比例/%
维生素预混料	500	5.0
微量元素预混料	2000	20.0
抗氧化剂	100	1.0
碳酸氢钠	500	5.0
莫能霉素	30	0.3
载体	6870	68.7
总计	10000	100

第三节 精料补充料配方的设计方法

一、设计步骤

肉牛除采食大量粗饲料外，还需对其饲喂一定量的精料补充料。设计配方的基本步骤是：

第一步：首先计算出肉牛每天采食的粗饲料可为其提供各种营养物质的数量。

第二步：根据饲养标准计算出达到规定的生产性能尚需的营养物质的数量，即必须由精料补充料提供的营养物质的量。

第三步：由肉牛每天采食的精料补充料的量，计算精料补充料中应含各种营养物质的含量。

第四步：根据配合精料补充料的营养物质的含量，拟定肉牛精料补充料配方。

二、设计举例

【例4】为体重200千克、预期日增重1千克的肉牛配制精料补充料配方。精料补充料可以选择玉米、麸皮、棉籽粕、豆粕、磷酸氢钙、食盐、添加剂为原料，粗饲料可选用玉米秸青贮、苜蓿干草、玉米秸。

（1）查肉牛饲养标准与饲料成分表，列出其养分需要量，见表4-9、表4-10。

表4-9 肉牛饲养标准

日粮干物质/千克	肉牛能量单位/(RND/千克)	综合净能/(兆焦/千克)	粗蛋白质/克	钙/[克/(只·日)]	磷/[克/(只·日)]
5.57	3.45	27.82	706	34	16

表4-10 饲料成分表

饲料名称	干物质/%	肉牛能量单位/(RND/千克)	综合净能/(兆焦/千克)	粗蛋白质/%	钙/%	磷/%
玉米秸青贮	22.7	0.12	1.00	1.6	0.10	0.06
苜蓿干草	88.7	0.56	4.51	16.5	1.95	0.28

饲料名称	干物质/%	肉牛能量单位/(RND/千克)	综合净能/(兆焦/千克)	粗蛋白质/%	钙/%	磷/%
玉米秸	90.0	0.31	2.53	5.9	0.05	0.06
玉米	88.4	1.00	8.06	8.6	0.04	0.20
麸皮	88.6	0.73	5.86	14.4	0.18	0.78
棉籽粕	89.6	0.82	6.62	33.8	0.31	0.64
豆粕	90.6	0.92	7.43	43.0	0.32	0.50
磷酸氢钙					23	16

（2）确定粗饲料的采食量。肉牛日粮精粗比例一般为 47：53，则肉牛每天采食粗饲料的干物质为 $5.57 \times 53\% = 2.95$ 千克。每天采食精饲料的干物质为 $5.57 \times 47\% = 2.62$ 千克。根据经验，粗饲料中苜蓿干草、玉米秸青贮分别为 0.54 千克和 10 千克，剩余的玉米秸为 0.26 千克 $[(2.95 - 0.5 \times 88.7\% - 10 \times 22.7\%) \div 90\%]$，计算粗饲料提供的养分，见表 4-11。

表 4-11　粗饲料的采食量及营养含量

饲料名称	用量/千克	干物质/千克	肉牛能量单位/(RND/千克)	综合净能/(兆焦/千克)	粗蛋白质/克	钙/克	磷/克
玉米秸青贮	10.0	2.27	1.2	1.00	160	10.0	6.0
苜蓿干草	0.54	0.479	0.30	2.44	89.1	10.53	1.5
玉米秸	0.26	0.234	0.08	0.66	15.3	0.13	0.16
合计		2.983	1.58	13.1	264.4	20.66	7.66
与标准差		2.587	1.87	14.72	441.6	13.34	8.34

（3）拟定各种精料用量并计算出养分含量，见表 4-12。

表 4-12　各种精料的用量及养分含量

饲料名称	用量/千克	干物质/千克	肉牛能量单位/(RND/千克)	综合净能/(兆焦/千克)	粗蛋白质/克	钙/克	磷/克
玉米	0.83	0.735	0.83	6.69	71.38	0.032	1.66
麸皮	0.46	0.408	0.34	2.69	66.24	0.828	3.59

184

饲料名称	用量/千克	干物质/千克	肉牛能量单位/(RND/千克)	综合净能/(兆焦/千克)	粗蛋白质/克	钙/克	磷/克
豆粕	0.35	0.318	0.32	2.57	150.5	1.12	1.75
棉籽粕	0.50	0.448	0.41	3.31	169.0	1.55	3.2
合计		1.91	1.9	15.26	457.12	3.53	10.2
要求			1.87	14.72	448.7	13.34	8.34
相差			+0.03	+0.54	+8.42	−9.81	+1.86

由上表可见，日粮中的消化能和粗蛋白质已基本符合要求，如果消化能高（或低），应相应减少（或增加）能量饲料，粗蛋白质也是如此，能量和蛋白质符合要求后再看钙和磷的水平。钙不足，用石粉补充，补充24.84克石粉［9.81÷0.3949（每克石粉含钙量）］。补充1%的食盐和1%复合预混合添加剂。

（4）定出饲料配方　此肉牛日粮配方为：玉米秸青贮10千克，苜蓿干草0.54千克，玉米秸0.26千克，玉米0.83千克，麸皮0.46千克，棉籽粕0.50千克，豆粕0.35千克，石粉0.025千克，食盐和预混料各0.022千克。

精料混合料配方（%）：玉米37.6%，麸皮20.81%，棉籽粕22.62%，豆粕15.84%，石粉1.13%，食盐和预混料各为1%。

第四节　全价饲料配方的设计方法

一、全价饲料配方设计的原则

饲料配方的设计涉及许多制约因素，为了对各种资源进行最佳分配，配方设计应基本遵循以下原则：

（一）科学性原则

饲养标准是对动物实行科学饲养的依据，因此，必须根据肉牛不同生理时期所制定的饲养标准规定的营养物质需要量来配合饲粮。在选用的饲养标准基础上，可根据饲养实践中肉牛的生长或生产性能等情况作适当的调整。

应注意选用新鲜无毒、无霉变、质地良好、有毒有害物质不超过规定含量的饲料，含毒素的饲料应在脱毒后使用，或控制一定的喂量；应注意饲料的体积尽量和肉牛的消化生理特点相适应。应选择适口性好、无异味的饲料。对味差的饲料也可适当搭配适口性好的饲料或加入调味剂，以提高其适口性，增加采食量。

饲料原料的选择要多样化。不同饲料有不同的营养特点，合理的日粮配方应有不同种饲料的合理搭配。因此，在选择日粮中饲料原料时，应根据肉牛的消化生理特点，合理地选择多种原料进行搭配，尽量避免单一，并注意饲料的适口性。采用多种营养调控措施，充分发挥营养物质的互补作用，提高日粮的营养价值和利用率，达到优化日粮配方设计的目的。

肉牛的饲粮，应以粗饲料为主，合理搭配精饲料。不同的生理阶段，不同的育肥方式，肉牛对营养物质需要不同，精、粗饲料的组成比例、采食量也不同。饲粮配制时，既要满足肉牛营养需要，又要让其吃得下、吃得饱，因此，日粮要有适宜的精粗比。此外，要少喂或不喂粉碎的草粉，谷物饲料不要粉碎过细。

（二）安全性与合法性原则

饲料质量直接关系到养殖业的发展，影响动物产品的质量安全，涉及人身安全和健康。按配方设计出的产品应严格符合国家法律法规及条例，如营养指标、感官指标、卫生指标、包装等。尤其违禁药物及对动物和人体有害的物质使用或含量应强制性遵照国家规定。但目前饲料产品的安全问题依然存在，包括违法、违规添加药物的现象屡禁不止，饲料营养指标不合格现象依然严重，饲料产品卫生指标不合格，一些添加剂、添加剂预混料和配合饲料产品中，铅超标比较严重等。

随着社会的进步，饲料生物安全标准和法规将陆续出台，配方设计要综合考虑产品对环境生态和其他生物的影响，尽量提高营养物的利用效率，减少动物废弃物中氮、磷、药物及其他物质对人类、生态系统的不利影响。

（三）充分利用当地饲料资源

设计饲料配方应熟悉所在地区的饲料资源现状，根据当地饲料资源的品种、数量以及各种饲料的理化特性和饲用价值，尽量做到全年比较均衡地使用各种饲料原料。

186

充分利用当地生产的质优价廉的饲料作为饲粮的主要组成成分，可以降低饲养成本。饲料一般占肉牛成本的70%以上，有条件的养牛场尽可能种植消耗量最多的青、粗饲料，或就地、就近收贮饲料。在保证各种营养物质供给的前提下，仔细进行成本核算，配合廉价、可行的饲粮，尽可能降低饲养成本。

不同地区、不同季节的饲料生产、饲料价格等差异较大，应因地制宜、因时制宜，用当地出产多、容易得到的饲料，及时修订饲粮配比，配合新的饲粮。

（四）逐级预混原则

为了提高微量养分在全价饲料中的均匀度，原则上讲，凡是在成品中的用量少于1%的原料，均应先用少量饲料进行预混合处理，然后和大量饲料混合。如预混料中的硒，就必须先预混。否则混合不均匀可能会造成肉牛生产性能不良，整齐度差，饲料转化率低，甚至造成个体中毒死亡。

二、饲料配方设计的基本步骤

（1）根据肉牛的生产水平、体重，先查肉牛饲养标准表，确定营养物质需要量。

（2）选择饲料原料，查饲料成分表，列出各原料的营养物质含量。

（3）进行试配并计算和饲养标准比较。

（4）调整配方（按标准规定值）。

（5）进行生产检验和个体观察，灵活运用标准定量。

三、饲料配方的设计方法

肉牛饲粮配合主要是规划计算各种饲料原料的用量比例。设计配方时采用的计算方法分手工计算和计算机规划两大类：①手工计算法，有交叉法、方程组法、试差法，可以借助计算器计算；②计算机规划法，主要是根据有关数学模型编制专门程序软件进行饲料配方的优化设计。

计算机法适合于饲料原料品种多的地方，如果饲料品种少，没有筛选的余地，计算机法不可能达到优化筛选日粮配方的目的，所起到的作用仅仅是按饲料营养成分配制日粮，此时计算的日粮配方和"试差法"计算出的配方没多大差别，只不过用电脑方便快捷而已。因此，计算机法适合规模化养牛场使用，而手工计算法（主要是试差法和对角线法）适合在饲料品种少的情况下使用，目前我国广大农村养牛正适合于此种方法。

（一）对角线法

对角线法又称四角法、方形法、交叉法或图解法。在饲料种类不多及营养指标少的情况下，采用此法较为简便。在采用多种类饲料及复合营养指标的情况下，亦可采用本法。但由于计算要反复进行两两组合，比较麻烦，而且不能使配合饲粮同时满足多项营养指标。

【例5】为体重300千克的生长育肥牛配制日粮，要求每头牛日增重1.2千克，日粮精粗比为70：30，饲料原料有玉米、棉仁饼和小麦秸。

（1）查出300千克体重肉牛日增重1.2千克时所需的各种养分，见表4-13。

表4-13 300千克体重肉牛的养分需要量

干物质采食量 /（千克/天）	维持净能 /（兆焦/千克）	增重净能 /（兆焦/千克）	粗蛋白 /%
7.28	7.24	4.64	11.40

粗蛋白质需要量（千克/天）：7.28×11.4%＝0.83
维持净能需要量（兆焦/天）：7.24×7.28＝52.71
增重净能（兆焦/天）：4.64×7.28＝33.78

（2）查饲料营养价值表，查出所用饲料原料的营养成分含量，见表4-14。

表4-14 所用饲料原料的营养成分含量

饲料原料	维持净能/（兆焦/千克）	增重净能/（兆焦/千克）	粗蛋白/%
玉米	9.41	6.01	9.7
棉仁饼	7.77	5.18	36.3
小麦秸	2.68	0.46	3.6

（3）计算粗饲料（小麦秸）能提供粗蛋白质含量：$30\% \times 3.6\% = 1.08\%$。

（4）计算精饲料中玉米和棉仁饼的比例。全部日粮需要的粗蛋白质量为：11.4%。

玉米和棉仁饼应该提供的粗蛋白质为：$11.4\% - 1.08\% = 10.32\%$，折合成 100%，精饲料部分应含有的粗蛋白质为：$(10.32/0.7) \times 100\% = 14.74\%$。用对角线法计算玉米和棉仁饼在精饲料中的比例。

玉米占比例为：$\dfrac{21.56}{21.56+5.04} \times 100\% = 81.05\%$

棉仁饼占比例为：$\dfrac{5.04}{21.56+5.04} \times 100\% = 18.95\%$

（5）计算日粮中玉米和棉仁饼的比例。

玉米在日粮中的比例为：$81.05\% \times 70\% = 56.735\%$

棉仁饼在日粮中的比例为：$18.95\% \times 70\% = 13.265\%$

（6）把配成的日粮的营养成分与营养需要比较，检查是否符合要求，见表 4-15。

表 4-15　配成的日粮的营养成分与营养需要比较

饲料名称	干物质/（千克/天）	粗蛋白/（千克/天）	维持净能/（兆焦/千克）	增重净能/（兆焦/千克）
玉米	$56.74\% \times 7.28 = 4.13$	$4.13 \times 9.7\% = 0.40$	$4.13 \times 9.41 = 38.86$	$4.13 \times 6.01 = 24.82$
棉仁饼	$13.26\% \times 7.28 = 0.97$	$0.97 \times 36.3\% = 0.35$	$0.97 \times 7.77 = 7.54$	$0.97 \times 5.18 = 5.02$
小麦秸	$30\% \times 7.28 = 2.18$	$2.18 \times 3.6\% = 0.08$	$2.18 \times 2.68 = 5.84$	$2.18 \times 0.46 = 1.00$
合计	7.28	0.83	52.24	30.84
营养需要	7.28	0.83	52.71	33.78

按此比例配方，粗蛋白完全满足需要，能量也基本满足。

（7）列出配方。肉牛日粮配方为：玉米 56.735％、棉仁饼 13.265％、小麦秸 30％。

（二）试差法

所谓"试差法"，就是先按日粮配合的原则，用所积累的对各种饲料营养特性合理使用经验，即通常在实践中对肉牛的使用量，以及饲养标准的规定，粗略地把所选用的饲料原料加以配合，计算其中各种营养成分；再与饲养标准相比较，对过多的和过缺的营养成分进行调整，以达到基本符合饲养标准的要求。

【例6】制定体重 400 千克、预计日增重为 1.20 千克的肉牛日粮配方。饲料原料都为当地的廉价饲料，其中粗饲料有玉米青贮、小麦秸；精饲料有玉米、菜籽粕、小麦麸、石粉和食盐及饲料添加剂。

（1）查肉牛饲养标准，从饲养标准中查得该肉牛每天的营养物质需要量，见表 4-16。

表 4-16　肉牛每天每头的营养物质需要量

干物质/千克	肉牛能量单位/RND	粗蛋白/克	钙/克	磷/克
9.17	7.26	927	37	21

（2）查所选饲料营养价值表，将所选用的饲料营养价值列于表 4-17。

表 4-17　选用饲料原料营养物质含量表（干物质）

饲料名称	干物质/％	肉牛能量单位/（RND/千克）	粗蛋白/％	钙/％	磷/％
玉米青贮	22.7	0.54	7.0	0.44	0.26
小麦秸	89.6	0.27	6.3	0.06	0.07
玉米	88.4	1.13	9.7	0.09	0.24
菜籽粕	92.2	0.91	39.5	0.10	1.03
小麦麸	88.6	0.82	16.3	0.79	0.88
石粉	98.5			36	
食盐	98.5				
添加剂	98.5				

（3）设定肉牛在生长阶段日粮精粗比为 65：35，即粗饲料占日粮的 35％，精饲料占日粮的 65％。那么该肉牛的精粗饲料的干物质食入分配为，粗饲料为 9.17×35％＝3.21 千克；精饲料为 9.17×65％＝5.96 千克。

（4）首先根据实践经验分配玉米青贮、小麦秸的干物质采食比例，在粗饲料中每天供给小麦秸 2.0 千克，其余用玉米青贮满足为 1.2 千克。然后计算与饲养标准的差额为精料应该补充的营养，计算见表 4-18。

表 4-18　玉米青贮和小麦秸提供的营养物质与能量

饲料名称	干物质/千克	肉牛能量单位/(RND/千克)	粗蛋白质/％	钙/％	磷/％
玉米青贮	1.2	0.648 (1.2×0.54)	84 (1200×7.0％)	5.28 (1200×0.44％)	3.12 (1200×0.26％)
小麦秸	2.0	0.54 (2.0×0.27)	126 (2000×6.3％)	1.2 (2000×0.06％)	1.4 (2000×0.07％)
合计	3.2	1.188	210	6.48	4.52
标准	9.17	7.26	927	37	21
差额	−5.97	−6.072	−717.0	−30.52	−16.48

（5）用试差法制定精饲料日粮配方。由上述饲料原料组成日粮的精料部分，按经验和饲料营养特性，将精料应补充的营养标准配成精料配方，见表 4-19。

表 4-19　肉牛精料配方组成和营养物质供给量与精料补充料标准比较

饲料名称	比例/％	干物质/千克	肉牛能量单位/(RND/千克)	粗蛋白质/％	钙/％	磷/％
玉米	66	3.94	4.45 (3.94×1.13)	382.18 (3940×9.7％)	3.546 (3940×0.09％)	9.46 (3940×0.24％)
菜籽粕	8	0.48	0.44 (0.48×0.91)	189.6 (480×39.5％)	0.432 (480×0.09％)	4.94 (480×1.03％)
小麦麸	23	1.37	1.12 (1.37×0.82)	223.31 (1370×16.3％)	10.823 (1370×0.79％)	12.06 (1370×0.88％)
石粉	1.2	0.07			25.2 (70×36％)	

饲料名称	比例/%	干物质/千克	肉牛能量单位/(RND/千克)	粗蛋白质/%	钙/%	磷/%
食盐	0.8	0.05				
添加剂	1	0.06				
合计	100	5.97	6.01	795.09	40.30	26.46
标准		5.97	6.072	717.0	30.52	16.48
差额		0	−0.062	78.09	9.76	9.98

（6）调整配方。由表 4-19 计算结果看出，精料配方能量低，蛋白质稍高，需进行调整。因为玉米与麸皮的能量相差较大，应增大玉米 5% 的比例，同时减少麸皮 5% 的比例。钙磷比例在正常范围内不用调整。调整后营养物质含量见表 4-20。

表 4-20　调整后营养物质含量

饲料名称	比例/%	干物质/千克	肉牛能量单位/(RND/千克)	粗蛋白质/%	钙/%	磷/%
玉米	71	4.24	4.79	411.3	3.816	10.18
菜籽粕	8	0.48	0.44	189.6	0.432	4.94
小麦麸	18	1.08	0.89	176.04	8.532	9.5
石粉	1.2	0.07			25.2	
食盐	0.8	0.05				
添加剂	1	0.06				
合计	100	5.97	6.12	776.94	37.98	24.62
标准		5.97	6.072	717.0	30.52	16.48
差额		0	0.048	59.94	7.46	8.14

（7）确定日粮配方。调整后各营养物质供给量接近饲养标准。因此，调整后的日粮配方可以在生产中使用，如在生产中发现问题，继续做相应调整。用各原料所提供的干物质量除以干物质需要量（9.17千克），制定出日粮配方，见表 4-21。

表4-21　肉牛日粮配方

干物质采食量/[千克/(天·头)]	玉米青贮/%	小麦秸/%	玉米/%	菜籽粕/%	小麦麸/%	石粉/%	食盐/%	添加剂/%
9.17	13.1	21.8	46.2	5.2	11.8	0.76	0.54	0.65

（8）把干物质为基础的比例还原到风干重为基础的比例，见表4-22。

表4-22　肉牛风干物质日粮配方

饲料名称	风干重时在日粮中占有的份额	风干重时日粮配方/%
玉米青贮	13.1÷22.7=57.71	57.71÷155.24=37.18
小麦秸	21.8÷89.6=24.33	24.33÷155.24=15.67
玉米	46.2÷88.4=52.26	52.26÷155.24=33.66
菜籽粕	5.2÷92.2=5.64	5.64÷155.24=3.63
小麦麸	11.8÷88.6=13.32	13.32÷155.24=8.58
石粉	0.76÷98.5=0.77	0.77÷155.24=0.50
食盐	0.54÷98.5=0.55	0.55÷155.24=0.35
添加剂	0.65÷98.5=0.66	0.66÷155.24=0.43
合计	155.24	100

第五章 肉牛的饲料配方举例

第一节 肉牛预混料配方

一、肉牛维生素预混料配方

见表5-1。

表5-1 肉牛维生素预混料配方 单位：%

原料及规格	肉牛		妊娠母牛		泌乳母牛	
	0.05%	0.1%	0.05%	0.1%	0.05%	0.1%
维生素 A(50万国际单位/千克)	1.6	0.8	1.90	0.95	3.25	1.63
维生素 D(50万国际单位/千克)	0.2	0.1	0.2	0.1	0.2	0.1
维生素 E(50%)	20.0	10.0	20.0	10.0	20.0	10.0
抗氧化剂 BHT	0.16	0.08	0.16	0.08	0.16	0.08
载体	78.04	89.02	77.74	88.87	76.39	88.19
合 计	100	100	100	100	100	100

二、肉牛微量元素预混料配方

见表5-2。

表5-2 肉牛微量元素预混料配方 单位：%

原料	肉牛		妊娠和泌乳早期母牛	
	0.2%	0.5%	0.2%	0.5%
硫酸铜 $CuSO_4 \cdot 5H_2O$	1.634	0.654	1.634	0.654
碘化钾 KI	0.0335	0.014	0.0335	0.014
硫酸亚铁 $FeSO_4 \cdot 7H_2O$	12.627	5.051	12.627	5.051
硫酸锰 $MnSO_4 \cdot H_2O$	6.2795	2.512	12.559	6.28

194

原料	肉牛		妊娠和泌乳早期母牛	
	0.2%	0.5%	0.2%	0.5%
亚硒酸钠 $Na_2SeO_3 \cdot 5H_2O$	0.0175	0.007	0.0175	0.007
硫酸锌 $ZnSO_4 \cdot 7H_2O$	6.6745	2.67	6.6745	2.67
硫酸钴 $CoSO_4$	0.0135	0.005	0.0135	0.005
载体	72.7205	89.087	66.441	85.319
合 计	100	100	100	100

三、肉牛育肥期复合预混料配方

见表 5-3。

表 5-3　肉牛育肥期复合预混料配方

原料名称	产品规格与有效成分含量	肉牛		母牛
		4%复合预混料（每100千克中用量）/克	5%复合预混料（每100千克中用量）/克	4%复合预混料（每100千克中用量）/克
维生素 A	50 万国际单位/千克	0.06	0.48	0.10
维生素 D_3	50 万国际单位/千克	0.1	0.12	0.11
维生素 E	50%	0.3	1.0	0.29
维生素 B_{12}	氰钴胺 1%	0.4		0.32
烟酸	烟酰胺>98%	0.7	0.4082	0.35
莫能菌素	莫能菌素钠>10%	10.7	9.5	
乙氧喹啉	33%	0.1	0.1	0.1
食盐		56.04	44.5	60.0
五水硫酸铜	Cu>25%	8.5	0.9618	8.50
氧化镁	Mg>19.5%	833	155.0878	350
七水硫酸锌	Zn>35%	7.5	8.9706	7.0
七水硫酸亚铁	Fe20.1%		4.0634	
一水硫酸锰	Mn32.5%		5.022	10.0

原料名称	产品规格与 有效成分含量	肉牛		母牛
		4%复合预混料 (每100千克 中用量)/克	5%复合预混料 (每100千克 中用量)/克	4%复合预混料 (每100千克 中用量)/克
氯化钾	>98%	78	58.70	70.0
碘酸钙	I>5%	2.5	0.0158	2.5
亚硒酸钠	Se>1%	1.5	0.0224	1.5
七水硫酸钴	Co>5%	0.6	0.0958	0.63
氯化铬			0.0522	
碳酸氢钠			304	
膨润土			61.00	100.0
次粉			345.9	388.6
合计		1000	1000	1000

第二节　不同阶段肉牛典型饲料配方

一、犊牛典型饲料配方

见表5-4～表5-6。

表5-4　哺乳期犊牛、幼龄犊牛典型饲料配方　　单位：%

饲料原料	配方1	配方2	配方3	配方4	配方5	配方6	配方7
玉米	48.5	50.0	45	54.5	51	35.0	43.0
高粱	10.5	10	10	8.6			8.0
大豆粕	29.7	26.7	26	29.4	32	35.0	28.0
亚麻仁粕			5				2.0
麸皮	3.4	5	4.6	1		27.0	10.0
苜蓿草粉	2	2	2	1	4.7		5.5
糖蜜	3	3	3	2	10		
油脂				1.0			

饲料原料	配方1	配方2	配方3	配方4	配方5	配方6	配方7
食盐		0.5	0.5	0.5	1	0.7	1.0
碳酸钙	0.8	0.8	0.9	0.9		0.3	0.5
磷酸三钙	1.8	1.7	1.7	1.8	1	1.0	1.0
复合预混料	0.3	0.3	0.3	0.3	0.3	1.0	1.0

注：另加土霉素50毫克/千克。

表5-5　4～6月龄肉用犊牛典型饲料配方　单位：千克

饲料原料	配方1	配方2	配方3	配方4	配方5	配方6	配方7
小麦秸或稻草	0.5~1.0						0.5~1.0
豆荚粉	0.5~1.0					0.5	
苜蓿干草		0.5					
玉米青贮		4.0				4.0	
田间干草			1.0~1.2				
甜菜渣					2.5		0.5
玉米	2.0		0.25	0.5		0.5	2.0
干树叶					1.0		
小麦麸	1.5	1.0	1.0	0.5	0.75	0.5	1.0
豆粕					0.5		0.5
棉籽饼	0.5	0.5	0.5	1.0	0.75	1.0	
酒糟				3.5~4.0			
尿素	0.08						0.08
菜籽饼		1.0	0.75	0.5	0.5	0.5	
食盐	0.05	0.05	0.05	0.05	0.05	0.05	0.05
磷酸氢钙	0.1	0.05	0.05	0.05	0.1	0.05	0.1
石粉	0.15	0.15	0.15	0.1	0.15	0.15	0.15
复合预混料	0.1	0.1	0.1	0.1	0.1	0.1	0.1

注：每千克复合预混料内提供维生素 A 50000～55000 国际单位，维生素 D 25000～30000 国际单位，维生素 E 300～500 国际单位，烟酸 750～1000 毫克，铁 2～2.5 克，铜 0.8～1.0 克，锌 4.5～5.0 克，锰 2.0～2.5 克，碘 25～30 毫克，硒 30～35 毫克，钴 35～40 毫克，碳酸氢钠 450 克，氧化镁 150 克。

表5-6 7～12月龄犊牛典型饲料配方　　单位：千克

饲料原料	配方1	配方2	配方3	配方4	配方5	配方6	配方7
稻草				2.0			
玉米秸		3.0		2.5	2.5		
苜蓿草粉	0.2	0.5					
玉米青贮(带穗)	12.0						11.0
田间干草			3.0		2.0		0.5
干甜菜渣	1.0				3.5		
玉米		1.5	0.25	1.4		1.3	
大麦	0.4						0.5
小麦麸	0.5		1.25	0.5	1.5	0.5	0.5
葵花粕		0.5					0.5
鲜酒糟				5.0			
菜籽饼	0.4		0.8		0.8	0.9	
糖蜜					0.5	0.5	
复合预混料	0.4	0.4	0.4	0.4	0.4	0.4	0.4

注：每千克复合预混料提供维生素A 5000国际单位，维生素D 2500国际单位，维生素E 80国际单位，铜0.05克，锌0.2克，锰0.15克，碘20毫克，硒10毫克，钴15毫克，食盐120克，磷酸氢钙200克，石粉350克。

二、育成牛饲料配方

见表5-7、表5-8。

表5-7 育成牛饲料配方　　单位：千克

饲料原料	配方1	配方2	配方3	配方4	配方5	配方6	配方7
玉米	1.0	2.0	3.5	1.0	1.5	2.5	0.5
小麦麸	0.5	0.5	1.0	0.6	0.2	1.5	0.5
高粱				0.1	0.3		0.5
大麦				0.1			
豆饼	0.5	1.0	1.3		0.5	1.0	0.5

续表

饲料原料	配方1	配方2	配方3	配方4	配方5	配方6	配方7
叶粉				0.06			0.5
玉米青贮(带穗)				11			8.0
青干草	10	4	2	1.5		2.5	8.0
玉米秸					2.5		
酒槽	10	20	25		10.0	20.0	
酵母粉				0.08			0.08
尿素	0.05		0.15				
石粉					0.04		
磷酸氢钙				0.08			
食盐	0.04	0.05	0.07	0.04	0.02	0.05	0.05

表5-8　育成牛日粮配方　　　　单位：%

饲料原料	配方1	配方2	配方3	配方4
玉米	67.0	62.0	52.0	62.0
高粱	10.0	5.0	5.0	
棉仁饼	2.0	12.0	12.0	10.0
菜籽饼	8.0	8.0	8.0	10.0
胡麻饼			10.0	
糠麸	10.0	10.0	10.0	15
食盐	2.0	1.5	1.5	1.0
石粉	1.0	1.5	1.5	2.0(骨粉)
适用日粮范围	青草、放牧青草、野青草、氨化秸秆等	青贮等	放牧枯草、玉米秸等	

三、肉用母牛的饲料配方

见表5-9。

表 5-9 肉用母牛日粮配方

单位：%

饲养阶段	玉米	高粱	油饼(粕)	麦麸	米糠	饲料酵母	食盐	石粉(贝壳)	预混剂
空怀母牛	62.0		5.0	15.0	16.0		1.0		1.0
妊娠母牛	50.0	6.5	30.0		10.0		1.0	2.0	0.5
	27.0		20.0	25.0	24.5		1.0	2.0	0.5
泌乳母牛	50.0		30.0	12.0	1.2	5.0	0.9	0.4	0.5
	48.0	3.0	28.0	10.0	3.0	6.0	1.0	0.5	0.5

注：每天饲喂精饲料 1.5～2.5 千克，粗饲料可以使用青草、放牧青草、野青草、氨化秸秆等。

四、肉用牛育肥的饲料配方

（一）犊牛育肥的饲料配方

见表 5-10～表 5-14。

表 5-10 代乳品参考配方

丹麦配方	脱脂乳 60%～70%、猪油 15%～20%、乳清 15%～20%、玉米粉 1%～10%、矿物质和微量元素 2%
日本配方	脱脂奶粉 60%～70%、鱼粉 5%～10%、豆饼 5%～10%、油脂 5%～10%
国内配方	熟豆粕 35%、熟玉米 12.2%、乳清粉 10%、糖蜜 10.0%、酵母蛋白粉 10.0%、乳化脂肪 20.0%、食盐 0.5%、磷酸氢钙 2.0%、赖氨酸 0.1%、蛋氨酸 0.1%、鲜奶香精 0.01%～0.02%、多维和微量元素适量(可加入 0.25% 土霉素渣,微量元素不含铁)
	熟豆粕 37.0%、熟玉米 17.4%、乳清粉 15%、糖蜜 8.0%、酵母蛋白粉 10.0%、乳化脂肪 10.0%、食盐 0.5%、磷酸氢钙 2.0%、鲜奶香精 0.01%～0.02%、多维和微量元素适量(微量元素不含铁)

注：犊牛育肥（也称小肥牛育肥，是指犊牛出生后 5 个月内，在特殊饲养条件下，育肥至 90～150 千克时屠宰）应以全乳或代乳品为饲料，由于犊牛吃了草料后肉色会变暗，不受消费者欢迎，为此犊牛育肥不能直接饲喂精料、粗料。

表 5-11 犊牛育肥不同阶段饲料喂量

月龄	青干草 /[千克/(天·头)]	青贮饲料 /[千克/(天·头)]	精料补充料 /[千克/(天·头)]	尿素
3～6	1.5	1.8	2.0	

月龄	青干草/[千克/(天·头)]	青贮饲料/[千克/(天·头)]	精料补充料/[千克/(天·头)]	尿素
7～12	3.0	3.0	3.0	15克/千克混合精料
13～16	4.0	8.0	4.0	15克/千克混合精料

注：精料补充料配方：玉米40％，棉籽饼34％，麸皮20％，磷酸氢钙2％，食盐0.6％，微量元素维生素复合预混料0.4％，沸石3％。

表5-12 强度育肥1岁左右出栏日粮配方

日龄/天	始重/千克	日增重/千克	全乳喂量/千克	精料补充料喂量/千克
0～30	30～50	0.8	6～7	自由
31～60	62～66	0.7～0.8	8	自由
61～90	88～91	0.7～0.8	7	自由
91～120	110～114	0.8～0.9	4	1.2～1.3
121～180	136～139	0.8～0.9	0	1.8～2.5
181～240	209～221	1.2～1.4	0	3～3.5
241～300	287～299	1.2～1.4	0	4～5
301～360	365～377	1.2～1.4	0	5.6～6.5

表5-13 表5-12中的精料补充料配方　　　　单位：％

原料	0～60日龄	61～180日龄	181～360日龄
玉米	60	60	62
高粱	9.5	9.5	10
饼(粕)类	15	24	24
鱼粉	3	0	0
动物性油脂	10	3	0
磷酸氢钙	1.5	1.5	1
食盐	0.5	1	1
添加剂	0.5	0.5	1
小苏打	0	0.5	0
土霉素/(毫克/千克,另加)	22	0	0
维生素A/(万单位/千克)	干草期加1～2	干草期加0.5～1	干草期加0.5

注：选择良种牛或其改良牛，在犊牛阶段采取较合理的饲养，使日增重达0.8～0.9千克。180日龄体重超过200千克后，按日增重大于1.2千克配制日粮，12月龄体重达450千克左右，上等膘时出栏。

表 5-14 犊牛的日粮配方

原料	配方 1	配方 2	配方 3	配方 4
玉米	40.0	32.0	42.0	22.0
高粱			10.0	20.0
燕麦	25.0	20.0		
豆饼	23.0	15.0	20.0	35.0
鱼粉		10.0	4.0	
麸皮			12.0	20.0
脱脂米糠			2.0	
苜蓿粉			3.0	
糖蜜	8.0	20.0	4.0	
预混料	4.0	3.0	3.0	3.0

注：配方 4 的预混料中骨粉、食盐和生长素各占 1%；配方 3 适用于犊牛的后期。

(二) 育肥肉牛的典型日粮配方

1. 青贮玉米秸秆类型日粮

本系列配方适合于玉米种植密集、有较好青贮基础的地区，使用本系列配方，青贮玉米秸日喂量 15 千克，见表 5-15。

表 5-15 青贮玉米秸秆类型日粮系列配方

精料配比	体重 300～350 千克		体重 350～400 千克		体重 400～450 千克		体重 450～500 千克	
	配方 1	配方 2	配方 1	配方 2	配方 1	配方 2	配方 1	配方 2
玉米/%	71.8	77.7	80.7	76.8	77.6	76.7	84.5	87.6
麸皮/%	3.3	2.4	3.3	4.0	0.7	5.8	0	0
棉籽粕/%	21.0	16.3	12.0	15.6	18.0	14.2	11.6	8.2
尿素/%	1.4	1.3	1.7	1.4	1.7	1.5	1.9	2.2
食盐/%	1.5	1.5	1.5	1.5	1.2	1.0	1.2	1.2
石粉/%	1.0	0.8	0.8	0.7	0.8	0.8	0.8	0.8
日喂精料量/千克	5.2	7.2	7.0	6.1	5.6	7.8	8.0	8.0
营养水平								
肉牛能量单位/个	6.7	8.5	8.4	7.2	7.0	9.2	8.8	10.2

精料配比	体重 300～350 千克		体重 350～400 千克		体重 400～450 千克		体重 450～500 千克	
	配方 1	配方 2	配方 1	配方 2	配方 1	配方 2	配方 1	配方 2
粗蛋白质/克	747.8	936.6	756.7	713.5	782.6	981.76	776.4	818.6
钙/克	39	43	42	36	37	46	45	51
磷/克	21	36	23	22	21	28	25	27

2. 酒糟类型日粮配方

见表 5-16。

表 5-16　酒糟类型日粮系列配方

精料配比	体重 300～350 千克		体重 350～400 千克		体重 400～450 千克		体重 450～500 千克	
	配方 1	配方 2	配方 1	配方 2	配方 1	配方 2	配方 1	配方 2
玉米/%	58.9	69.4	65.0	75.1	73.1	80.8	78.0	85.2
麸皮/%	20.3	14.3	16.6	11.1	12.1	7.8	6.6	5.9
棉籽粕/%	17.7	12.7	14.9	9.7	11.0	7.0	9.6	4.5
尿素/%	0.4	1.0	1.0	1.6	1.5	2.1	2.4	2.3
食盐/%	1.5	1.5	1.5	1.5	1.5	1.5	1.9	1.5
石粉/%	1.2	1.1	1.0	1.0	0.8	0.8	1.5	0.6
采食量/[千克/(天·头)]								
精料	4.1	6.8	4.6	7.6	5.2	7.5	5.8	8.2
酒糟	11.8	10.4	12.1	11.3	14.0	12.0	15.3	13.1
玉米秸	1.5	1.3	1.9	1.7	2.0	1.8	2.2	1.8
营养水平								
肉牛能量单位/个	7.4	9.4	9.4	11.8	10.7	12.3	11.9	13.2
粗蛋白质/克	787.8	919.4	1016.4	272.3	1155.7	1306.6	1270.2	1385.6
钙/克	46	54	47	57	48	52	49	51
磷/克	30	37	32	39	34	37	37	39

3. 干玉米秸类型日粮配方

见表 5-17。

表 5-17　干玉米秸类型日粮配方

精料配比	体重 300～350 千克		体重 350～400 千克		体重 400～450 千克		体重 450～500 千克	
	配方 1	配方 2	配方 1	配方 2	配方 1	配方 2	配方 1	配方 2
玉米/%	66.2	69.6	70.5	72.0	72.7	74.0	78.3	79.1
麸皮/%	2.5	1.4	1.9	4.8	6.6	6.44	1.63	2.0
棉籽粕/%	27.9	25.4	24.1	19.5	16.8	15.9	16.3	15.0
尿素/%	0.9	1.0	1.2	1.3	1.4	1.56	1.77	1.9
食盐/%	1.5	1.5	1.5	1.5	1.5	1.5	1.5	1.5
石粉/%	1.0	1.1	0.8	0.9	1.0	0.6	0.5	0.5
采食量/[千克/(天·头)]								
精料	4.8	5.6	5.4	6.1	6.0	6.3	6.7	7.0
酒糟	3.6	3.0	4.0	3.0	4.2	4.5	4.6	4.7
玉米秸	0.5	0.2	0.3	1.0	1.1	1.2	0.3	0.3
营养水平								
肉牛能量单位/个	6.1	6.4	6.8	7.2	7.6	8.0	8.4	8.8
粗蛋白质/克	660	684	691	713	722	744	754	776
钙/克	38	40	38	40	37	39	36	38
磷/克	27	27	28	29	31	32	32	32

4. 青贮玉米＋麦秸＋苜蓿干草搭配型配方

见表 5-18。

表 5-18　青贮玉米＋麦秸＋苜蓿干草搭配型配方

单位：千克

种类	粗饲料			精饲料	
	青贮玉米	麦秸	苜蓿干草	推荐配方	喂量
青年母牛	8	2	1	玉米 60%，胡麻饼 20%，麸皮 20%	1.5～2.0
妊娠母牛	10	3	1.5	玉米 65%，麸皮 35%	2.5～3.0
架子牛	12	3	1	玉米 70%，胡麻饼 10%，麸皮 20%	3.0～4.0
育肥牛	10	4	1	玉米 85%，胡麻饼 5%，麸皮 10%	5.0～6.0

5. 玉米秸黄贮＋麦秸＋苜蓿干草型配方

见表5-19。

表5-19　玉米秸黄贮＋麦秸＋苜蓿干草型配方

单位：千克

种类	粗饲料			精饲料	
	玉米秸黄贮	麦秸	苜蓿干草	推荐配方	喂量
青年母牛	8	2	1.5	玉米70％,胡麻饼15％,麸皮15％	1.5～2.0
妊娠母牛	10	3.5	1.5	玉米75％,胡麻饼15％,麸皮10％	2.5～3.0
架子牛	10	4	1	玉米80％,胡麻饼10％,麸皮10％	3.0～4.0
育肥牛	12	4	1	玉米85％,麸皮15％	5.0～6.0

（三）肉牛育肥后期配合饲料配方

见表5-20。

表5-20　肉牛育肥后期配合饲料配方

饲料组成	配方1	配方2	配方3	配方4	配方5
玉米/％	40.7	35.5	24.7	30.4	48.5
大麦/％	8.0				8.6
棉籽饼/％	8.1				6.0
菜籽粕/％					2.5
玉米酒精蛋白料/％		7.2(干)	4.1(干)	17.0(湿)	
玉米胚芽饼/％		16.0	17.8	17.0	
全株玉米青贮饲料/％	26.0	25.1	32.6	18.0	21.0
苜蓿草/％		4.6			
玉米秸/％		2.6	9.2	9.0	
小麦秸/％				5.0	
玉米皮/％		7.3	10.0	1.8	
甜菜干粕/％	16.0				12.2
添加剂/％	1.0	1.0	1.0	1.0	1.0
食盐/％	0.2	0.3	0.2	0.3	0.2

饲料组成	配方 1	配方 2	配方 3	配方 4	配方 5
石粉/%		0.4	0.4	0.5	
营养含量					
维持净能/(兆焦/千克)	7.67	7.66	7.28	7.53	7.53
生产净能/(兆焦/千克)	4.71	4.77	4.56	4.69	4.69
粗蛋白质/%	10.7	13.46	12.6	12.9	12.9
钙/%	0.34	0.35	0.4	0.32	0.32
磷/%	0.28	0.33	0.35	0.31	0.31

注：配方 1 预计日采食量（自然重）14.3 千克，预计日增重 1200 克；配方 2 预计日采食量（自然重）14.5 千克，预计日增重 1200 克；配方 3 预计日采食量（自然重）15.1 千克，预计日增重 1100 克；配方 4 预计日采食量（自然重）16.5 千克，预计日增重 1000 克；配方 5 预计日采食量（自然重）13.6 千克，预计日增重 1300 克。

（四）不同体重阶段、不同日增重的配方

见表 5-21。

表 5-21　不同体重阶段、不同日增重的配方　　单位：%

原料组成	体重 300 千克以下		体重 300～400 千克		体重 400～500 千克		体重 500 千克以上	
	配方 1	配方 2	配方 1	配方 2	配方 1	配方 2	配方 1	配方 2
玉米	15	10	26	37.6	38.6	25.8	27	29.6
大麦粉							5	5
棉籽饼		12				13		11
菜籽饼				12		9	8.6	
胡麻饼	13.6			10				
玉米青(黄)贮	35			19	22		19	
玉米青贮(带穗)		44.6	37			37		37
玉米秸		3	3			3	6	
干草粉	5			5	4			
白酒糟	31	30	21.1	28	26	20.3	34	17
食盐	0.4	0.4	0.4	0.4	0.4	0.4	0.4	0.4

原料组成	体重300千克以下		体重300~400千克		体重400~500千克		体重500千克以上	
	配方1	配方2	配方1	配方2	配方1	配方2	配方1	配方2
石粉				0.5			0.5	
说明	每日干物质采食量为7.2千克/头,预计日增重为900克		每日干物质采食量为8.5千克/头,预计日增重为1100克		每日干物质采食量为9.8千克/头,预计日增重为1000克		每日干物质采食量10.4千克/头,预计日增重均为1100克	

(五)架子牛饲料配方

1. 体重300千克架子牛过渡期饲料配方

见表5-22。

表5-22　体重300千克架子牛过渡期饲料配方

原料组成	配方1	配方2	配方3	配方4	配方5
玉米/%	4.7	20.6	8.5		14.3
棉籽饼/%		13.9		3.6	13.2
小麦麸/%				9.7	
玉米胚芽饼/%	14.8		20.9		
玉米酒精蛋白料(湿)/%	15.3		15.1	10.1	
玉米酒精蛋白料(干)/%	5.4				
全株玉米青贮饲料/%	35.1	43.5	46.2	43.1	49.0
甜菜干粕/%		6.9			
玉米秸/%	15.8	13.6		17.1	22.0
玉米皮/%	5.0		4.5	6.8	
苜蓿/%				8.2	
小麦秸/%	2.4		3.2		
添加剂/%	1.0	1.0	1.0	1.0	1.0
食盐/%	0.2	0.2	0.2	0.2	0.2
石粉/%	0.3	0.3	0.4	0.2	0.3

原料组成	配方 1	配方 2	配方 3	配方 4	配方 5
营养含量					
维持净能/(兆焦/千克)	6.19	6.14	7.32	5.77	6.39
生产净能/(兆焦/千克)	3.68	3.64	3.09	3.26	3.73
粗蛋白质/%	14.40	11.40	13.70	14.7	11.0
钙/%	0.37	0.46	0.44	0.58	0.4
磷/%	0.36	0.32	0.36	0.55	0.34

注：配方1预计日采食量（自然重）13.7千克，预计日增重800克；配方2预计日采食量（自然重）13.1千克，预计日增重900克；配方3预计日采食量（自然重）13.5千克，预计日增重850克；配方4预计日采食量（自然重）14.5千克，预计日增重700克；配方5预计日采食量（自然重）13.7千克，预计日增重900克。

2. 体重300～350千克架子牛饲料配方

见表5-23、表5-24。

表 5-23　体重 300～350 千克架子牛饲料配方

原料组成	配方 1	配方 2	配方 3	配方 4	配方 5
玉米/%	18.4	31.2	17.3	21.1	16.9
棉籽饼/%		6.4		9.4	2.3
棉籽/%		3.4			
玉米胚芽饼/%	13.2		14.1		15.4
玉米酒精蛋白料(湿)/%	18.6		15.0		10.7
全株玉米青贮饲料/%	27.0	44.1	40.0	50.0	34.1
玉米秸/%	10.7	3.4	10.6	18.0	7.0
甜菜干粕/%		10.0			
玉米皮/%	4.4		1.5		12.0
小麦秸/%	6.2				
添加剂/%	1.0	1.0	1.0	1.0	1.0
食盐/%	0.2	0.2	0.2	0.2	0.2
石粉/%	0.3	0.3	0.3	0.3	0.4

续表

原料组成	配方 1	配方 2	配方 3	配方 4	配方 5
营养含量					
维持净能/(兆焦/千克)	6.95	7.28	7.03	6.81	6.95
生产净能/(兆焦/千克)	4.20	4.45	4.27	4.09	4.23
粗蛋白质/%	12.8	11.0	12.96	10.4	14.31
钙/%	0.33	0.37	0.38	0.34	0.37
磷/%	0.30	0.32	0.32	0.31	0.37

注：配方1预计日采食量（自然重）13.2千克，预计日增重1200克；配方2预计日采食量（自然重）15.2千克，预计日增重1000克；配方3预计日采食量（自然重）14.1千克，预计日增重1000克；配方4预计日采食量（自然重）14.2千克，预计日增重1000克；配方5预计日采食量（自然重）14.5千克，预计日增重1000克。

表 5-24　体重 300～350 千克育肥牛参考配方　单位：千克

饲料	一阶段	二阶段	三阶段
青贮玉米	30	30	25
干草	5	5	5
混合料	0.5	1.0	2.0
食盐	0.03	0.03	0.03
无机盐	0.04	0.04	0.04

注：青贮玉米是高能量饲料，蛋白质含量较低，一般不超过2%。以青贮玉米为主要成分的日粮，要获得高日增重，要求搭配1.5千克以上的混合精料；育肥期为90天，每阶段各30天。

3. 体重 350～400 千克架子牛饲料配方

见表 5-25。

表 5-25　体重 350～400 千克架子牛饲料配方

原料组成	配方 1	配方 2	配方 3	配方 4	配方 5
玉米/%	26.4	30.7	31.2	34.0	46.4
麸皮/%				2.9	7.7
棉籽饼/%	7.2	9.8	7.0	3.6	2.3

续表

原料组成	配方1	配方2	配方3	配方4	配方5
棉籽/%	3.6	3.3	3.5		
菜籽饼/%	3.6				
玉米胚芽饼/%				2.0	
玉米酒精蛋白料(湿)/%				18.0(干)	
全株玉米青贮饲料/%	41.0	48.4	44.0		32.0
玉米秸/%	10.7	7.4		19.3	
甜菜干粕/%	7.0		13.7		11.0
苜蓿草/%				5.0	
玉米秸/%				14.7	
添加剂/%					
食盐/%	0.2	0.2	0.2	0.2	0.2
石粉/%	0.3	0.2	0.4	0.3	0.4
营养含量					
维持净能/(兆焦/千克)	6.94	7.27	7.31	7.24	7.81
生产净能/(兆焦/千克)	4.25	4.46	4.47	4.44	4.86
粗蛋白质/%	12.55	11.20	11.20	14.20	10.95
钙/%	0.39	0.34	0.39	0.39	0.39
磷/%	0.37	0.32	0.33	0.36	0.37

注：配方1预计日采食量（自然重）14.8千克，预计日增重1000克；配方2预计日采食量（自然重）15千克，预计日增重1100克；配方3预计日采食量（自然重）15.2千克，预计日增重1100克；配方4预计日采食量（自然重）15.5千克，预计日增重1100克；配方5预计日采食量（自然重）14.5千克，预计日增重1000克。

（六）强化催肥期饲养配方

经过过渡生长期，牛的骨架基本定型，到了最后强化催肥阶段，日粮以精料为主，按体重的1.5%～2%喂料，粗、精比1：（2～3），体重达到500千克左右适时出栏。另外，喂干草2.5～8千克/日。精料配方：玉米81.5%、饼（粕）类11%、尿素3%、骨粉1%、石粉1.7%、食盐1%、碳酸氢钠0.5%、添加剂0.3%。

我国架子牛育肥的日粮以青粗饲料或酒糟、甜菜渣等加工副产物为主，适当补饲精料。精粗饲料比例按干物质计算为 1：(1.2～1.5)，日干物质采食量为体重的 2.5%～3%。其参考配方见表5-26～表5-28。

表5-26　架子牛育肥日粮配方

阶段	干草或青贮玉米秸/千克	酒糟/千克	玉米粗粉/千克	饼类/千克	盐/克
1～15 天	6～8	5～6	1.5	0.5	50
16～30 天	4	12～15	1.5	0.5	50
31～60 天	4	16～18	1.5	0.5	50
61～100 天	4	18～20	1.5	0.5	50

表5-27　架子牛舍饲育肥氨化稻草类型日粮配方

单位：千克/(天·头)

阶段	玉米面	豆饼	骨粉	矿物微量元素	食盐	碳酸氢钠	氨化稻草
前期	2.5	0.25	0.060	0.030	0.050	0.050	20
中期	4.0	1.00	0.070	0.030	0.050	0.050	17
后期	5.0	1.50	0.070	0.035	0.050	0.050	15

表5-28　酒精糟＋青贮玉米秸日粮配方

原料	体重 250～350 千克	体重 350～450 千克	体重 450～550 千克	体重 550～650 千克
精料/千克	2～3	3～4	4～5	5～6
酒精糟/千克	10～12	12～14	14～16	16～18
青贮(鲜)/千克	10～12	12～14	14～16	16～18

注：精料由玉米93%、棉粕2.87%、尿素1.2%、石粉1.2%、食盐1.8%、添加剂（育肥灵）另加；饲喂效果，日增重1千克以上。

五、精料补充料配方

（一）犊牛精料补充料配方

见表5-29、表5-30。

表 5-29 幼龄犊牛精料补充料配方　　　　单位：％

饲料原料	配方 1	配方 2	配方 3	配方 4	配方 5	配方 6	配方 7
玉米	30	31	50	50	22	50	35
高粱	9				20		10
燕麦		20					5
大豆饼	30	18	30	15	35	15	14
棉籽饼	5			13		5	11
亚麻仁饼	4	10					2.5
酵母粉		10	5	3			3
麸皮	20	10	14	15	20	22	16
生长素					1		
食盐	1		1	1	1	1	1
磷酸氢钙	1			2	1	6	1.5
碳酸钙			1			1	
复合预混料		1		1			1

注：混合精料喂量：1 月龄 200～300 克，2 月龄 500～700 克，3 月龄 750～1000 克。胡萝卜或甜菜切碎 20 天～2 月龄喂 1～1.5 千克，3 月龄喂 1.5～2 千克，4～6 月龄喂 4～6 千克。优质青干草、青贮饲料自由采食。

表 5-30 不同阶段犊牛精料补充料配方　　　　单位：％

饲料原料	哺乳期犊牛	4～6 月龄犊牛	7～12 月龄犊牛	13 月龄～出栏犊牛
玉米	42	42	66	51	62
小麦麸	23	30	16	25	18
干甜菜渣	13				
豆粕	15	15	12	9	14
菜籽粕		5		6	
棉籽粕		4		5	
磷酸氢钙	2.5		1.5		1.5
碳酸钙	0.3				
尿素			1.5		1.5
食盐	0.2		1		1

续表

饲料原料	哺乳期犊牛	4～6月龄犊牛	7～12月龄犊牛	13月龄～出栏犊牛	
复合预混料	4	4	2	4	2
说明	每日按100千克活体重精料喂量1.0千克。苜蓿草粉3千克/天	每日按100千克活体重精料喂量1.0千克。干草粉1.5千克/天	每日按100千克活体重精料喂量1.15千克,青贮玉米秸自由采食	每日按100千克活体重精料喂量0.69千克加鲜酒糟0.53千克,青贮玉米秸自由采食	

（二）育肥肉牛精料补充料配方

见表5-31。

表5-31　育肥肉牛精料补充料配方　　　单位：％

饲料原料	配方1	配方2	配方3	配方4	配方5	配方6	配方7
玉米	33	56	70.5	73.5	55.88	66.77	73.28
胡豆	5						
小麦麸	45	20	15.5	7.5	27.94	13.82	21.08
豆粕			6.7				4.55
芝麻饼			5.5				
菜籽粕	10	8					
棉籽粕	5	10		15	13.97	17.96	
磷酸氢钙	1.5	1.5	1.3	1.5			
石粉					0.81	0.53	0.69
食盐	0.5	0.5	0.5	0.5	1.4	0.92	0.4
复合预混料		4		2			
说明		精料喂量1～2千克/(头·天),另喂干草3～4千克,青饲料8～12千克		精料喂量3～4千克/(头·天),麦秸粉或草粉3～4千克/(头·天)		配方5～7分别适合体重300千克、400千克、500千克,日增重1.0千克的肉牛。精料喂量分别为3.5千克/(头·天)、4.4千克/(头·天)、7.26千克/(头·天);粗料喂量分别为玉米青贮15.68千克/(头·天)、20.74千克/(头·天)、麦秸粉或草粉4千克/(头·天)	

（三）1.5 岁及 2.5 岁出栏育肥肉牛精料补充料配方

见表 5-32。

表 5-32　1.5 岁及 2.5 岁出栏育肥肉牛精料补充料配方

单位：%

编号	玉米	棉粕	麸皮	胡麻饼	豆饼	石粉	磷酸氢钙	食盐	小苏打	维生素 A /（国际单位/千克）
配方 1	72.0				25.0		2.0	1.0		1000
配方 2	67.0				30.0		2.0	1.0		1000
配方 3	67.3		19.1	9.2	1.9	1.5		1.0		
配方 4	68.5		19.5	9.5		1.5		1.0		
配方 5	69.0		19.7	9.3		1.0		1.0		
配方 6	74.0		15.6	8.4		1.0		1.0		
配方 7	73.6		15.7	8.7		1.0		1.0		
配方 8	38.5	29.0	30.0			1.0		1.0	0.5	
配方 9	32.0	51.0	14.5			1.0		1.0	0.5	
配方 10	50.0	25.0	22.5			1.0		1.0	0.5	
配方 11	68.0	15.5	14.0			1.0		1.0	0.5	
配方 12	64.7	20.5	13.3			1.0		1.0	0.5	
配方 13	46.0	15.0	11.0		25.5	1.0		1.0	0.5	
配方 14	64.0	19.5	15.0			1.0		1.0	0.5	
配方 15	49.0	29.0	19.5			1.0		1.0	0.5	

（四）母牛精料补充料配方

见表 5-33。

表 5-33　母牛精料补充料配方　　单位：%

饲料原料	青年母牛		妊娠母牛		哺乳期母牛		空怀母牛	
玉米	54	60	48	81.5	50	77.6	65	60.5
小麦麸	35.6	23	34	4.0	12	4.1	15	17
大豆饼	7	7.5	10.3	7.5	30	7.15	18	15

饲料原料	青年母牛		妊娠母牛		哺乳期母牛		空怀母牛	
菜籽粕		4.5		4.0		5.1		3.5
饲料酵母					5			
复合预混料	3	2	3	2	1	2	1	1
食盐	0.4	1	0.7	1	0.9	1	1	1
磷酸氢钙		2	4		1.1	3.05		2
说明	干物质采食量按体重的2.5%～3.0%计算,1.5～2.0千克/(头·天)		干物质采食量按体重2%计算,精料喂量1.5～2.0千克/(头·天)		干物质采食量按体重3%计算,精料喂量3～4千克/(头·天)		干物质采食量按体重的2.5%计算,精料喂量1.5～2.0千克/(头·天)	

第六章　配合饲料的质量管理

第一节　配合饲料质量标准及卫生要求

一、肉牛精料补充料的质量要求

（一）感官质量指标

1. 感官要求

色泽一致，无发霉变质、无结块及异味、异臭。

2. 水分与温度要求

北方地区水分不高于 14.0％，南方地区水分不高于 12.5％，符合下列情况之一时，可允许增加 0.5％ 的含水量：

（1）平均气温在 10℃ 以下的季节；

（2）从出厂到饲喂期不超过 10 天者；

（3）精料补充料中添加有规定量的防霉剂者。

3. 粒度（粉料）要求

肉牛饲料成品粒度（粉料）要求一级精料补充料 99％ 通过 2.80 毫米编织筛，但不得有整粒谷物，1.40 毫米编织筛筛上物不得大于 20％；二、三级精料补充料 99％ 通过 3.35 毫米编织筛，但不得有整粒谷物，1.70 毫米编织筛筛上物不得大于 20％。奶牛饲料成品粒度（粉料）要求 99％ 通过 2.80 毫米编织筛，1.40 毫米编织筛筛上物不得大于 20％。

4. 混合要求

精料补充料混合均匀，混合均匀度变异系数（CV）应不大于 10％。

（二）营养成分要求

见表 6-1。

表 6-1　肉牛精料补充料的营养指标

产品分级	综合能/(兆焦/千克)	粗蛋白/%	粗纤维/%	粗灰分/%	粗脂肪/%	钙/%	磷/%	食盐/%
一级	7.7	17	6	9	2.5	0.5～1.2	0.4	0.3～1.0
二级	8.1	14	8	7	2.5	0.5～1.2	0.4	0.3～1.0
三级	8.5	11	8	8	2.5	0.5～1.2	0.4	0.3～1.0

　　注：1. 精料补充料中若包括外加非蛋白氮物质，以尿素计，应不超过精料量的 1.5%，并在标签中注明添加物名称、含量、用法及注意事项。

　　2. 一级料适用于犊牛，二级料适用于生长牛，三级料适用于育肥牛。

二、饲料卫生标准（GB 13078—2001）

　　本标准规定了饲料、饲料添加剂产品中有害物质及微生物的允许量及其试验方法。具体卫生指标要求见表 6-2。

表 6-2　饲料及饲料添加剂的卫生指标

序号	卫生指标项目	产品名称	指标	试验方法	备注
1	砷（以总砷计）的允许量（每千克产品中）/毫克	石粉	≤2.0	GB/T 13079	不包括国家主管部门批准使用有机砷制剂中的砷含量
		硫酸亚铁、硫酸镁	≤2.2		
		磷酸盐	≤20.0		
		沸石粉、膨润土、麦饭石	≤10.0		
		硫酸铜、硫酸锰、硫酸锌、碘化钾、碘酸钙、氯化钴	≤5.0		
		氧化锌	≤10.0		
		精料补充料	≤10.0		
2	铅（以 Pb 计）的允许量（每千克产品中）/毫克	磷酸盐	≤30	GB/T 13080	
		石粉	≤10		
3	氟（以 F 计）的允许量（每千克产品中）/毫克	石粉	≤2000	GB/T 13083	
		磷酸盐	≤1800	HG 2636	

序号	卫生指标项目	产品名称	指标	试验方法	备注
4	汞（以 Hg 计）的允许量（每千克产品中）/毫克	石粉	≤0.1	GB/T 13081	
5	镉（以 Cd 计）的允许量（每千克产品中）/毫克	米糠	≤1.0	GB/T 13082	
		石粉	≤0.75		
6	氰化物（以 HCN 计）的允许量（每千克产品中）/毫克	木薯干	≤100	GB/T 13084	
		胡麻饼（粕）	≤350		
7	六六六的允许量（每千克产品中）/毫克	米糠、小麦麸、大豆饼（粕）	≤0.05	GB/T 13090	
8	滴滴涕的允许量（每千克产品中）/毫克	米糠、小麦麸、大豆饼（粕）	≤0.02	GB/T 13090	
9	沙门杆菌	饲料	不得检出	GB/T 13091	
10	霉菌的允许量（每克产品中）/（霉菌总数×10^3 个）	玉米	<40	GB/T 13092	含量 40～100 的限量使用，大于 100 的禁用
		米糠、小麦麸			含量 40～80 的限量使用，大于 80 的禁用
		豆饼（粕）、棉籽饼（粕）、菜籽饼（粕）	<50		含量 50～100 的限量使用，大于 100 的禁用
11	黄曲霉毒素 B_1 允许量（每千克产品中）/克	玉米、花生饼（粕）、棉籽饼（粕）、菜籽饼（粕）	≤50	GB/T 17480 或 GB/T 8381	
		豆粕	≤30		

注：所列允许量均为以干物质含量为 88% 的饲料为基础计算的。

第二节　配合饲料的质量控制

一、饲料配方的质量控制

配方是饲料配合技术的关键所在，直接决定饲料质量。要有高质量的配合饲料，必须有科学的饲料配方。配方设计者要做充分的调查和研究，掌握牛的不同类型、品种、生理阶段的不同生理特点和各种饲料原料的主要特性及配伍特性，根据市场需求，充分合理地利用本地的饲料资源，灵活使用饲养标准，结合当地实际情况和本场情况设计具有特色的不同档次、不同品种、最低成本、适用性的配方。

设计的配方最好经过饲养试验，筛选出最佳配方，使配方在饲喂效果及价格上应具有竞争性，同时注意配方的安全与卫生性，所设计的配方所有的卫生指标应符合国家有关卫生标准，不得使用违禁药品；其次应加强配方的保密性，所有的原始配方和更改后的配方都应按序号留存归档，以便日后查用。

配方一旦应用，不得随意改动，当原料变化时，应及时调整配方。所设计的配方除能满足动物的营养需要外，还要照顾生产工艺流程，以保证加工质量，如遇有不能执行的情况，应立即报告质量控制机构以便采取相应的技术措施。

二、原料的质量控制

有了先进的配方，若没有高质量的原料，也不会生产出高质量的配合饲料，原料的质量控制是基础和关键。

（一）采购的原料符合标准要求

原料的采购是配合饲料质量管理的第一个关键环节，采购的原料不符合标准要求，配合的饲料质量也就不能保证。

1. 按照标准选择和购买原料

饲料原料都有质量标准，有的是国家标准，有的是行业标准，饲料生产企业也可以根据企业情况和客户要求制定企业标准，在选择和采购原料时一定严格执行质量标准，不符合质量标准和卫生要求的饲料原料无论价格多么便宜都不能购买。

2. 严格抽检

原料在购入前，应对其进行抽样检验，经检验合格的原料方可购入，以防不合格的原料发至饲料厂，造成退货或积压等麻烦。主要检验指标有感官检查（如色泽、气味、霉变、结块、手感、杂质等现象）、水分含量测定等。对不合格的产品拒绝接收，对合格的产品，要根据该原料的主要营养特性和卫生标准要求做进一步的检测。

（二）原料合理贮藏

在正常情况下，购入的原料一般在使用前会在仓库里存放一定的时间，边取边用。在原料存放期间，尽可能减少原料在贮藏过程中的损失，维持其原有的状态和营养特性。

1. 先入先用

入库的原料实行挂牌存贮，标明原料的品种、产地、入库时间、质量、件数及主要营养成分含量、垛号等，先入库的先用。要做好每日原料和添加剂的领出量和存留量的记录。

2. 定期检查

要定期观察贮存原料的温度、水分、有无霉变等，发现异常时应及时进行挑拣、翻垛、提前使用处理等。大宗和使用时间长的饲料原料要定期进行抽样检查。发生霉坏或有异议的原料不能随便投入生产，要经有关人员检验后视情况做出处理意见后方可使用。

3. 环境适宜

原料贮藏厂库要保持干燥，通风良好。对存放添加剂或易吸潮的原料，注意通风，使用防潮板。

三、生产加工的质量管理

生产加工的质量管理是生产合格饲料的又一个重要环节，质量管理注意如下方面：一是领取符合标准要求的原料，对霉坏、结块的原料有责任拒绝领取；二是原料的种类、数量必须与饲料配方的原料组成相符，不能随意增减饲料原料的数量或更换饲料原料；三是保持加工设备干净，配料前要清理干净饲料机械中残留的饲料，避免混料；四是按照要求粉碎饲料，特别要注意饲料的粉碎粒度；五是混合均匀。饲料混合不均匀，则配方在无形中发生了更改，饲料产品的质量就会受到影响，甚至引起动物的中毒或死亡等。饲料混合的时间和方法要得当，一些微量成分先进行预混合再与大宗饲料原料一起混合。

四、配合饲料的安全贮存

（一）配合饲料贮存水分和湿度的控制

配合饲料贮存水分一般要求在12%以下，如果将水分控制在10%以下，则任何微生物都不能生长。配合饲料的水分大于12%，或空气中湿度大，配合饲料在贮存期间必须保持干燥，包装要用双层袋，内用不透气的塑料袋，外用纺织袋包装。注意贮存环境特别是仓库要经常保持通风、干燥。

（二）配合饲料贮存温度的控制

温度低于10℃时，霉菌生长缓慢，高于30℃则生长迅速，使饲料质量迅速变坏，饲料中不饱和脂肪酸在温度高、湿度大的情况下，也容易氧化变质。因此配合饲料应贮于低温通风处。库房应具有防热性能，防止日光辐射热量透入，仓顶要加刷隔热层；墙壁涂成白色，以减少吸热。仓库周围可种树遮阴，以改善外部环境，调节室内小气候，确保贮藏安全。

（三）配合饲料贮存中虫害、鼠害的预防

贮存中影响害虫繁殖的主要因素是温度、相对湿度和饲料含水量。一般贮粮害虫的适宜生长温度为26～27℃，相对湿度为10%～50%。一般蛾类吃食饲料表层，甲虫类则全层为害。为避免虫害和鼠害，在贮藏饲料前，应彻底清洁仓库内壁、夹缝及死角，堵塞墙角漏洞，并进行密封熏蒸处理，以有效地防控虫害和鼠害，最大限度减少其造成的损失。

（四）全价颗粒饲料的贮存

全价颗粒饲料因用蒸汽调制或加水挤压而成，大量的有害微生物和害虫被杀死，且间隙大，含水量低，糊化淀粉包住维生素，故贮藏性能较好，只要防潮、通风、避光贮藏，短期内不会霉变，维生素破坏较少。但全价粉状饲料的缺点是表面积大，孔隙度小，导热性差，容易返潮，脂肪和维生素接触空气多，易被氧化和受到光的破坏，因此，要注意贮存期不能太长。

（五）精料补充饲料的贮存

精料补充饲料含蛋白质丰富，含有微量元素和维生素，其导热性差，易吸湿，微生物和害虫容易滋生繁殖，维生素也易被光、热、氧等因素破坏失效。精料补充饲料中应加入防霉剂和抗氧化剂，以增强耐贮存性。一般贮存3～4周，就要及时销售或在安全期内使用。

附　录

一、中国饲料成分及营养价值表（2012 年第 23 版）

见附表 1-1～附表 1-5。

下列表中，"—"表示未测值，"﹡"表示典型值，数据空白代表"0"。所有数值，无特别说明者，均表示为饲喂状态的含量数值。

附表 1-1　饲料描述及干物质含量

序号	饲料名称	饲料描述	中国饲料号 CFN	干物质 /%
1	玉米	成熟,高蛋白质,优质	4-07-0278	86.0
2	玉米	成熟,高赖氨酸,优质	4-07-0288	86.0
3	玉米	成熟,GB/T 17890—1990,1 级	4-07-0279	86.0
4	玉米	成熟,GB/T 17890—1990,2 级	4-07-0280	86.0
5	高粱	成熟,NY/T,1 级	4-07-0272	86.0
6	小麦	混合小麦,成熟,GB 1351—2008,2 级	4-07-0270	88.0
7	大麦(裸)	裸大麦,成熟,GB/T 11760—2008,2 级	4-07-0274	87.0
8	大麦(皮)	皮大麦,成熟,GB 10367—89,1 级	4-07-0277	87.0
9	黑麦	籽粒,进口	4-07-0281	88.0
10	稻谷	成熟,晒干,NY/T,2 级	4-07-0273	86.0
11	糙米	除去外壳的大米,GB/T 18810—2002,1 级	4-07-0276	87.0
12	碎米	加工精米后的副产品,GB/T 5503—2009,1 级	4-07-0275	88.0
13	粟(谷子)	合格,带壳,成熟	4-07-0479	86.5
14	木薯干	木薯干片,晒干,GB 10369—89,合格	4-04-0067	87.0
15	甘薯干	甘薯干片,晒干,NY/T 121—1989,合格	4-04-0068	87.0

序号	饲料名称	饲料描述	中国饲料号 CFN	干物质 /%
16	次粉	黑面,黄粉,下面,NY/T 211—92,1级	4-08-0104	88.0
17	次粉	黑面,黄粉,下面,NY/T 211—92,2级	4-08-0105	87.0
18	小麦麸	传统制粉工艺,GB 10368—89,1级	4-08-0069	87.0
19	小麦麸	传统制粉工艺,GB 10368—89,2级	4-08-0070	87.0
20	米糠	新鲜,不脱脂,NY/T,2级	4-08-0041	87.0
21	米糠饼	未脱脂,机榨,NY/T,1级	4-10-0025	88.0
22	米糠粕	浸提或预压浸提,NY/T,1级	4-10-0018	87.0
23	大豆	黄大豆,成熟,GB 1352—86,2级	5-09-0127	87.0
24	全脂大豆	湿法膨化,GB 1352—86,2级	5-09-0128	88.0
25	大豆饼	机榨,GB 10379—89,2级	5-10-0241	89.0
26	大豆粕	去皮,浸提或预压浸提,NY/T,1级	5-10-0103	89.0
27	大豆粕	浸提或预压浸提,NY/T,2级	5-10-0102	89.0
28	棉籽饼	机榨,NY/T 129—1989,2级	5-10-0118	88.0
29	棉籽粕	浸提,GB 21264—2007,1级	5-10-0119	90.0
30	棉籽粕	浸提,GB 21264—2007,2级	5-10-0117	90.0
31	棉籽蛋白	脱酚,低温一次浸出,分步萃取	5-10-0220	92.0
32	菜籽饼	机榨,NY/T 1799—2009,2级	5-10-0183	88.0
33	菜籽粕	浸提,GB/T 23736—2009,2级	5-10-0121	88.0
34	花生仁饼	机榨,NY/T,2级	5-10-0116	88.0
35	花生仁粕	浸提,NY/T 133—1989,2级	5-10-0115	88.0
36	向日葵仁饼	壳仁比 35:65,NY/T,3级	1-10-0031	88.0
37	向日葵仁粕	壳仁比 16:84,NY/T,2级	5-10-0242	88.0
38	向日葵仁粕	壳仁比 24:76,NY/T,2级	5-10-0243	88.0
39	亚麻仁饼	机榨,NY/T,2级	5-10-0119	88.0

序号	饲料名称	饲料描述	中国饲料号 CFN	干物质 /%
40	亚麻仁粕	浸提或预压浸提,NY/T,2级	5-10-0120	88.0
41	芝麻饼	机榨,CP40%	5-10-0246	92.0
42	玉米蛋白粉	玉米去胚芽、淀粉后面的面筋部分,CP60%	5-11-0001	90.1
43	玉米蛋白粉	同上,中等蛋白质产品,CP50%	5-11-0002	91.2
44	玉米蛋白粉	同上,中等蛋白质产品,CP40%	5-11-0008	89.9
45	玉米蛋白饲料	玉米去胚芽、淀粉后的含皮残渣	5-11-0003	88.0
46	玉米胚芽饼	玉米湿磨后的胚芽,机榨	4-10-0026	90.0
47	玉米胚芽粕	玉米湿磨后的胚芽,浸提	4-10-0244	90.0
48	DDGS	玉米酒精糟及可溶物,脱水	5-11-0007	89.2
49	蚕豆粉浆蛋白粉	蚕豆去皮制粉丝后的浆液,脱水	5-11-0009	88.0
50	麦芽根	大麦芽副产品干燥	5-11-0004	89.7
51	鱼粉(CP67%)	进口,GB/T 19164—2003,特级	5-13-0044	92.4
52	鱼粉(CP60.2%)	沿海产的海鱼粉,脱脂,12样平均值	5-13-0046	90.0
53	鱼粉(CP53.5%)	沿海产的海鱼粉,脱脂,11样平均值	5-13-0077	90.0
54	血粉	鲜猪血,喷雾干燥	5-13-0036	88.0
55	羽毛粉	纯净羽毛,水解	5-13-0037	88.0
56	皮革粉	废牛皮,水解	5-13-0038	88.0
57	肉骨粉	屠宰下脚料,带骨干燥粉碎	5-13-0047	93.0
58	肉粉	脱脂	5-13-0048	94.0
59	苜蓿草粉（CP19%)	一茬盛花期烘干,NY/T,1级	1-05-0074	87.0
60	苜蓿草粉（CP17%)	一茬盛花期烘干,NY/T,2级	1-05-0075	87.0
61	苜蓿草粉（CP14%~15%)	NY/T,3级	1-05-0076	87.0

序号	饲料名称	饲料描述	中国饲料号 CFN	干物质 /%
62	啤酒糟	大麦酿造副产品	5-11-0005	88.0
63	啤酒酵母	啤酒酵母菌粉,QB/T 1940—94	7-15-0001	91.7
64	乳清粉	乳清,脱水低乳糖含量	4-13-0075	94.0
65	酪蛋白	脱水	5-01-0162	91.0
66	明胶	食用	5-14-0503	90.0
67	牛奶乳糖	进口,含乳糖80%以上	4-06-0076	96.0
68	乳糖	食用	4-06-0077	96.0
69	葡萄糖	食用	4-06-0078	90.0
70	蔗糖	食用	4-06-0079	99.0
71	玉米淀粉	食用	4-02-0889	99.0
72	牛脂		4-17-0001	99.0
73	猪油		4-17-0002	99.0
74	家禽脂肪		4-17-0003	99.0
75	鱼油		4-17-0004	99.0
76	菜籽油		4-17-0005	99.0
77	椰子油		4-17-0006	99.0
78	玉米油		4-17-0007	99.0
79	棉籽油		4-17-0008	99.0
80	棕榈油		4-17-0009	99.0
81	花生油		4-17-0010	99.0
82	芝麻油		4-17-0011	99.0
83	大豆油	粗制	4-17-0012	99.0
84	葵花油		4-17-0013	99.0

附表 1-2 饲料常规成分

中国饲料号 CFN	饲料名称	肉牛维持净能/（兆焦/千克）	肉牛增重净能/（兆焦/千克）	粗蛋白质/%	粗脂肪/%	粗纤维/%	无氮浸出物/%	粗灰分/%	中性洗涤纤维/%	酸性洗涤纤维/%	淀粉/%	钙/%	总磷/%	有效磷/%
4-07-0278	玉米	9.19	7.02	9.4	3.1	1.2	71.1	1.2	9.4	3.5	60.9	0.09	0.22	0.09
4-07-0288	玉米	9.39	7.21	8.5	5.3	2.6	68.3	1.3	9.4	3.5	59.0	0.16	0.25	0.09
4-07-0279	玉米	9.25	7.09	8.7	3.6	1.6	70.7	1.4	9.3	2.7	65.4	0.02	0.27	0.11
4-07-0280	玉米	9.16	7.00	7.8	3.5	1.6	71.8	1.3	7.9	2.6	62.6	0.02	0.27	0.11
4-07-0272	高粱	7.80	5.44	9.0	3.4	1.4	70.4	1.8	17.4	8.0	68.0	0.13	0.36	0.12
4-07-0270	小麦	8.73	6.46	13.4	1.7	1.9	69.1	1.9	13.3	3.9	54.6	0.17	0.41	0.13
4-07-0274	大麦（裸）	8.31	5.99	13.0	2.1	2.0	67.7	2.2	10.0	2.2	50.2	0.04	0.39	0.13
4-07-0277	大麦（皮）	7.95	5.64	11.0	1.7	4.8	67.2	2.4	18.4	6.8	52.2	0.09	0.33	0.12
4-07-0281	黑麦	8.27	5.95	9.5	1.5	2.2	73.0	1.8	12.3	4.6	56.5	0.05	0.30	0.11
4-07-0273	稻谷	7.54	5.33	7.8	1.6	8.2	63.8	4.6	27.4	28.7	—	0.03	0.36	0.15
4-07-0276	糙米	7.57	7.16	8.8	2.0	0.7	74.2	1.3	1.6	0.8	47.8	0.03	0.35	0.13
4-07-0275	碎米	10.05	8.03	10.4	2.2	1.1	72.7	1.6	0.8	0.6	51.6	0.06	0.35	0.12
4-07-0479	粟（谷子）	8.25	6.00	9.7	2.3	6.8	65.0	2.7	15.2	13.3	63.2	0.12	0.30	0.09
4-04-0067	木薯干	6.99	4.70	2.5	0.7	2.5	79.4	1.9	8.4	6.4	71.6	0.27	0.09	—
4-04-0068	甘薯干	7.76	5.57	4.0	0.8	2.8	76.4	3.0	8.1	4.1	64.5	0.19	0.02	—
4-08-0104	饮粉	10.10	8.02	15.4	2.2	1.5	67.1	1.5	18.7	4.3	37.8	0.08	0.48	0.15

续表

中国饲料号 CFN	饲料名称	肉牛维持净能/(兆焦/千克)	肉牛增重净能/(兆焦/千克)	粗蛋白质/%	粗脂肪/%	粗纤维/%	无氮浸出物/%	粗灰分/%	中性洗涤纤维/%	酸性洗涤纤维/%	淀粉/%	钙/%	总磷/%	有效磷/%
4-08-0105	次粉	9.92	7.87	13.6	2.1	2.8	66.7	1.8	31.9	10.5	36.7	0.08	0.48	0.15
4-08-0069	小麦麸	7.01	4.55	15.7	3.9	6.5	56.0	4.9	37.0	13.0	22.6	0.11	0.92	0.28
4-08-0070	小麦麸	6.95	4.50	14.3	4.0	6.8	57.1	4.8	41.3	11.9	19.8	0.10	0.93	0.28
4-08-0041	米糠	8.58	5.85	12.8	16.5	5.7	44.5	7.5	22.9	13.4	27.4	0.07	1.43	0.20
4-10-0025	米糠饼	7.20	4.65	14.7	9.0	7.4	48.2	8.7	27.7	11.6	30.2	0.14	1.69	0.24
4-10-0018	米糠粕	6.06	3.75	15.1	2.0	7.5	53.6	8.8	23.3	10.9	—	0.15	1.82	0.25
5-09-0127	大豆	9.03	5.93	35.5	17.3	4.3	25.7	4.2	7.9	7.3	2.6	0.27	0.48	0.14
5-09-0128	全脂大豆	9.19	6.01	35.5	18.7	4.6	25.2	4.0	11.0	6.4	6.7	0.32	0.40	0.14
5-10-0241	大豆饼	8.44	5.67	41.8	5.8	4.8	30.7	5.9	18.1	15.5	3.6	0.31	0.50	0.17
5-10-0103	大豆粕	8.68	6.06	47.9	1.5	3.3	29.7	4.9	8.8	5.3	1.8	0.34	0.65	0.22
5-10-0102	大豆粕	8.71	6.20	44.2	1.9	5.9	28.3	6.1	13.6	9.6	3.5	0.33	0.62	0.21
5-10-0118	棉籽饼	7.51	4.27	36.3	7.4	12.5	26.1	5.7	32.1	22.9	3.0	0.21	0.83	0.28
5-10-0119	棉籽粕	7.44	4.73	47.0	0.5	10.2	26.3	6.0	22.5	15.3	1.5	0.25	1.10	0.38
5-10-0117	棉籽粕	7.35	4.69	43.5	0.5	10.5	28.9	6.6	28.4	19.4	1.8	0.28	1.04	0.36
5-10-0220	棉籽蛋白	7.82	5.02	51.1	1.0	6.9	27.3	5.7	20.0	13.7	—	0.29	0.89	0.29
5-10-0183	菜籽饼	6.64	3.90	35.7	7.4	11.4	26.3	7.2	33.3	26.0	3.8	0.59	0.96	0.33
5-10-0121	菜籽粕	6.56	3.98	38.6	1.4	11.8	28.9	7.3	20.7	16.8	6.1	0.65	1.02	0.35
5-10-0116	花生仁饼	9.91	7.22	44.7	7.2	5.9	25.1	5.1	14.0	8.7	6.6	0.25	0.56	0.16

中国饲料号 CFN	饲料名称	肉牛维持净能（兆焦/千克）	肉牛增重净能（兆焦/千克）	粗蛋白质 /%	粗脂肪 /%	粗纤维 /%	无氮浸出物 /%	粗灰分 /%	中性洗涤纤维 /%	酸性洗涤纤维 /%	淀粉 /%	钙 /%	总磷 /%	有效磷 /%
5-10-0115	花生仁粕	8.80	6.20	47.8	1.4	6.2	27.2	5.4	15.5	11.7	6.7	0.27	0.56	0.17
1-10-0031	向日葵仁饼	5.99	3.41	29.0	2.9	20.4	31.0	4.7	41.4	29.6	2.0	0.24	0.87	0.22
5-10-0242	向日葵仁粕	7.33	4.76	36.5	1.0	10.5	34.4	5.6	14.9	13.6	6.2	0.27	1.13	0.29
5-10-0243	向日葵仁粕	6.60	3.90	33.6	1.0	14.8	38.8	5.3	32.8	23.5	4.4	0.26	1.03	0.26
5-10-0119	亚麻仁饼	7.96	5.23	32.2	7.8	7.8	34.0	6.2	29.7	27.1	11.4	0.39	0.88	—
5-10-0120	亚麻仁粕	7.44	4.89	34.8	1.8	8.2	36.6	6.6	21.6	14.4	13.0	0.42	0.95	—
5-10-0246	芝麻饼	8.7502	5.13	39.2	10.3	7.2	24.9	10.4	18.0	13.2	1.8	2.24	1.19	0.22
5-11-0001	玉米蛋白粉	9.71	6.61	63.5	5.4	1.0	19.2	1.0	8.7	4.6	17.2	0.07	0.44	0.16
5-11-0002	玉米蛋白粉	8.96	5.85	51.3	7.8	2.1	28.0	2.0	10.1	7.5	—	0.06	0.42	0.15
5-11-0008	玉米蛋白粉	8.08	5.26	44.3	6.0	1.6	37.1	0.9	29.1	8.2	—	0.12	0.50	0.31
5-11-0003	玉米蛋白饲料	8.36	5.69	19.3	7.5	7.8	48.0	5.4	33.6	10.5	21.5	0.15	0.70	0.17
4-10-0026	玉米胚芽饼	8.62	5.86	16.7	9.6	6.3	50.8	6.6	28.5	7.4	13.5	0.04	0.50	0.15
4-10-0244	玉米胚芽粕	7.83	5.33	20.8	2.0	6.5	54.8	5.9	38.2	10.7	14.2	0.06	0.50	0.15
5-11-0007	DDGS	7.78	6.58	27.5	10.1	6.6	39.9	5.1	27.6	12.2	26.7	0.05	0.71	0.48
5-11-0009	蚕豆粉浆蛋白粉	9.03	6.16	66.3	4.7	4.1	10.3	2.6	13.7	9.7	—	0.00	0.59	0.18
5-11-0004	麦芽根	6.69	4.29	28.3	1.4	12.5	41.4	6.1	40.0	15.1	7.2	0.22	0.73	—
5-13-0044	鱼粉(CP67%)	7.20	4.60	67.0	8.4	0.2	0.4	16.4	0.0	0.0		4.56	2.88	2.88
5-13-0046	鱼粉(CP60.2%)	7.77	4.98	60.2	4.9	0.51	1.6	12.8	0.0	0.0		4.04	2.90	2.90

中国饲料号CFN	饲料名称	肉牛维持净能(兆焦/千克)	肉牛增重净能(兆焦/千克)	粗蛋白质/%	粗脂肪/%	粗纤维/%	无氮浸出物/%	粗灰分/%	中性洗涤纤维/%	酸性洗涤纤维/%	淀粉/%	钙/%	总磷/%	有效磷/%
5-13-0077	鱼粉(CP53.5%)	7.72	5.05	53.5	10.0	0.8	4.9	20.8	0.0	0.0		5.88	3.20	3.20
5-13-0036	血粉	6.08	3.13	82.8	0.4	0.0	1.6	3.2	0.0	0.0		0.29	0.31	0.31
5-13-0037	羽毛粉	6.10	3.19	77.9	2.2	0.7	1.4	5.8	0.0	0.0		0.20	0.68	0.68
5-13-0038	皮革粉	2.81	1.55	74.7	0.8	1.6	0.01	0.9	0.0	0.0		4.40	0.15	0.15
5-13-0047	肉骨粉	6.91	4.53	50.0	8.5	2.8	0.0	31.7	32.5	5.6		9.20	4.70	4.70
5-13-0048	肉粉	6.95	4.39	54.0	12.0	1.4	4.3	22.3	31.6	8.3		7.69	3.88	3.88
1-05-0074	苜蓿草粉(CP19%)	5.40	3.04	19.1	2.3	22.7	35.3	7.6	36.7	25.0	6.1	1.40	0.51	0.51
1-05-0075	苜蓿草粉(CP17%)	5.38	3.05	17.2	2.6	25.6	33.3	8.3	39.0	28.6	3.4	1.52	0.22	0.22
1-05-0076	苜蓿草粉(CP14%~15%)	4.66	2.40	14.3	2.1	29.8	33.8	10.1	36.8	2.9	3.5	1.34	0.19	0.19
5-11-0005	啤酒糟	6.55	3.90	24.3	5.3	13.4	40.8	4.2	39.4	24.6	11.5	0.32	0.42	0.14
7-15-0001	啤酒酵母	7.93	5.10	52.4	0.4	0.6	33.6	4.7	6.1	1.8	1.0	0.16	1.02	0.46
4-13-0075	乳清粉	8.56	6.39	12.0	0.7	0.0	71.6	9.7	0.0	0.0		0.87	0.79	0.79
5-01-0162	酪蛋白	13.14	9.88	84.4	0.6	0.0	2.4	3.6	0.0	0.0		0.36	0.32	0.32
5-14-0503	明胶	7.53	5.70	88.6	0.5	0.0	0.6	0.3	0.0	0.0		0.49	0.00	0.00
4-06-0076	牛奶乳糖	9.72	7.76	3.5	0.5	0.0	82.0	10.0	0.0	0.0		0.52	0.62	0.62
4-06-0077	乳糖	9.67	7.70	0.3	0.0	0.0	95.7	0.0	0.0	0.0		0.00	0.00	0.00

中国饲料号 CFN	饲料名称	肉牛维持净能（兆焦/千克）	肉牛增重净能（兆焦/千克）	粗蛋白质/%	粗脂肪/%	粗纤维/%	无氮浸出物/%	粗灰分/%	中性洗涤纤维/%	酸性洗涤纤维/%	淀粉/%	钙/%	总磷/%	有效磷/%
4-06-0078	葡萄糖	11.13	8.92	0.3	0.0	0.0	89.7	0.0	0.0	0.0		0.00	0.00	0.00
4-06-0079	蔗糖	14.10	11.26	0.0	0.0	0.0	98.5	0.5	0.0	0.0		0.04	0.01	0.01
4-02-0889	玉米淀粉	11.43	9.12	0.3	0.2	0.0	98.5	0.0	0.0	0.0	98.0	0.00	0.03	0.01
4-17-0001	牛脂	19.90	14.73	0.0	98.0*	0.0	0.5	0.5				0.00	0.00	0.00
4-17-0002	猪油	23.43	17.37	0.0	98.0*	0.0	0.5	0.5				0.00	0.00	0.00
4-17-0003	家禽脂肪	22.89	17.00	0.0	98.0*	0.0	0.5	0.5				0.00	0.00	0.00
4-17-0004	鱼油	39.92	21.20	0.0	98.0*	0.0	0.5	0.5				0.00	0.00	0.00
4-17-0005	菜籽油	42.30	23.77	0.0	98.0*	0.0	0.5	0.5				0.00	0.00	0.00
4-17-0006	椰子油	43.64	24.10	0.0	98.0*	0.0	0.5	0.5				0.00	0.00	0.00
4-17-0007	玉米油	40.92	23.35	0.0	98.0*	0.0	0.5	0.5				0.00	0.00	0.00
4-17-0008	棉籽油	42.68	23.94	0.0	98.0*	0.0	0.5	0.5				0.00	0.00	0.00
4-17-0009	棕榈油	27.45	16.50	0.0	98.0*	0.0	0.5	0.5				0.00	0.00	0.00
4-17-0010	花生油	43.89	23.31	0.0	98.0*	0.0	0.5	0.5				0.00	0.00	0.00
4-17-0011	芝麻油	40.14	21.76	0.0	98.0*	0.0	0.5	0.5				0.00	0.00	0.00
4-17-0012	大豆油	39.21	22.76	0.0	98.0*	0.0	0.5	0.5				0.00	0.00	0.00
4-17-0013	葵花油	43.64	22.72	0.0	98.0*	0.0	0.5	0.5				0.00	0.00	0.00

附表 1-3 饲料中氨基酸含量

中国饲料号 CFN	饲料名称	精氨酸 /%	组氨酸 /%	异亮氨酸 /%	亮氨酸 /%	赖氨酸 /%	蛋氨酸 /%	胱氨酸 /%	苯丙氨酸 /%	酪氨酸 /%	苏氨酸 /%	色氨酸 /%	缬氨酸 /%
4-07-0278	玉米	0.38	0.23	0.26	1.03	0.26	0.19	0.22	0.43	0.34	0.31	0.08	0.40
4-07-0288	玉米	0.50	0.29	0.27	0.74	0.36	0.15	0.18	0.37	0.28	0.30	0.08	0.46
4-07-0279	玉米	0.39	0.21	0.25	0.93	0.24	0.18	0.20	0.41	0.33	0.30	0.07	0.38
4-07-0280	玉米	0.37	0.20	0.24	0.93	0.23	0.15	0.15	0.38	0.31	0.29	0.06	0.35
4-07-0272	高粱	0.33	0.18	0.35	1.08	0.18	0.17	0.12	0.43	0.32	0.26	0.08	0.44
4-07-0270	小麦	0.62	0.30	0.46	0.89	0.35	0.21	0.30	0.61	0.37	0.38	0.15	0.56
4-07-0274	大麦（裸）	0.64	0.16	0.43	0.87	0.44	0.14	0.25	0.68	0.40	0.43	0.16	0.63
4-07-0277	大麦（皮）	0.65	0.24	0.52	0.91	0.42	0.18	0.18	0.59	0.35	0.41	0.12	0.64
4-07-0281	黑麦	0.48	0.22	0.30	0.58	0.35	0.15	0.21	0.42	0.26	0.31	0.10	0.43
4-07-0273	稻谷	0.57	0.15	0.32	0.58	0.29	0.19	0.16	0.40	0.37	0.25	0.10	0.47
4-07-0276	糙米	0.65	0.17	0.30	0.61	0.32	0.20	0.14	0.35	0.31	0.28	0.12	0.49
4-07-0275	碎米	0.78	0.27	0.39	0.74	0.42	0.22	0.17	0.49	0.39	0.38	0.12	0.57
4-07-0479	粟（谷子）	0.30	0.20	0.36	1.15	0.15	0.25	0.20	0.49	0.26	0.35	0.17	0.42
4-04-0067	木薯干	0.40	0.05	0.11	0.15	0.13	0.05	0.04	0.10	0.04	0.10	0.03	0.13
4-04-0068	甘薯干	0.16	0.08	0.17	0.26	0.16	0.06	0.08	0.19	0.13	0.18	0.05	0.27
4-08-0104	次粉	0.86	0.41	0.55	1.06	0.59	0.23	0.37	0.66	0.46	0.50	0.21	0.72

续表

中国饲料号 CFN	饲料名称	精氨酸/%	组氨酸/%	异亮氨酸/%	亮氨酸/%	赖氨酸/%	蛋氨酸/%	胱氨酸/%	苯丙氨酸/%	酪氨酸/%	苏氨酸/%	色氨酸/%	缬氨酸/%
4-08-0105	次粉	0.85	0.33	0.48	0.98	0.52	0.16	0.33	0.63	0.45	0.50	0.18	0.68
4-08-0069	小麦麸	1.00	0.41	0.51	0.96	0.63	0.23	0.32	0.62	0.43	0.50	0.25	0.71
4-08-0070	小麦麸	0.88	0.37	0.46	0.88	0.56	0.22	0.31	0.57	0.34	0.45	0.18	0.65
4-08-0041	米糠	1.06	0.39	0.63	1.00	0.74	0.25	0.19	0.63	0.50	0.48	0.14	0.81
4-10-0025	米糠饼	1.19	0.43	0.72	1.06	0.66	0.26	0.30	0.76	0.51	0.53	0.15	0.99
4-10-0018	米糠粕	1.28	0.46	0.78	1.30	0.72	0.28	0.32	0.82	0.55	0.57	0.17	1.07
5-09-0127	大豆	2.57	0.59	1.28	2.72	2.20	0.56	0.70	1.42	0.64	1.41	0.45	1.50
5-09-0128	全脂大豆	2.62	0.95	1.63	2.64	2.20	0.53	0.57	1.77	1.25	1.43	0.45	1.69
5-10-0241	大豆饼	2.53	1.10	1.57	2.75	2.43	0.60	0.62	1.79	1.53	1.44	0.64	1.70
5-10-0103	大豆粕	3.43	1.22	2.10	3.57	2.99	0.68	0.73	2.33	1.57	1.85	0.65	2.26
5-10-0102	大豆粕	3.38	1.17	1.99	3.35	2.68	0.59	0.65	2.21	1.47	1.71	0.57	2.09
5-10-0118	棉籽饼	3.94	0.90	1.16	2.07	1.40	0.41	0.70	1.88	0.95	1.14	0.39	1.51
5-10-0119	棉籽粕	5.44	1.28	1.41	2.60	2.13	0.65	0.75	2.47	1.46	1.43	0.57	1.98
5-10-0117	棉籽粕	4.65	1.19	1.29	2.47	1.97	0.58	0.68	2.28	1.05	1.25	0.51	1.91
5-10-0220	棉籽蛋白	6.08	1.58	1.72	3.13	2.26	0.86	1.04	2.94	1.42	1.60		2.48
5-10-0183	菜籽饼	1.82	0.83	1.24	2.26	1.33	0.60	0.82	1.35	0.92	1.40	0.42	1.62

肉牛饲料配方手册

232

续表

中国饲料号CFN	饲料名称	精氨酸/%	组氨酸/%	异亮氨酸/%	亮氨酸/%	赖氨酸/%	蛋氨酸/%	胱氨酸/%	苯丙氨酸/%	酪氨酸/%	苏氨酸/%	色氨酸/%	缬氨酸/%
5-10-0121	菜籽粕	1.83	0.86	1.29	2.34	1.30	0.63	0.87	1.45	0.97	1.49	0.43	1.74
5-10-0116	花生仁饼	4.60	0.83	1.18	2.36	1.32	0.39	0.38	1.81	1.31	1.05	0.42	1.28
5-10-0115	花生仁粕	4.38	0.88	1.25	2.50	1.40	0.41	0.40	1.92	1.39	1.11	0.45	1.36
1-10-0031	向日葵仁饼	2.44	0.62	1.19	1.76	0.96	0.59	0.43	1.21	0.77	0.98	0.28	1.35
5-10-0242	向日葵仁粕	3.17	0.81	1.51	2.25	1.22	0.72	0.62	1.56	0.99	1.25	0.47	1.72
5-10-0243	向日葵仁粕	2.89	0.74	1.39	2.07	1.13	0.69	0.50	1.43	0.91	1.14	0.37	1.58
5-10-0119	亚麻仁饼	2.35	0.51	1.15	1.62	0.73	0.46	0.48	1.32	0.50	1.00	0.48	1.44
5-10-0120	亚麻仁粕	3.59	0.64	1.33	1.85	1.16	0.55	0.55	1.51	0.93	1.10	0.70	1.51
5-10-0246	芝麻饼	2.38	0.81	1.42	2.52	0.82	0.82	0.75	1.68	1.02	1.29	0.49	1.84
5-11-0001	玉米蛋白粉	2.01	1.23	2.92	10.5	1.10	1.60	0.99	3.94	3.19	2.11	0.36	2.94
5-11-0002	玉米蛋白粉	1.48	0.89	1.75	7.87	0.92	1.14	0.76	2.83	2.25	1.59	0.31	2.05
5-11-0008	玉米蛋白粉	1.31	0.78	1.63	7.08	0.71	1.04	0.65	2.61	2.03	1.38		1.84
5-11-0003	玉米蛋白饲料	0.77	0.56	0.62	1.82	0.63	0.29	0.33	0.70	0.50	0.68	0.14	0.93
4-10-0026	玉米胚芽饼	1.16	0.45	0.53	1.25	0.70	0.31	0.47	0.64	0.54	0.64	0.16	0.91
4-10-0244	玉米胚芽粕	1.51	0.62	0.77	1.54	0.75	0.21	0.28	0.93	0.66	0.68	0.18	1.66
5-11-0007	DDGS	1.23	0.75	1.06	3.21	0.87	0.56	0.57	1.40	1.09	1.04	0.22	1.41
5-11-0009	蚕豆粉浆蛋白粉	5.96	1.66	2.90	5.88	4.44	0.60	0.57	3.34	2.21	2.31		3.20
5-11-0004	麦芽根	1.22	0.54	1.08	1.58	1.30	0.37	0.26	0.85	0.67	0.96	0.42	1.44

中国饲料号 CFN	饲料名称	精氨酸/%	组氨酸/%	异亮氨酸/%	亮氨酸/%	赖氨酸/%	蛋氨酸/%	胱氨酸/%	苯丙氨酸/%	酪氨酸/%	苏氨酸/%	色氨酸/%	缬氨酸/%
5-13-0044	鱼粉(CP67%)	3.93	2.01	2.61	4.94	4.97	1.86	0.60	2.61	1.97	2.74	0.77	3.11
5-13-0046	鱼粉(CP60.2%)	3.57	1.71	2.68	4.80	4.72	1.64	0.52	2.35	1.96	2.57	0.70	3.17
5-13-0077	鱼粉(CP53.5%)	3.24	1.29	2.30	4.30	3.87	1.39	0.49	2.22	1.70	2.51	0.60	2.77
5-13-0036	血粉	2.99	4.40	0.75	8.38	6.67	0.74	0.98	5.23	2.55	2.86	1.11	6.08
5-13-0037	羽毛粉	5.30	0.58	4.21	6.78	1.65	0.59	2.93	3.57	1.79	3.51	0.40	6.05
5-13-0038	皮革粉	4.45	0.40	1.06	2.53	2.18	0.80	0.16	1.56	0.63	0.71	0.50	1.91
5-13-0047	肉骨粉	3.35	0.96	1.70	3.20	2.60	0.67	0.33	1.70	1.26	1.63	0.26	2.25
5-13-0048	肉粉	3.60	1.14	1.60	3.84	3.07	0.80	0.60	2.17	1.40	1.97	0.35	2.66
1-05-0074	苜蓿草粉(CP19%)	0.78	0.39	0.68	1.20	0.82	0.21	0.22	0.82	0.58	0.74	0.43	0.91
1-05-0075	苜蓿草粉(CP17%)	0.74	0.32	0.66	1.10	0.81	0.20	0.16	0.81	0.54	0.69	0.37	0.85
1-05-0076	苜蓿草粉(CP14%~15%)	0.61	0.19	0.58	1.00	0.60	0.18	0.15	0.59	0.38	0.45	0.24	0.58
5-11-0005	啤酒糟	0.98	0.51	1.18	1.08	0.72	0.52	0.35	2.35	1.17	0.81	0.28	1.66
7-15-0001	啤酒酵母	2.67	1.11	2.85	4.76	3.38	0.83	0.50	4.07	0.12	2.33	0.21	3.40
4-13-0075	乳清粉	0.40	0.20	0.90	1.20	1.10	0.20	0.30	0.40	0.21	0.80	0.20	0.70
5-01-0162	酪蛋白	3.10	2.68	4.43	8.36	6.99	2.57	0.39	4.56	4.54	3.79	1.08	5.80
5-14-0503	明胶	6.60	0.66	1.42	2.91	3.62	0.76	0.12	1.74	0.43	1.82	0.05	2.26
4-06-0076	牛奶乳糖	0.25	0.09	0.09	0.16	0.14	0.03	0.04	0.09	0.02	0.09	0.09	0.09

附表 1-4 矿物质含量

中国饲料号CFN	饲料名称	钠/%	氯/%	镁/%	钾/%	铁/(毫克/千克)	铜/(毫克/千克)	锰/(毫克/千克)	锌/(毫克/千克)	硒/(毫克/千克)
4-07-0278	玉米	0.01	0.04	0.11	0.29	36	3.4	5.8	21.1	0.04
4-07-0272	高粱	0.03	0.09	0.15	0.34	87	7.6	17.1	20.1	0.05
4-07-0270	小麦	0.06	0.07	0.11	0.50	88	7.9	45.6	29.7	0.05
4-07-0274	大麦（裸）	0.04		0.11	0.60	100	7.0	18.0	30.0	0.14
4-07-0277	大麦（皮）	0.02	0.15	0.15	0.56	87	5.6	17.5	23.6	0.06
4-07-0281	黑麦	0.02	0.04	0.12	0.42	117	7.0	53.0	35.0	0.40
4-07-0273	稻谷	0.04	0.07	0.07	0.34	40	3.5	20.0	8.0	0.04
4-07-0276	糙米	0.04	0.06	0.14	0.34	78	3.3	21.0	10.0	0.07
4-07-0275	碎米	0.07	0.08	0.11	0.13	62	8.8	47.5	36.4	0.06
4-07-0479	粟（谷子）	0.04	0.14	0.1	0.43	270	24.5	22.5	15.9	0.08
4-04-0067	木薯干	0.03		0.11	0.78	150	4.2	6.0	14.0	0.04
4-04-0068	甘薯干	0.06		0.18	0.36	107	6.1	10.0	9.0	0.07
4-08-0104	次粉	0.60	0.04	0.41	0.60	140	11.6	94.2	73.0	0.07
4-08-0105	次粉	0.60	0.04	0.41	0.60	140	11.6	94.2	73.0	0.07
4-08-0069	小麦麸	0.07	0.07	0.52	1.19	170	13.8	104.3	96.5	0.07
4-08-0070	小麦麸	0.07	0.07	0.47	1.19	137	16.5	80.6	104.7	0.05
4-08-0041	米糠	0.07	0.07	0.9	1.73	304	7.1	175.9	50.3	0.09

中国饲料号 CFN	饲料名称	钠/%	氯/%	镁/%	钾/%	铁/(毫克/千克)	铜/(毫克/千克)	锰/(毫克/千克)	锌/(毫克/千克)	硒/(毫克/千克)
4-10-0025	米糠饼	0.08		1.26	1.8	400	8.7	211.6	56.4	0.09
4-10-0018	米糠粕	0.09	0.1		1.8	432	9.4	228.4	60.9	0.1
5-09-0127	大豆	0.02	0.03	0.28	1.7	111	18.1	21.5	40.7	0.06
5-09-0128	全脂大豆	0.02	0.03	0.28	1.7	111	18.1	21.5	40.7	0.06
5-10-0241	大豆饼	0.02	0.02	0.25	1.77	187	19.8	32	43.4	0.04
5-10-0103	大豆粕	0.03	0.05	0.28	2.05	185	24	38.2	46.4	0.1
5-10-0102	大豆粕	0.03	0.05	0.28	1.72	185	24	28	46.4	0.06
5-10-0118	棉籽饼	0.04	0.14	0.52	1.2	266	11.6	17.8	44.9	0.11
5-10-0119	棉籽粕	0.04	0.04	0.4	1.16	263	14	18.7	55.5	0.15
5-10-0117	棉籽粕	0.04	0.04	0.4	1.16	263	14	18.7	55.5	0.15
5-10-0183	菜籽饼	0.02			1.34	687	7.2	78.1	59.2	0.29
5-10-0121	菜籽粕	0.09	0.11	0.51	1.4	653	7.1	82.2	67.5	0.16
5-10-0116	花生仁饼	0.04	0.03	0.33	1.14	347	23.7	36.7	52.5	0.06
5-10-0115	花生仁粕	0.07	0.03	0.31	1.23	368	25.1	38.9	55.7	0.06
1-10-0031	向日葵仁饼	0.02	0.01	0.75	1.17	424	45.6	41.5	62.1	0.09
5-10-0242	向日葵仁粕	0.20	0.01	0.75	1.00	226	32.8	34.5	82.7	0.06
5-10-0243	向日葵仁粕	0.20	0.10	0.68	1.23	310	35.0	35.0	80.0	0.08

中国饲料号CFN	饲料名称	钠/%	氯/%	镁/%	钾/%	铁/(毫克/千克)	铜/(毫克/千克)	锰/(毫克/千克)	锌/(毫克/千克)	硒/(毫克/千克)
5-10-0119	亚麻仁饼	0.09	0.04	0.58	1.25	204	27	40.3	36	0.18
5-10-0120	亚麻仁粕	0.14	0.05	0.56	1.38	219	25.5	43.3	38.7	0.18
5-10-0246	芝麻饼	0.04	0.05	0.5	1.39	1780	50.4	32	2.4	0.21
5-11-0001	玉米蛋白粉	0.01	0.05	0.08	0.3	230	1.9	5.9	19.2	0.02
5-11-0002	玉米蛋白粉	0.02		0.05	0.35	332	10	78	49	
5-11-0008	玉米蛋白粉	0.02	0.08	0.05	0.4	400	28	7		1
5-11-0003	玉米蛋白饲料	0.12	0.22	0.42	1.3	282	10.7	77.1	59.2	0.23
4-10-0026	玉米胚芽饼	0.01	0.12	0.1	0.3	99	12.8	19	108.1	
4-10-0244	玉米胚芽粕	0.01		0.16	0.69	214	7.7	23.3	123.6	0.33
5-11-0007	DDGS	0.24	0.17	0.91	0.28	98	5.4	15.2	5203	
5-11-0009	蚕豆粉浆蛋白粉	0.01			0.06		22	16		
5-11-0004	麦芽根	0.06	0.59	0.16	2.18	198	5.3	67.8	42.4	0.6
5-13-0044	鱼粉(CP67%)	1.04	0.71	0.23	0.74	337	8.4	11	102	2.7
5-13-0046	鱼粉(CP60.2%)	0.97	0.61	0.16	1.1	80	8	10	80	1.5
5-13-0077	鱼粉(CP53.5%)	1.15	0.61	0.16	0.94	292	8	9.7	88	1.94

续表

中国饲料号 CFN	饲料名称	钠/%	氯/%	镁/%	钾/%	铁/(毫克/千克)	铜/(毫克/千克)	锰/(毫克/千克)	锌/(毫克/千克)	硒/(毫克/千克)
5-13-0036	血粉	0.31	0.27	0.16	0.9	2100	8	2.3	14	0.7
5-13-0037	羽毛粉	0.31	0.26	0.2	0.18	73	6.8	8.8	89.8	0.8
5-13-0038	皮革粉					131	11.1	25.2	90	
5-13-0047	肉骨粉	0.73	0.75	1.13	1.4	500	1.5	10	94	0.25
5-13-0048	肉粉	0.8	0.97	0.35	0.57	440	10	30.7	17.1	0.37
1-05-0074	苜蓿草粉(CP19%)	0.09	0.38	0.3	2.08	372	9.1	30.7	21	0.46
1-05-0075	苜蓿草粉(CP17%)	0.17	0.46	0.36	2.4	361	9.7	33.2	22.6	0.46
1-05-0076	苜蓿草粉(CP14%~15%)	0.11	0.46	0.36	2.22	437	9.1	35.6	104	0.48
5-11-0005	啤酒糟	0.25	0.12	0.19	0.08	274	20.1	22.3	86.7	0.41
7-15-0001	啤酒酵母	0.1	0.12	0.23	1.7	248	61	4.6	3	1
4-13-0075	乳清粉	2.11	0.14	0.13	1.81	160	43.1	3.6	27	0.06
5-01-0162	酪蛋白	0.01	0.04	0.01	0.01	13	3.6			0.15
5-14-0503	明胶			0.05						
4-06-0076	牛奶乳糖			0.15	2.4					

附表 1-5　维生素含量

中国饲料号 CFN	饲料名称	胡萝卜素 /(毫克/千克)	维生素E /(毫克/千克)	维生素B_1 /(毫克/千克)	维生素B_2 /(毫克/千克)	泛酸 /(毫克/千克)	烟酸 /(毫克/千克)	生物素 /(毫克/千克)	叶酸 /(毫克/千克)	胆碱 /(毫克/千克)	维生素B_6 /(毫克/千克)	维生素B_{11} /(毫克/千克)	亚油酸 /%
4-07-0278	玉米	2	22	3.5	1.1	5	24	0.06	0.15	620	10		2.2
4-07-0272	高粱		7	3	1.3	12.4	41	0.26	0.2	668	5.2		1.13
4-07-0270	小麦	0.4	13	4.6	1.3	11.9	51	0.11	0.36	1040	3.7		0.59
4-07-0274	大麦（裸）		48	4.1	1.4	8	87				19.3		
4-07-0277	大麦（皮）	4.1	20	4.5	1.8	8	55	0.15	0.07	990	4		0.83
4-07-0281	黑麦		15	3.6	1.5	8	16	0.06	0.6	440	2.6		0.76
4-07-0273	稻谷		16	3.1	1.2	3.7	34	0.08	0.45	900	28		0.28
4-07-0276	糙米		13.5	2.8	1.1	11	30	0.08	0.4	1014	0.04		
4-07-0275	碎米		14	1.4	0.7	8	30	0.08	0.2	800	28		
4-07-0479	粟（谷子）	1.2	36.3	6.6	1.6	7.4	53		15	790			0.84
4-04-0067	木薯干			1.7	0.8	1	3				1		0.1
4-08-0104	次粉	3	20	16.5	1.8	15.6	72	0.33	0.76	1187	9		1.74
4-08-0105	次粉	3	20	16.5	1.8	15.6	72	0.33	0.76	1187	9		1.74
4-08-0069	小麦麸	1	14	8	4.6	31		0.6	0.63	980	7		1.7
4-08-0070	小麦麸	1	14	8	4.6	31	186	0.36	0.63	980	7		1.7

中国饲料号 CFN	饲料名称	胡萝卜素/(毫克/千克)	维生素E/(毫克/千克)	维生素B₁/(毫克/千克)	维生素B₂/(毫克/千克)	泛酸/(毫克/千克)	烟酸/(毫克/千克)	生物素/(毫克/千克)	叶酸/(毫克/千克)	胆碱/(毫克/千克)	维生素B₆/(毫克/千克)	维生素B₁₁/(毫克/千克)	亚油酸/%
4-08-0041	米糠		60	22.5	2.5	23	293	0.42	2.2	1135	14		3.57
4-10-0025	米糠饼		11	24	2.9	94.9	689	0.7	0.88	1700	54	40	
4-10-0018	米糠粕												
5-09-0127	大豆		40	12.3	2.9	17.4	24	0.42	2	3200	12	0	8
5-09-0128	全脂大豆		40	12.3	2.9	17.4	24	0.42	2	3200	12	0	8
5-10-0241	大豆饼		6.6	1.7	4.4	13.8	37	0.32	0.45	2673	10	0	
5-10-0103	大豆粕	0.2	3.1	4.6	3	16.4	30.7	0.33	0.81	2858	6.1	0	0.51
5-10-0102	大豆粕	0.2	3.1	4.6	3	16.4	30.7	0.33	0.81	2858	6.1	0	0.51
5-10-0118	棉籽饼	0.2	16	6.4	5.1	10	38	0.53	1.65	2753	5.3	0	2.47
5-10-0119	棉籽粕	0.2	15	7	5.5	12	40	0.3	2.51	2933	5.1	0	1.51
5-10-0117	棉籽粕	0.2	15	7	5.5	12	40	0.3	2.51	2933	5.1	0	1.51
5-10-0183	菜籽饼												
5-10-0121	菜籽粕		54	5.2	3.7	9.5	160	0.98	0.95	6700	7.2	0	0.42
5-10-0116	花生仁饼		3	7.1	5.2	47	166	0.33	0.4	1655	10	0	1.43
5-10-0115	花生仁粕		3	5.7	11	53	173	0.39	0.39	1854	10	0	0.24

续表

中国饲料号CFN	饲料名称	胡萝卜素/(毫克/千克)	维生素E/(毫克/千克)	维生素B₁/(毫克/千克)	维生素B₂/(毫克/千克)	泛酸/(毫克/千克)	烟酸/(毫克/千克)	生物素/(毫克/千克)	叶酸/(毫克/千克)	胆碱/(毫克/千克)	维生素B₆/(毫克/千克)	维生素B₁₁/(毫克/千克)	亚油酸/%
1-10-0031	向日葵仁饼		0.9		18	4	86	1.4	0.4	800			
5-10-0242	向日葵仁粕		0.7	4.6	2.3	39	22	1.7	1.6	3260	17.2		
5-10-0243	向日葵仁粕			3	3	29.9	14	1.4	1.14	3100	11.1		0.98
5-10-0119	亚麻仁饼		7.7	2.6	4.1	16.5	37.4	0.36	2.9	1672	6.1		1.07
5-10-0120	亚麻仁粕	0.2	5.8	7.5	3.2	14.7	33	0.41	0.34	1512	6	200	0.36
5-10-0246	芝麻饼	0.2	0.3	2.8	3.6	6	30	2.4	—	1536	12.5	0	1.9
5-11-0001	玉米蛋白粉	44	25.5	0.3	2.2	3	55	0.15	0.2	330	6.9	20	1.17
5-11-0002	玉米蛋白粉												
5-11-0008	玉米蛋白粉	16	19.9	0.2	1.5	9.6	54.5	0.15	0.22	330	13		
5-11-0003	玉米蛋白饲料	8	14.8	2	2.4	17.8	75.5	0.22	0.28	1700		250	1.43
4-10-0026	玉米胚芽饼	2	87		3.7	3.3	42			1936			1.47
4-10-0244	玉米胚芽粕	2	80.8	1.1	4	4.4	37.7	0.22	0.2	2000	2.28		1.47
5-11-0007	DDGS	3.5		3.5	8.6	11	75	0.3	0.88	2637		10	2.15
5-11-0009	蚕豆粉浆蛋白粉		40										
5-11-0004	麦芽根		4.2	0.7	1.5	8.6	43.3		0.2	1548			0.46

续表

中国饲料号CFN	饲料名称	胡萝卜素/(毫克/千克)	维生素E/(毫克/千克)	维生素B₁/(毫克/千克)	维生素B₂/(毫克/千克)	泛酸/(毫克/千克)	烟酸/(毫克/千克)	生物素/(毫克/千克)	叶酸/(毫克/千克)	胆碱/(毫克/千克)	维生素B₆/(毫克/千克)	维生素B₁₁/(毫克/千克)	亚油酸/%
5-13-0044	鱼粉(CP67%)		5	2.8	5.8	9.3	82	1.3	0.9	5600	2.3	210	0.2
5-13-0046	鱼粉(CP60.2%)		7	0.5	4.9	9	55	0.2	0.3	3056	4	104	0.12
5-13-0077	鱼粉(CP53.5%)		5.6	0.4	8.8	8.8	65			3000		143	
5-13-0036	血粉		1	0.4	1.6	1.2	23	0.09	0.11	800	4.4	50	0.1
5-13-0037	羽毛粉		7.3	0.1	2	10	27	0.04	0.2	880	3	71	0.83
5-13-0047	肉骨粉		0.8	0.2	5.2	4.4	59.4	0.14	0.6	2000	4.6	100	0.72
5-13-0048	肉粉		1.2	0.6	4.7	5	57	0.08	0.5	2077	2.4	80	0.8
1-05-0074	苜蓿草粉(CP19%)	94.69	144	5.8	15.5	34	40	0.35	4.36	1419	8		0.44
1-05-0075	苜蓿草粉(CP17%)	94.6	125	3.4	13.6	29	38	0.3	4.2	1401	6.5		0.35
1-05-0076	苜蓿草粉(CP14%~15%)	63	98	3	10.6	20.8	418	0.25	1.54	1548			
5-11-0005	啤酒糟	0.2	27	0.6	1.5	8.6	43	0.24	0.24	1723	0.7		2.94
7-15-0001	啤酒酵母		2.2	91.8	37	109	448	0.63	9.9	3984	42.8	999.9	0.04
4-13-0075	乳清粉		0.3	3.9	29.9	47	10	0.34	0.66	1500	4	20	0.01
5-01-0162	酪蛋白			0.4	1.5	2.7	1	0.04	0.51	205	0.4		

二、饲料添加剂品种目录（2008）

为加强饲料添加剂的管理，保证养殖产品质量安全，促进饲料工业持续健康发展，根据《饲料和饲料添加剂管理条例》的有关规定，现公布《饲料添加剂品种目录（2008）》（以下简称《目录（2008）》），并就有关事宜公告如下：

（一）《目录（2008）》由"附件一"和"附件二"两部分组成。凡生产、经营和使用的营养性饲料添加剂及一般饲料添加剂均应属于《目录（2008）》中规定的品种，饲料添加剂的生产企业应办理生产许可证和产品批准文号。"附件二"是保护期内的新饲料和新饲料添加剂品种，仅允许所列申请单位或其授权的单位生产。禁止《目录（2008）》外的物质作为饲料添加剂使用。凡生产《目录（2008）》外的饲料添加剂，应按照《新饲料和新饲料添加剂管理办法》的有关规定，申请并获得新产品证书后方可生产和使用。

（二）生产源于转基因动植物、微生物的饲料添加剂，以及含有转基因产品成分的饲料添加剂，应按照《农业转基因生物安全管理条例》的有关规定进行安全评价，获得农业转基因生物安全证书后，再按照《新饲料和新饲料添加剂管理办法》的有关规定进行评审。

（三）《目录（2008）》是在《饲料添加剂品种目录（2006）》的基础上进行的修订，增加了实际生产中需要且公认安全的部分饲料添加剂品种，明确了酶制剂和微生物的适用范围。

（四）将保护期满的 9 个新产品正式纳入"附件一"中，包括烟酸铬、半胱胺盐酸盐、保加利亚乳杆菌、吡啶甲酸铬、半乳甘露寡糖、低聚木糖、低聚壳聚糖、α-环丙氨酸、稀土（铈和镧）壳糖胺螯合盐。

（五）2006 年 5 月 31 日农业部发布的《饲料添加剂品种目录（2006）》（农业部公告第 658 号）即日起废止。

附表 2-1　饲料添加剂品种目录（附件一）

类别	通用名称	适用范围
氨基酸	L-赖氨酸、L-赖氨酸盐酸盐、L-赖氨酸硫酸盐及其发酵副产物（产自谷氨酸棒杆菌，L-赖氨酸含量不低于 51%）、DL-蛋氨酸、L-苏氨酸、L-色氨酸、L-精氨酸、甘氨酸、L-酪氨酸、L-丙氨酸、天（门）冬氨酸、L-亮氨酸、异亮氨酸、L-脯氨酸、苯丙氨酸、丝氨酸、L-半胱氨酸、L-组氨酸、缬氨酸、胱氨酸、牛磺酸	养殖动物
	蛋氨酸羟基类似物、蛋氨酸羟基类似物钙盐	猪、鸡和牛
	N-羟甲基蛋氨酸钙	反刍动物
维生素	维生素 A、维生素 A 乙酸酯、维生素 A 棕榈酸酯、β-胡萝卜素、盐酸硫胺（维生素 B_1）、硝酸硫胺（维生素 B_1）、核黄素（维生素 B_2）、盐酸吡哆醇（维生素 B_6）、氰钴胺（维生素 B_{12}）、L-抗坏血酸（维生素 C）、L-抗坏血酸钙、L-抗坏血酸钠、L-抗坏血酸-2-磷酸酯、L-抗坏血酸-6-棕榈酸酯、维生素 D_2、维生素 D_3、α-生育酚（维生素 E）、α-生育酚乙酸酯、亚硫酸氢钠甲萘醌（维生素 K_3）、二甲基嘧啶醇亚硫酸甲萘醌、亚硫酸氢烟酰胺甲萘醌、烟酸、烟酰胺、D-泛醇、D-泛酸钙、DL-泛酸钙、叶酸、D-生物素、氯化胆碱、肌醇、L-肉碱、L-肉碱盐酸盐	养殖动物
矿物元素及其络（螯）合物	氯化钠、硫酸钠、磷酸二氢钠、磷酸氢二钠、磷酸二氢钾、磷酸氢二钾、轻质碳酸钙、氯化钙、磷酸氢钙、磷酸二氢钙、磷酸三钙、乳酸钙、硫酸镁、氧化镁、氯化镁、柠檬酸亚铁、富马酸亚铁、乳酸亚铁、硫酸亚铁、氯化亚铁、氯化铁、碳酸亚铁、氯化铜、硫酸铜、氧化锌、氯化锌、碳酸锌、硫酸锌、乙酸锌、氯化锰、氧化锰、硫酸锰、碳酸锰、磷酸氢锰、碘化钾、碘化钠、碘化钾、碘酸钙、氯化钴、乙酸钴、硫酸钴、亚硒酸钠、钼酸钠、蛋氨酸铜络（螯）合物、蛋氨酸铁络（螯）合物、蛋氨酸锰络（螯）合物、蛋氨酸锌络（螯）合物、赖氨酸铜络（螯）合物、赖氨酸锌络（螯）合物、甘氨酸铜络（螯）合物、甘氨酸铁络（螯）合物、酵母铜*、酵母铁*、酵母锰*、酵母硒*、蛋白铜*、蛋白铁*、蛋白锌*	养殖动物
	烟酸铬、酵母铬*、蛋氨酸铬*、吡啶甲酸铬	生长肥育猪
	丙酸铬*	猪
	丙酸锌*	猪、牛和家禽
	硫酸钾、三氧化二铁、碳酸钴、氧化铜	反刍动物
	稀土（铈和镧）壳糖胺螯合盐	畜禽、鱼和虾

续表

类别	通用名称	适用范围
酶制剂	淀粉酶（产自黑曲霉、解淀粉芽孢杆菌、地衣芽孢杆菌、枯草芽孢杆菌、长柄木霉*、米曲霉*）	青贮玉米、玉米、玉米蛋白粉、豆粕、小麦、次粉、大麦、高粱、燕麦、豌豆、木薯、小米、大米
	支链淀粉酶（产自酸解支链淀粉芽孢杆菌）	
	α-半乳糖苷酶（产自黑曲霉）	豆粕
	纤维素酶（产自长柄木霉）	玉米、大麦、小麦、麦麸、黑麦、高粱
	β-葡聚糖酶（产自黑曲霉、枯草芽孢杆菌、长柄木霉、绳状青霉）	小麦、大麦、菜籽粕、小麦副产物、去壳燕麦、黑麦、黑小麦、高粱
	葡萄糖氧化酶（产自特异青霉）	葡萄糖
	脂肪酶（产自黑曲霉）	动物或植物源性油脂或脂肪
	麦芽糖酶（产自枯草芽孢杆菌）	麦芽糖
	甘露聚糖酶（产自迟缓芽孢杆菌）	玉米、豆粕、椰子粕
	果胶酶（产自黑曲霉）	玉米、小麦
	植酸酶（产自黑曲霉、米曲霉）	玉米、豆粕、葵花籽粕、玉米糁楂、木薯、植物副产物
	蛋白酶（产自黑曲霉、米曲霉、枯草芽孢杆菌、长柄木霉*）	植物和动物蛋白
	木聚糖酶（产自米曲霉、孤独腐质霉、长柄木霉、枯草芽孢杆菌、绳状青霉*）	玉米、大麦、黑麦、小麦、高粱、黑小麦、燕麦
微生物	地衣芽孢杆菌*、枯草芽孢杆菌、两歧双歧杆菌*、粪肠球菌、屎肠球菌、乳酸肠球菌、嗜酸乳杆菌、干酪乳杆菌、乳酸乳杆菌*、植物乳杆菌、乳酸片球菌、戊糖片球菌*、产朊假丝酵母、酿酒酵母、沼泽红假单胞菌	养殖动物
	保加利亚乳杆菌	猪、鸡和青贮饲料

类别	通用名称	适用范围
非蛋白氮	尿素、碳酸氢铵、硫酸铵、液氨、磷酸二氢铵、磷酸氢二铵、缩二脲、异丁基二脲、磷酸脲	反刍动物
抗氧化剂	乙氧基喹啉、丁基羟基茴香醚（BHA）、二丁基羟基甲苯（BHT）、没食子酸丙酯	养殖动物
防腐剂、防霉剂和酸度调节剂	甲酸、甲酸铵、甲酸钙、乙酸、双乙酸钠、丙酸、丙酸铵、丙酸钠、丙酸钙、丁酸、丁酸钠、乳酸、苯甲酸、苯甲酸钠、山梨酸、山梨酸钠、山梨酸钾、富马酸、柠檬酸、柠檬酸钾、柠檬酸钠、柠檬酸钙、酒石酸、苹果酸、磷酸、氢氧化钠、碳酸氢钠、氯化钾、碳酸钠	养殖动物
着色剂	β-胡萝卜素、辣椒红、β-阿朴-8′-胡萝卜素醛、β-阿朴-8′-胡萝卜素酸乙酯、β,β-胡萝卜素-4,4-二酮（斑蝥黄）、叶黄素、天然叶黄素（源自万寿菊）	家禽
	虾青素	水产动物
调味剂和香料	糖精钠、谷氨酸钠、5′-肌苷酸二钠、5′-鸟苷酸二钠、食品用香料	养殖动物
黏结剂、抗结块剂和稳定剂	α-淀粉、三氧化二铝、可食脂肪酸钙盐、可食用脂肪酸单/双甘油酯、硅酸钙、硅铝酸钠、硫酸钙、硬脂酸钙、甘油脂肪酸酯、聚丙烯酸树脂Ⅱ、山梨醇酐单硬脂酸酯、聚氧乙烯 20 山梨醇酐单油酸酯、丙二醇、二氧化硅、卵磷脂、海藻酸钠、海藻酸钾、海藻酸铵、琼脂、瓜尔胶、阿拉伯树胶、黄原胶、甘露糖醇、木质素磺酸盐、羧甲基纤维素钠、聚丙烯酸钠*、山梨醇酐脂肪酸酯、蔗糖脂肪酸酯、焦磷酸二钠、单硬脂酸甘油酯	养殖动物
	丙三醇	猪、鸡和鱼
	硬脂酸*	猪、牛和家禽
多糖和寡糖	低聚木糖（木寡糖）	蛋鸡和水产养殖动物
	低聚壳聚糖	猪、鸡和水产养殖动物
	半乳甘露寡糖	猪、肉鸡、兔和水产养殖动物
	果寡糖、甘露寡糖	养殖动物

续表

类别	通用名称	适用范围
其他	甜菜碱、甜菜碱盐酸盐、大蒜素、山梨糖醇、大豆磷脂、天然类固醇萨酒皂角苷（源自丝兰）、二十二碳六烯酸（DHA）、啤酒酵母培养物＊、啤酒酵母提取物＊、啤酒酵母细胞壁＊	养殖动物
	糖萜素（源自山茶籽饼）、牛至香酚＊	猪和家禽
	乙酰氧肟酸	反刍动物
	半胱胺盐酸盐（仅限于包被颗粒，包被主体材料为环状糊精，半胱胺盐酸盐含量27％）	畜禽
	α-环丙氨酸	鸡

注：1. ＊为已获得进口登记证的饲料添加剂，进口或在中国境内生产带"＊"的饲料添加剂时，农业部需要对其安全性、有效性和稳定性进行技术评审。

2. 所列物质包括无水和结晶水形态。

3. 酶制剂的适用范围为典型底物，仅作为推荐，并不包括所有可用底物。

4. 食品用香料见《食品添加剂使用卫生标准》（GB 2760—2007）中食品用香料名单。

附表 2-2　保护期内的新饲料和新饲料添加剂品种目录（附件二）

序号	产品名称	申请单位	适用范围	批准时间
1	苜蓿草素（有效成分为苜蓿多糖、苜蓿黄酮、苜蓿皂苷）	中国农业科学院畜牧研究所	仔猪、育肥猪、肉鸡	2003 年 12 月
2	碱式氯化铜	长沙兴嘉生物工程有限公司	猪	2003 年 12 月
3	碱式氯化铜	深圳绿环化工实业有限公司	仔猪、肉仔鸡	2004 年 04 月
4	饲用凝结芽孢杆菌TQ33 添加剂	天津新星兽药厂	肉用仔鸡、生长育肥猪	2004 年 05 月
5	杜仲叶提取物（有效成分为绿原酸、杜仲多糖、杜仲黄酮）	张家界恒兴生物科技有限公司	生长育肥猪、鱼、虾	2004 年 06 月
6	保得微生态制剂（侧孢芽孢杆菌）	广东东莞宏远生物工程有限公司	肉鸡、肉鸭、猪、虾	2004 年 06 月
7	L-赖氨酸硫酸盐（产自乳糖发酵短杆菌）	长春大成生化工程开发有限公司	生长育肥猪	2004 年 06 月

序号	产品名称	申请单位	适用范围	批准时间
8	益绿素(有效成分为淫羊藿苷)	新疆天康畜牧生物技术有限公司	鸡、猪、绵羊、奶牛	2004 年 09 月
9	壳寡糖	北京英惠尔生物技术有限公司	仔猪、肉鸡、肉鸭、虹鳟鱼	2004 年 11 月
10	共轭亚油酸饲料添加剂	青岛澳海生物有限公司	仔猪、蛋鸡	2005 年 01 月
11	二甲酸钾	北京挑战农业科技有限公司	猪	2005 年 03 月
12	β-1,3-D-葡聚糖(源自酿酒酵母)	广东智威畜牧水产有限公司	水产动物	2005 年 05 月
13	4,7-二羟基异黄酮(大豆黄酮)	中牧实业股份有限公司	猪、产蛋家禽	2005 年 06 月
14	乳酸锌(α-羟基丙酸锌)	四川省畜科饲料有限公司	生长育肥猪、家禽	2005 年 06 月
15	蒲公英、陈皮、山楂、甘草复合提取物(有效成分为黄酮)	河南省金鑫饲料工业有限公司	猪、鸡	2005 年 06 月
16	液体 L-赖氨酸(L-赖氨酸含量不低于 50%)	四川川化味之素有限公司	猪	2005 年 10 月
17	壳寡糖(寡聚 β-1,4-2-氨基-2-脱氧-D-葡萄糖)	北京格莱克生物工程技术有限公司	猪、鸡	2006 年 05 月
18	碱式氯化锌	长沙兴嘉生物工程有限公司	仔猪	2006 年 05 月
19	N,O-羧甲基壳聚糖	北京紫冠碧螺喜科技发展公司	猪、鸡	2006 年 05 月
20	地顶孢霉培养物	合肥迈可罗生物工程有限公司	猪、鸡	2006 年 07 月
21	碱式氯化铜(α-晶型)	深圳东江华瑞科技有限公司	生长育肥猪	2007 年 02 月
22	甘氨酸锌	浙江建德市维丰饲料有限公司	猪	2007 年 08 月

序号	产品名称	申请单位	适用范围	批准时间
23	紫苏籽提取物粉剂（有效成分为 α-亚油酸、亚麻酸、黄酮）	重庆市优胜科技发展有限公司	猪、肉鸡、鱼	2007 年 08 月
24	植物甾醇（源于大豆油/菜籽油,有效成分为 β-谷甾醇、菜油甾醇、豆甾醇）	江苏春之谷生物制品有限公司	家禽、生长育肥猪	2008 年 01 月

三、允许用于肉牛饲料药物添加剂的品种和使用规定

附表 3　允许用于肉牛饲料药物添加剂的品种和使用规定

品名		剂型	用量	休药期/天	其他注意事项
饲料药物添加剂	莫能菌素钠	预混剂	混饲,每头每天 200～360 毫克(以有效成分计)	5	禁止与泰妙菌素、竹桃霉素并用;搅拌配料时禁止与人的皮肤、眼睛接触
	杆菌肽锌	预混剂	混饲,每 1000 千克饲料,犊牛 10～100 克(3 月龄以下)、4～40 克(3～6 月龄)(以有效成分计)	0	
	黄霉素	预混剂	混饲,每头每天 30～50 毫克	0	
	盐霉素钠	预混剂	每吨饲料添加 10～30 克(以有效成分计)		禁止与泰妙菌素、竹桃霉素并用
	硫酸黏菌素	预混剂	混饲,每 1000 千克饲料,犊牛 5～40 克(以有效成分计)		

参 考 文 献

[1] 昝林森. 肉牛饲养新技术. 咸阳: 西北农林科技大学出版社, 2005.

[2] 王加启. 肉牛的饲料与饲养. 北京: 科学技术文献出版社, 2000.

[3] 王加启. 肉牛高效益饲养技术. 修订版. 北京: 金盾出版社, 2008.

[4] 李高文. 肉牛饲养管理与饲料加工调制技术. 银川: 宁夏人民出版社, 2008.

[5] 王振来, 钟艳玲, 李晓东. 肉牛育肥技术指南. 北京: 中国农业大学出版社, 2004.

[6] 张容昶, 胡江. 肉牛饲料科学配制与应用. 北京: 金盾出版社, 2006.

[7] 曹宁贤. 肉牛饲料与饲养技术. 北京: 中国农业科学技术出版社, 2008.

[8] 王聪. 肉牛饲养手册. 北京: 中国农业大学出版社, 2007.

[9] 刘强. 牛饲料. 北京: 中国农业大学出版社, 2007.

[10] 毛永江. 肉牛健康高效养殖. 北京: 金盾出版社, 2009.

[11] 张宏福. 动物营养参数与饲养标准. 第二版. 北京: 中国农业出版社, 2010.

[12] 魏建英, 方占山. 肉牛高效饲养管理技术. 北京: 中国农业出版社, 2007.

[13] 张力, 许尚忠. 肉牛饲料配制及配方. 北京: 中国农业出版社, 2007.

[14] 王成章, 王恬主编. 饲料学. 北京: 中国农业出版社, 2011.

[15] 刘基伟. 肉牛饲料的加工方法. 吉林畜牧兽医, 2011, 32 (08): 31.

[16] 严建刚, 胡成华, 张国梁, 等. 饲料企业产品质量控制环节与措施. 饲料广角, 2006, (16): 43-45.

[17] 刘翠. 配合饲料的质量管理. 养殖技术顾问, 2012, (11): 61.

[18] 刘丽. 饼粕类饲料脱毒方法. 农村养殖技术, 2010, (22): 45.

[19] 雷云国. 肉牛的消化系统和功能. 现代化农业, 2002, (09): 28-29.

[20] 刘基伟, 胡成华, 张国梁, 等. 肉牛饲料的加工方法. 吉林畜牧兽医, 2011, 32 (8): 24-26.

[21] 朱光来, 顾夕章. 菜粕脱毒技术研究. 饲料研究, 2012, (03): 80-81.

[22] 黎娇凌, 黄永光. 菜籽饼脱毒方法及其饼粕利用研究进展. 贵州农业科学, 2007, 35 (6): 136-138

[23] 向荣. 不同处理棉 (菜) 粕中氨基酸和小肽含量、变化及其在鸡消化道中利用规律研究: [学位论文]. 长沙: 湖南农业大学, 2011.

[24] 小满. 优质肉牛粗饲料加工利用技法. 当代畜禽养殖业, 2010, (01): 50-51.

[25] 裴学义. 典型日粮配选及营养水平对肉牛育肥效益的研究. 中国畜禽种业, 2010, (02): 150-151.

[26] 伊涛, 熊本海. 我国肉牛饲养标准与 NRC 肉牛营养需要的比较分析. 饲料研究, 2010, (04): 68-71.

[27] 赵永旺. DDGS 和其他来源的粗饲料在肉牛生产上的应用研究. 饲料广角, 2011, (06): 40-44.

[28] 李聚才, 杨奇, 笪省, 等. 肉牛冬季舍饲日粮配方优化筛选试验. 西北农业学报, 2008, 17 (1): 37-41.

[29] 廉新慧，李春凤，邢金玉，等．发酵处理棉籽饼粕研究进展．中国饲料，2013，(02)：6-7.

[30] 顾金，薛永峰，章世元，等．棉籽饼粕脱毒工艺的研究进展．饲料博览，2008，(07)：21-23.

[31] 朱财．肉牛饲料的配制、加工及调制方法．养殖技术顾问，2011，(04)：94.

[32] 朱占华．肉牛日粮配方设计的技术要点．现代畜牧兽医，2007，(04)：23-24.

[33] 梁邢文等主编．饲料原料与品质检测．北京：中国林业出版社，1999.

欢迎订阅畜牧兽医专业科技图书

● **专业书目**

书号	书名	定价
08353	高效健康养羊关键技术	25
05148	新编羊场疾病控制技术	29.8
19055	投资养肉羊——你准备好了吗	35
09046	种草养羊手册	15
18419	无公害羊肉安全生产技术	23
18054	农作物秸秆养羊手册	22
17594	图说健康养羊关键技术	22
17010	肉羊高效养殖技术一本通	18
15969	规模化羊场兽医手册	35
16398	如何提高羊场养殖效益	35
14923	肉羊养殖新技术	28
04231	简明羊病诊断与防治原色图谱	27
13787	标准化规模养羊技术与模式	28
14014	羊安全高效生产技术	25
04230	简明牛病诊断与防治原色图谱	27
13601	养羊安全科学用药指南	26
13754	肉羊规模化高效生产技术	23
12667	马头山羊标准化高效饲养技术	25
02232	羊病防治问答	19.8
11677	羊病诊疗与处方手册	28
08355	肉牛高效健康养殖关键技术	20
04155	新编羊饲料配方600例	27
19122	无公害牛奶安全生产技术	35
18926	如何提高奶牛场养殖效益	36
18339	无公害牛肉安全生产技术	25
18055	农作物秸秆养牛手册	25
15944	标准化规模肉牛养殖技术	38
15925	规模化牛场兽医手册	35
04553	新编牛场疾病控制技术	28

书号	书名	定价
15713	如何提高肉牛场养殖效益	29.8
13966	肉牛安全高效生产技术	25
14103	优质牛奶安全生产技术	28
13599	养牛科学安全用药指南	26
12978	奶牛场饲养管理与疾病防控最新实用技术	22
10687	家庭高效肉牛生产技术	19.9
09431	架子牛快速育肥生产技术	16
07535	奶牛高效健康养殖关键技术	26
08355	肉牛高效健康养殖关键技术	20
04679	新编肉牛饲料配方 600 例	19.8
04155	新编羊饲料配方 600 例	27
04174	新编肉牛饲料配方 600 例	19
08818	科学自配牛饲料	18
00887	牛病诊疗与处方手册	27
04230	简明牛病诊断与防治原色图谱	27

● **重点推荐**

投资养肉牛——你准备好了吗

肖冠华　单琦　编著

全书包含了四章内容和附录：第一章为抉择篇，介绍了肉牛的生活习性、肉牛好不好养、养肉牛需要具备的条件、什么时候投资最合适、投资多大规模合适以及肉牛业发展的方向等内容，解决养还是不养的问题；第二章为方向篇，介绍了当今肉牛的主要品种、几种主要养肉牛模式和养肉牛方法，解决养什么的问题；第三章为实战篇，介绍了建设肉牛舍有关知识、饲料有

关知识、种肉牛引进有关知识和饲养管理等内容，解决怎么养的问题；第四章为销售篇，介绍了如何卖个好价钱和当今肉牛销售的主要方式，解决怎么卖的问题。附录介绍了无公害肉牛标准及生产技术、肉牛标准化规模养殖场（小区）建设标准、标准化肉牛养殖场建设规范、养殖用地申请书（范本）、农村集体土地租赁合同（范文）等；同时介绍了养肉牛土地申请、建设标准、承包合同和建场可行性报告等必备知识，对投资建场非常有帮助。

标准化规模肉牛养殖技术

　李建基　王亨　主编

　本书共分十章，包括：肉牛品种与生产性能、现代肉牛生产的良种选育、肉牛繁殖技术、肉牛营养与饲料、肉牛场环境控制与建设、肉牛标准化的规模生产、高档牛肉生产、牛肉分级与质量控制、肉牛场常见疫病防控技术、肉牛场标准化管理与信息化等。

　本书可供肉牛养殖人员、技术人员、管理人员参考使用。

　如需以上图书的内容简介、详细目录以及更多的科技图书信息，请登录www.cip.com.cn。

邮购地址：(100011) 北京市东城区青年湖南街 13 号

　　　　　化学工业出版社

服务电话：010-64518888，64518800（销售中心）

如要出版新著，请与编辑联系。

联系方法：010-64519352　sgl@cip.com.cn　（邵桂林）